DU TRAITEMENT

ET

DE LA GUÉRISON

DE L'ANÉVRISME

DU CŒUR

Par J. DUFRESSE DE CHASSAIGNE,

Docteur en médecine de la Faculté de Paris ;
Ancien médecin inspecteur des Eaux thermales de
Chaudesaigues et de Bagnols (Lozère) ;
Membre de la Société de médecine de Lyon ;
Membre de la Société d'agriculture de la Charente, etc.

« Dans l'anévrisme du cœur, la guérison est la
règle ; la mort l'exception. »

PARIS

ASSELIN, LIBRAIRE-ÉDITEUR

PLACE DE L'ÉCOLE-DE-MÉDECINE

1877

DU TRAITEMENT

ET

DE LA GUÉRISON

DE

L'ANÉVRISME DU CŒUR

PARIS. — Imprimerie CH. UNSINGER, rue du Bac, 83.

DU TRAITEMENT

ET

DE LA GUÉRISON

DE L'ANÉVRISME

DU CŒUR

Par J. DUFRESSE DE CHASSAIGNE,

Docteur en médecine de la Faculté de Paris ;
Ancien médecin inspecteur des Eaux thermales de
Chaudesaigues et de Bagnols (Lozère) ;
Membre de la Société de médecine de Lyon ;
Membre de la Société d'agriculture de la Charente, etc.

« Dans l'anévrisme du cœur, la guérison est la
règle ; la mort l'exception. »

PARIS

ASSELIN, LIBRAIRE-ÉDITEUR

PLACE DE L'ÉCOLE-DE-MÉDECINE

1877

PRÉFACE

Quand on publie un livre nouveau — ou une nouvelle édition de ce livre, — il est d'usage que l'auteur le fasse précéder d'un avant-propos dans lequel il indique non-seulement le but qu'il veut atteindre, mais encore le plan général de son ouvrage. L'avant-propos se trouve être ainsi une sorte de compte rendu analytique du livre.

Ici une préface est d'autant plus nécessaire que notre travail renferme des faits sinon presque entièrement nouveaux, du moins ignorés du plus grand nombre des personnes auxquelles il est destiné. Son titre présente quelque chose de tellement insolite et en dehors de tout ce qui a été admis jusqu'à ce jour, qu'il provoquera tout d'abord le doute, peut-être même l'incrédulité, dans tous les cas l'étonnement. Les médecins sont, en effet, si convaincus que l'anévrisme du cœur est une affection mortelle, que venir déclarer qu'il est curable dans la plupart des cas peut paraître tout au moins étrange. Nous espérons démontrer que c'est là cependant la vérité, et il nous paraît impossible qu'on ne se rende pas à l'évidence quand on aura lu nos observations. Aussi, au lieu de répéter avec tous les auteurs cet aphorisme très-affligeant pour l'humanité :

Dans l'anévrisme du cœur, la mort est la règle et la guérison l'exception, — nous croyons que l'on devrait dire désormais :

Dans l'anévrisme du cœur, la guérison est la règle et la mort l'exception.

L'anévrisme du cœur est une maladie toujours la même à quelques nuances près, se développant, dans le plus grand nombre des cas, sous l'influence du rétrécissement de l'un des orifices internes de cet organe. Tant que le rétrécissement persiste, l'anévrisme ne peut se modifier, et si le premier augmente, le second suit la même marche.

Pour guérir l'anévrisme il faut faire cesser ce rétrécissement, car il n'y a que lui qui constitue une lésion organique. Tous les autres symptômes, bruit de souffle, dilatation de la cavité précédant le rétrécissement, augmentation de volume et épaississement des parois du cœur ne sont pas des lésions organiques dans le sens propre du mot, mais des lésions concomittantes au ré-trécissement, disparaissant avec lui, de même qu'elles s'étaient développées en même temps que lui.

Il y a vingt-huit ans que nous nous occupons de l'importante question qui fait l'objet de ce travail. De 1850 à 1856, j'ai étudié et observé des faits si remarquables, et j'ai vu des guérisons si sérieuses s'opérer sous mes yeux et persister, après un traitement de quinze à vingt jours, que j'ai dû d'abord les publier dans mes rapports annuels à l'Académie de médecine en qualité d'inspecteur d'Eaux thermales, rapports auxquels cette savante Société a décerné plusieurs récompenses (médailles d'argent et rappels de médailles).

Pour répondre au désir de quelques confrères qui, surpris de voir se rétablir en peu de temps, sous l'influence des Eaux que je dirigeais, des malades atteints d'anévrisme, me demandaient des renseignements, j'ai publié en 1856 et en 1857 deux courtes notices. Ces publications contribuèrent beaucoup à augmenter le nombre des malades qui fréquentaient Chaudesaigues et Bagnols.

En 1858, j'ai dû publier un autre Mémoire suivi de nombreuses observations, et intitulé : *Du traitement et de la guérison de l'anévrisme rhumatismal du cœur suite d'endocardite rhumatismale chronique* (1).

(1) In-8° de 76 pages. — Angoulême.

Ce travail, qui n'était pour ainsi dire qu'une troisième édition des deux notices précédentes, contenait la description exacte des causes, des symptômes, le diagnostic, le pronostic, la marche et le traitement de la maladie; il se terminait par la relation de 16 observations recueillies en six années.

Ces trois publications eurent un certain retentissement, surtout dans une grande partie du midi de la France, et furent le point de départ, dans la *Gazette médicale de Lyon*, d'une sérieuse polémique entre le docteur Rambeau et nous. Quand nous démontrions à notre confrère que, dans les cas observés, le rétrécissement de l'orifice aortique ou l'insuffisance des valvules sygmoïdes, par exemple, avaient cessé par suite de la disparition du gonflement et de l'induration des fibres musculaires et des tissus qui entrent dans leur structure; quand nous lui prouvions que le bruit de souffle avait disparu parce que ces tissus étaient redevenus souples et élastiques, et ne donnaient plus lieu à un bruit de frottement pendant que le sang les traversait, il nous répondait que ces Eaux n'étaient que reconstituantes. La maladie reparaîtra, disait-il, aussitôt que la reconstitution obtenue aura cessé. Or la solidité et la durée des guérisons obtenues sont venues nous donner pleinement raison, puisqu'il en est encore aujourd'hui qui persistent chez des malades qui n'ont pas succombé aux suites de l'âge.

Quoi qu'il en soit, les malades que voulurent bien
alors nous adresser nos honorables confrères du Gard, du
Vaucluse, de la Drôme, du Rhône, du Cantal, de
l'Aveyron, de la Lozère, de l'Ardèche, de l'Hérault,
de l'Aude, de Paris et de Londres, etc., etc., nous permirent de faire de nouvelles observations qui vinrent
confirmer les premières. Néanmoins, les connaissances
nouvelles acquises sur cette importante question de pathologie restèrent confinées dans une douzaine de dé-
partements et ne franchirent pas leurs limites. En 1860,
nous étant trouvé dans la nécessité de diriger nos travaux
d'un autre côté, nous ne pûmes retourner à Bagnols
pour voir les malades qui commençaient à y affluer de
toutes parts, et continuer nos observations; d'un autre
côté, notre successeur n'attacha-t-il pas à la question la
même importance que nous?

Nous ne savons. Toujours est-il que, depuis 1860, les
médecins, tant en France qu'à l'étranger, qui ont écrit sur
l'anévrisme du cœur, ont toujours continué à suivre les
anciens errements, et n'ont pas plus tenu compte de
nos travaux que s'ils n'avaient jamais existé.

Après 1860, plusieurs cas très-remarquables d'anévrisme du cœur se présentèrent à notre observation.
Très-vivement affecté de voir succomber tous ceux qui
en étaient atteints et qui étaient traités par les moyens

ordinaires, nous recherchâmes s'il n'y aurait pas, en dehors des Eaux, un agent curatif. Nos recherches furent, comme on le verra plus loin, couronnées de succès.

Aujourd'hui que nous avons recueilli un assez grand nombre de faits probants, nous croyons qu'il est de notre devoir de les livrer à la publicité et de faire ainsi profiter médecins et malades de l'expérience que nous avons acquise dans le traitement de la maladie qui nous occupe. Nous le faisons avec d'autant plus de confiance que rien de nouveau, au point de vue thérapeutique, n'a été, que nous sachions, publié sur l'anévrisme du cœur, depuis l'époque où nous avons fait connaître notre travail. La question est donc encore pleine d'intérêt et d'actualité.

En lisant les observations cliniques qui sont relatées plus loin, nos confrères voudront bien, nous osons l'espérer, admettre que nous avons jeté quelque lumière sur une affection presque inconnue jusqu'à ce jour aussi bien dans ses symptômes et sa marche que dans son diagnostic et son traitement.

Nos travaux sur cette maladie sont d'autant plus importants qu'ils auront pour résultat de conserver à l'État de nombreux serviteurs. On sait, en effet, que l'anévrisme rhumatismal du cœur est assez commun chez les militaires. Après avoir séjourné longtemps dans les hôpitaux et avoir été soumis à tous les traitements que l'on sait, ceux qui sont frappés de cet état morbide sont d'abord envoyés en congé de convalescence, et plus tard réformés. Ainsi ils occasionnent au gouvernement d'énormes dépenses sans lui avoir rendu aucun service, et par conséquent ils sont à charge à la société.

Aujourd'hui, grâce à Dieu, il n'en sera plus ainsi : quels que soient l'âge des malades et l'ancienneté de l'affection, elle pourra guérir, et l'on ne verra plus nos soldats obligés d'interrompre leur glorieuse carrière alors qu'ils pourraient rendre encore de longs services à la patrie.

Ce que nous disons des militaires peut aussi s'appliquer aux nombreux ouvriers qui travaillent dans des usines froides et humides.

Notre travail est divisé en deux parties principales : Dans la première partie, nous donnons une description anatomique succincte du cœur, et, d'après les recherches les plus récentes, nous rappelons les diverses théories émises sur les mouvements et les bruits de cet organe.

Ce chapitre, qui est accompagné de nombreuses

figures intercalées dans le texte pour en faciliter l'intelligence, nous a paru indispensable afin que le médecin praticien, qui, au milieu des préoccupations de sa clientèle, peut parfaitement avoir oublié ces notions préliminaires, les ait bien présentes à l'esprit, ou puisse les revoir au besoin, car elles sont absolument utiles pour poser un bon diagnostic.

Nous jetons ensuite un coup d'œil rétrospectif sur la pathologie cardiaque, depuis les temps les plus reculés jusqu'à nos jours.

Après avoir dit ce qu'on doit entendre par anévrisme *de cause rhumatismale*, nous indiquons les causes principales de cette maladie; nous en donnons la symptomatologie, le diagnostic, le diagnostic différentiel et enfin le pronostic.

Dans un chapitre spécial, nous nous étendons longuement sur la thérapeutique de l'anévrisme du cœur par les Eaux minérales de Chaudesaigues et de Bagnols. Après avoir indiqué d'abord le traitement général pendant le séjour aux Eaux et la modification qu'il doit subir suivant l'état plus ou moins avancé de la maladie, nous nous occupons du traitement consécutif à l'usage des Eaux.

Cette première partie se termine par la relation d'un grand nombre d'observations de malades arrivés à divers degrés et traités uniquement par les Eaux minérales.

Dans la seconde partie, après avoir parlé de la composition chimique des Eaux de Chaudesaigues et de Bagnols, nous recherchons quel a pu être dans ces Eaux l'agent curatif de l'anévrisme du cœur, et nous démontrons que cet agent ne peut être qu'un sulfure : celles de Chaudesaigues renfermant un sulfure de fer, et celles de Bagnols un sulfure de potasse. Enfin nous arrivons à cette conclusion que, dans la maladie en question, les sulfures, quels qu'ils soient, ont la propriété de ramollir les tissus pathologiquement indurés et de les ramener à leur état normal.

Cette conclusion est déduite des considérations que. nous appuyant sur l'expérimentation, *nous émettons sur l'action qu'exercent les sulfures sur l'organisme sain ou malade.*

Le dernier chapitre est consacré au compte rendu des faits que nous avons observés dans la pratique civile loin des Eaux, et des résultats que nous avons obtenus, soit en traitant la maladie d'après les anciens errements, soit en la traitant par le sulfure de potasse, et nous arrivons à démontrer que les premiers sont tous négatifs et les derniers presque tous positifs.

Tel est le travail que nous soumettons humblement à l'appréciation de tous nos confrères. Nous n'ignorons pas que nous allons nous trouver parfois en désaccord avec quelques-uns d'entre eux, et, de ce nombre, il en est des plus illustres, mais les observations que nous rapportons nous semblent être l'argument le plus victorieux que nous puissions leur opposer, et comme l'a dit le professeur Rizuano d'Amador ; « *Dans l'ordre intellectuel, les faits doivent toujours être la puissance en crédit.* »

DUFRESSE DE CHASSAIGNE.

PREMIÈRE PARTIE

DU TRAITEMENT

ET

DE LA GUÉRISON

DE L'ANÉVRISME

DU CŒUR

HISTORIQUE

En parcourant les livres de l'antiquité consacrés à la médecine, il est facile de se convaincre que la connaissance des maladies du cœur est toute moderne. Cela peut paraître surprenant, mais, comme l'a fait remarquer très-justement un de nos confrères, on peut en trouver l'explication dans ce fait, que pour les anciens, le cœur était un organe sacré qu'ils

1.

n'osaient toucher, ni étudier. « Lorsqu'ils l'interrogeaient, disent MM. Chauveau et Arloing, c'était pour lui demander des oracles. Platon enseignait qu'il a les priviléges de l'intelligence et qu'étant le principe 'des sentiments et des passions, il partage avec l'âme, l'empire du corps. Placé dans la poitrine comme dans une citadelle, il y maintient la colère et le courage.

« L'âme est-elle en proie à une agitation passionnelle, le corps est-il blessé par un objet extérieur, bien vite le cœur se porte à leur secours et rétablit l'ordre troublé. Ce travail, il est vrai, le dessèche, mais les boissons et le poumon sont là qui le rafraîchissent et l'empêchent de souffrir (1). »

Arètée n'admettait pas qu'un organe remplissant d'aussi importantes fonctions que celles dévolues au cœur, pût être malade lui-même.

D'après les commentateurs d'Hippocrate, il paraît évident que le médecin de Cos ne s'est jamais occupé de la pathologie cardiaque.

Galien semble avoir été le premier à parler d'une affection du cœur. En faisant l'autopsie d'un singe mort de consomption, Galien, ayant trouvé la poche péricardique distendue par une quantité considérable de liquide, se demanda si une semblable lésion ne pouvait pas se développer chez l'homme et empêcher le soulagement du cœur.

Durant plusieurs siècles les auteurs se contentèrent de répéter ce qu'avait écrit Galien.

(1) *Dictionnaire des sciences médicales*, t. xviii°, p. 383.

A l'époque florissante de l'École arabe, Rhazès (1) publie sur les affections cardiaques quelques observations intéressantes et originales, et Avenzoar (2) lui consacre, dans son ouvrage, un chapitre spécial.

Pendant trois siècles les choses restèrent en cet état et la pathologie du cœur ne fit aucune espèce de progrès. Ce fut seulement à la fin du quinzième siècle que plusieurs médecins italiens se livrèrent avec ardeur à l'étude des maladies dont peut être atteint l'organe central de la circulation. De ce nombre fut Antoine Benivieni, l'un des fondateurs de l'anatomie pathologique. Enfin ce n'est que deux cents ans plus tard que le terme d'anévrisme est appliqué aux dilatations du cœur, par Guillaume Baillou, doyen de la Faculté de médecine de Paris (3).

La découverte immortelle de Harvey (1619-1628) ouvre une ère nouvelle à l'histoire du cœur, mais seulement au point de vue anatomo-pathologique et physiologique, nullement sous le rapport clinique.

Au commencement du siècle dernier, Malpighi, Lancisi et Vieussens publient d'importants ouvrages sur le cœur. Nous passons sous silence les travaux de Vasalva, d'Albertini et de Trécourt pour arriver au premier livre dans lequel les maladies cardiaques sont étudiées méthodiquement ; c'est celui de Senac qui

(1) *Ad almansorem libri decem.* Venise, 1510. — *Havi seu continens.* Brescia, 1416.

(2) *Rectificatio medicationis et regiminis.* Venise, 1490, ch. XII, liv. 1ᵉʳ.

(3) *Opera medica omnia Ballonii.* Paris, 1635.

parut en 1749 (1). Un des chapitres qui mérite le plus de fixer l'attention est précisément celui qui se rattache à la présente étude et qui a pour titre : *Du volume du cœur augmenté ou diminué.*

Après Sénac, Morgagni consacre une partie de son important ouvrage aux affections des organes circulatoires (2).

L'année suivante (1764), Avenbrugger découvre la percussion, et il l'applique avec succès au diagnostic de quelques maladies du cœur et, en particulier, de l'anévrisme.

En 1806, Corvisart publie son essai sur les lésions organiques du cœur, dans lequel il décrit l'inflammation du péricarde et signale, comme cause étiologique de cette inflammation, la goutte et le rhumatisme (3).

En 1820, Guilbert fait paraître une deuxième édition de son *Traité de la goutte*, et il y annexe une traduction des *Recherches sur la pathologie et le traitement du rhumatisme*, par James Johnson. Dans ce mémoire se trouve énoncé un fait capital, celui de la métastase du rhumatisme sur le cœur. Pour démontrer la fréquence de cette métastase, James Johnson relate de très-nombreuses observations (4). Mais alors venait d'être faite la plus grande décou-

---

(1) *Traité de la structure du cœur et de ses maladies.* Paris, 1749.

(2) *De sedibus et causis morborum,* XVIe, XVIIIe et XVIIIe lettres.

(3) *Essai sur les maladies et sur les lésions du cœur et des gros vaisseaux.* Paris, 1806.

(4) *Recherches sur la pathologie et le traitement du rhumatisme.*

.verte médicale du siècle, l'auscultation, due au grand Laënnec.

Nous voici arrivé aux travaux de M. Bouillaud. Son premier traité qu'il publia en collaboration avec Bertin, porte la date de 1824. Ce n'est que onze ans plus tard que, seul, il commença la publication de son *Traité clinique des maladies du cœur* (de 1835 à 1841). Toutefois, c'est dans son ouvrage sur le rhumatisme articulaire (1), que M. Bouillaud a décrit, avec l'immense talent qu'on lui connaît, l'endocardite, et qu'il a énoncé la loi de coïncidence entre le rhumatisme et les affections cardiaques, coïncidence démontrée bien avant lui, en 1808 et en 1820, par Corvisart et par James Johnson. Cette loi n'est pas seulement applicable à l'homme, mais aussi aux animaux, ainsi que l'a prouvé récemment à l'Académie de médecine, un médecin vétérinaire, M. Trasbot (2).

En 1832, Corrigan donne de l'insuffisance des valvules semi-lunaires de l'aorte une étude remarquable et il établit que cette insuffisance constitue une affection spéciale.

Nous atteignons à l'époque contemporaine durant laquelle il a été beaucoup écrit sur les maladies du cœur, par Gendrin, Beau, Cruveilher, Skoda, Barth et Roger, Vulpian, Rouanet, Stokes, Jaccoud, Peter, Sabatier, Marey, Jadenet, Bucquoy, et tant

(1) *Traité du rhumatisme articulaire.*
(2) *Bulletin de l'Académie de médecine.* Séance du 8 février 1876.

d'autres. Aussi devons-nous nous borner à mentionner les noms des auteurs qui viennent naturellement sous notre plume.

En résumé, l'histoire des affections cardiaques, que nous venons de tracer à grands traits peut, comme l'ont fait remarquer excellemment MM. Chauveau et Arloing (1), se diviser en plusieurs périodes distinctes. La première, dont le début ne peut être précisé, disent-ils, s'étend jusqu'à Galien. C'est l'histoire du cœur, que l'on peut qualifier de *fabuleuse*. Puis, vient l'époque où l'on se borne à redire et à commenter les idées de Galien. C'est celle de la *tradition* ; elle finit aux Arabes et aux Arabistes.

Après eux, commence la période historique proprement dite, qui, de la Renaissance arrive jusqu'à nous. Cette grande période pourrait, elle aussi, se subdiviser en périodes secondaires ; la première allant jusqu'à Sénac et la seconde jusqu'à Corvisart. La troisième est inauguré par la grande découverte de Laennec et s'étend jusqu'à nous.

Durant cette dernière période, d'incontestables progrès ont été accomplis, l'étude anatomique du cœur est aujourd'hui complète ; celle de la physiologie tend tous les jours à s'élucider, malgré les nombreuses théories actuellement encore en présence. Quant à la pathologie et à la thérapeutique, il faut bien avouer que le médecin praticien, même celui qui est le plus au courant de la science, se trouve bien

______

(1) *Loco citato.*

fréquemment dans l'embarras, quand il doit poser un diagnostic et instituer un traitement.

Nous n'avons pas la prétention de décrire toutes les affections du cœur, mais seulement, comme nous l'avons déjà dit dans la préface, de faire connaître l'une des plus fréquentes et des plus graves, de montrer que celle-ci est facile à diagnostiquer et enfin d'indiquer pour la combattre un traitement qui donnera entre les mains de tous les praticiens des résultats jusqu'à ce jour inespérés.

ANATOMIE

Ce livre est spécialement destiné aux médecins praticiens, et comme nous savons, par expérience, combien, au milieu des préoccupations d'une clientèle, s'oublient les détails anatomiques, nous croyons devoir rappeler aussi brièvement que possible, ceux qui concernent le cœur (1).

SITUATION, FONCTIONS, DIMENSION ET VOLUME DU CŒUR

Le cœur, *cor*, *cordis*, des latins, *kardia*, des grecs, organe central de la circulation est un muscle creux. Divisé en plusieurs compartiments, il a pour fonctions de pousser et de faire circuler dans toutes les parties du

(1) Parmi les divers traités d'anatomie descriptive, le plus connu est incontestablement celui de notre ancien et regretté maître, M. le professeur Cruveilhier. C'est la dernière édition de ce remarquable ouvrage (1867), publiée avec la collaboration des docteurs Marc Sée et Cruveilhier, qui nous a servi de guide dans notre description anatomique du cœur.

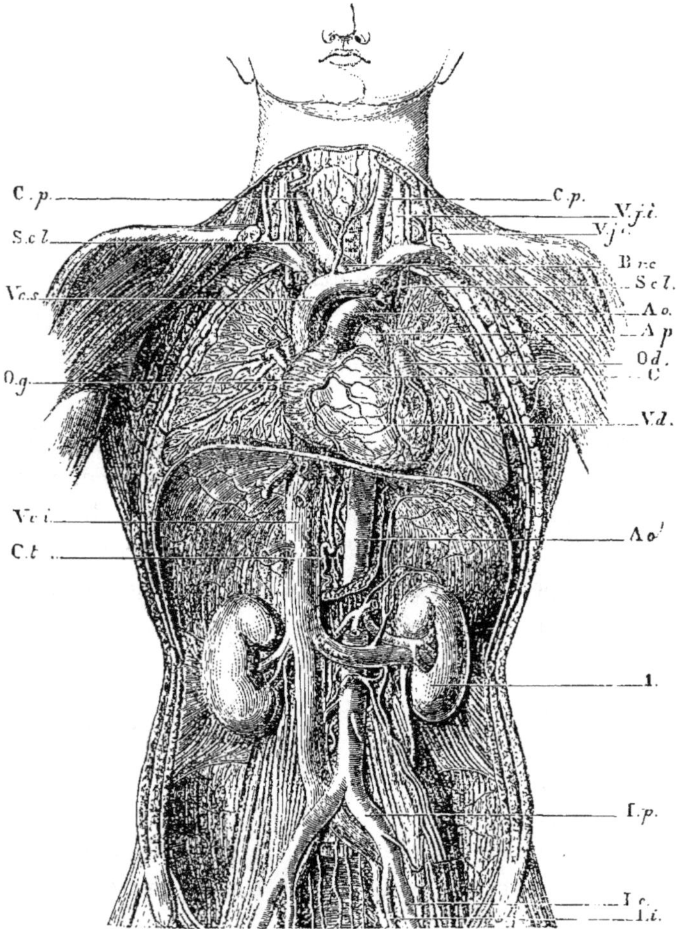

Fig. 1. — **Vue générale du système circulatoire.** — Rein. — C cœur. — Od, oreillette droite. — Vd, ventricule droit. — Og, oreillette gauche. — Vcs, veine cave supérieure. — Vci, veine cave inférieure. — Ct, canal thoracique. — Ao, aorte. — Ap, artère pulmonaire. — Brc, tronc brachio-céphalique. — Scl, artère sous-claviaire. — Cp, carotide primitive. — Vje, veine jugulaire externe. — Vjc, veine jugulaire interne. — Ip, artère iliaque primitive. — Ie, iliaque externe. — Ii, iliaque interne.

corps, par l'intermédiaire des artères, le sang qu'il a reçu des veines et après qu'il a été hématosé en traversant les poumons.

Le cœur occupe la partie moyenne de la poitrine, il est situé dans le médiastin, au-devant de la colonne vertébrale, derrière le sternum à gauche, entre les poumons, au-dessus du diaphragme sur lequel il repose et qui le sépare des viscères abdominaux. Il se trouve maintenu en place par le péricarde, par les plèvres et par les gros vaisseaux qui partent de la base du cœur ou qui s'y rendent.

Le volume du cœur à l'état sain est variable et partant assez difficile à apprécier. Laennec croyait qu'on pouvait le comparer au volume du poing de l'individu auquel il appartient. On comprend que ce moyen d'appréciation est loin d'être rigoureux, et, en effet, le volume de la main peut varier à l'infini sous l'influence de causes qui ne peuvent en aucune façon agir sur le cœur. Je dois ajouter que chez l'homme vivant, le volume du cœur ne peut être évalué que par la percussion et l'auscultation, tandis que les autres moyens ne sont applicables qu'après la mort.

CONFORMATION EXTÉRIEURE DU COEUR

Le cœur a la forme d'un cône aplati, quadrangulaire; il est dirigé obliquement de droite à gauche, de haut en bas, d'arrière en avant. Il présente à étudier une face antérieure, une face postérieure et trois bords.

La face antérieure et supérieure est partagée en deux parties inégales, l'une droite beaucoup plus

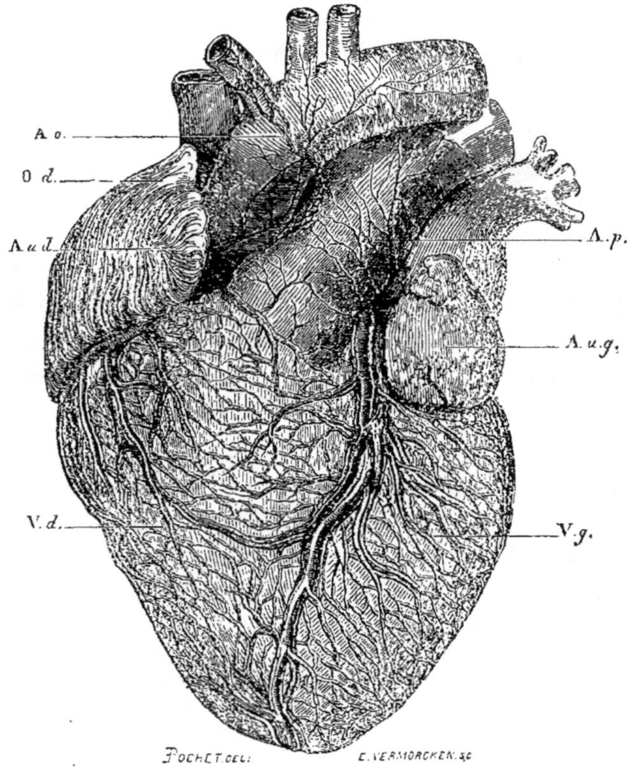

Fig. 2. — FACE ANTÉRIEURE DU CŒUR. — Vg, ventricule gauche. — Vd, ventricule droit. — Aug, auricule gauche. — Aud, auricule droite. — Od, oreillette droite. — Ao, aorte. — Ap, artère pulmonaire.

étendue que la seconde, l'autre gauche, est divisée par un sillon qui descend verticalement de la base au sommet. Ce sillon assez profond est parcouru par l'artère cardiaque ou coronaire et la veine du même nom. Assez souvent presque oblitéré par du tissu cellulaire et graisseux, il laisse à droite le ventricule droit, à gauche le ventricule gauche et il limite la cloison qui sépare les ventricules.

La face *antérieure* est en rapport dans la plus grande partie de son étendue :

1° Avec la face postérieure du sternum ;

2° Avec les deuxième, troisième, quatrième et cinquième cartilages costaux à droite, et le sixième à gauche ;

3° Avec les poumons qui la recouvrent plus ou moins.

La face *postérieure* et *inférieure*, plane et horizontale, repose sur le centre aponévrotique du diaphragme qui la sépare du foie et de l'estomac. Comme la face a térieure, celle-ci est divisée en deux parties égales par un sillon longitudinal allant de la base au sommet, et dans lequel sont logés l'artère et la veine coronaires postérieures, ainsi qu'une certaine quantité de tissu adipeux.

Les bords sont au nombre de trois :

Le bord *droit* ou *inférieur* est mince, placé sur le diaphragme, presque horizontal, excepté vers son extrémité supérieure où il se recourbe un peu vers la base.

Le *bord gauche* est épais, volumineux, arrondi, un peu convexe ; il descend presque verticalement. Ce

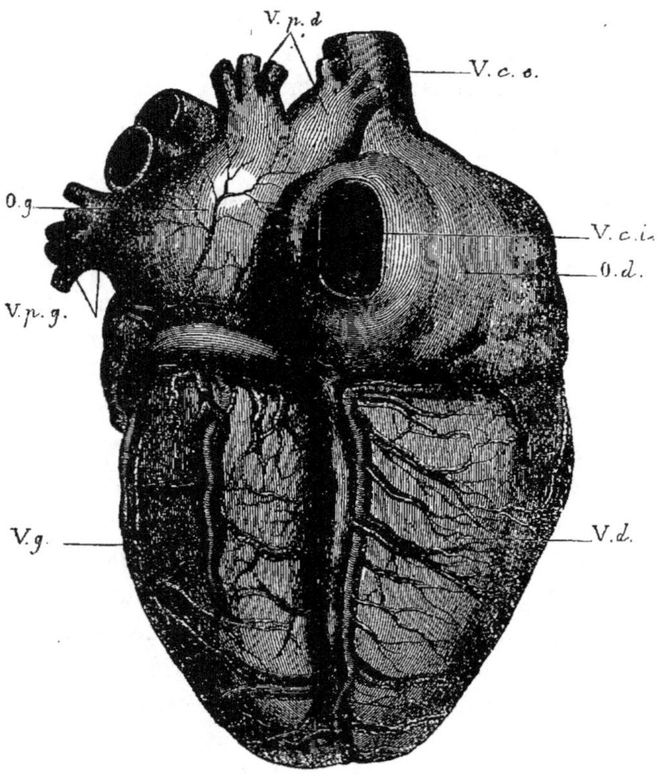

Fig. 3. — FACE POSTÉRIEURE DU CŒUR. — V*d*, ventricule droit. — V*g*, ventricule gauche. — O*d*, oreillette droite. — V*ci*, embouchure de la veine cave inférieure. — V*cs*, veine cave supérieure. — V*pd*, veines pulmonaires droites. — V*pg*, veines pulmonaires gauches. — O*g*, oreillette gauche.

bord se loge dans une profonde scissure du poumon, destinée à le recevoir et à le dissimuler.

La base de la partie ventriculaire du cœur regarde en haut, en arrière et à droite.

De cette base naissent, sur trois plans différents, l'artère pulmonaire, l'artère aorte et le sillon circulaire qui sépare les oreillettes des ventricules.

L'ARTÈRE PULMONAIRE prend son origine sur la partie la plus élevée du plan antérieur ; elle sort du ventricule droit, se dirige à gauche, va en se rétrécissant de manière à former une espèce d'*infundibulum* ou d'entonnoir, et, après un court trajet, elle se divise en deux troncs principaux qui forment les artères pulmonaires gauche et droite. La gauche se partage en deux ou trois branches qui vont se ramifier dans le poumon gauche ; la droite passe derrière l'aorte qu'elle contourne ; elle se termine par deux branches qui se divisent et se perdent dans le poumon droit.

A l'extérieur, l'*artère pulmonaire* est revêtue d'une couche de fibres qui prennent naissance dans le sillon d'origine de cette artère, et, à l'intérieur, on remarque à sa naissance trois valvules appelées *sygmoïdes*, ayant la forme d'un panier à pigeons, et destinées à fermer l'ouverture de communication avec le ventricule droit pour empêcher le retour du sang dans les ventricules pendant la diastole. Quant au tissu intermédiaire de l'artère pulmonaire, on remarque à son origine qu'il est découpé en trois festons correspondant aux trois valvules sygmoïdes et qu'il adhère à un sillon creusé dans le cœur par du tissu fibreux.

Les rapports de l'artère pulmonaire avec les organes voisins sont les suivants : elle est cotoyée à gauche, jusqu'à son entrée dans le poumon gauche, par les veines pulmonaires gauches qui viennent se jeter dans l'oreillette gauche pour y apporter le sang qui a traversé le poumon, et à droite par l'aorte. En avant, elle est en rapport avec le péricarde immédiatement et avec la face postérieure du sternum médiatement.

L'ARTÈRE AORTE naît à droite de la base du cœur *sur un second plan*, situé plus en arrière et plus bas que le précédent. Elle prend dans la partie supérieure du ventricule gauche son origine qui est cachée par la naissance et le prolongement, en forme d'entonnoir, de l'artère pulmonaire. Alors, elle se dirige obliquement en haut et à gauche, puis presque horizontalement à gauche et en bas en formant ainsi une courbe qu'on désigne sous le nom de *crosse de l'aorte*, laquelle doit seule nous occuper.

A son origine et extérieurement, l'aorte présente trois éminences arrondies qui correspondent aux valvules sygmoïdes. On les désigne sur le nom de *sinus de l'aorte*. Elles existent naturellement et ne sont point le résultat d'une maladie. Elles diffèrent beaucoup en cela d'une autre dilatation qu'on rencontre à la crosse de l'aorte chez les vieillards. Celle-ci est désignée sous le nom de *grand sinus de l'aorte*, et elle résulte toujours de l'impulsion du sang.

Le calibre de l'aorte à son origine est variable ; en général, il est de 0,67 millimètres à l'intérieur. A sa naissance, l'aorte présente, comme l'artère pulmonaire, trois valvules pareilles qu'on désigne également sous le nom de valvules sygmoïdes, et qui ont la même destination ; elles ne diffèrent des sygmoïdes pulmonaires que par une plus grande résistance et par le développement des nodules de son bord libre. C'est seulement à ces nodules que quelques anatomistes donnent le nom de *globules d'Arantius*.

Les rapports de la crosse de l'aorte avec les organes voisins pendant son trajet, sont les suivants :

A sa naissance, l'aorte cachée pour ainsi dire dans l'épaisseur du cœur, est en rapport en avant et à gauche avec l'entonnoir formé par le ventricule droit et la partie de l'artère pulmonaire qui en naît ; en arrière, avec la concavité des oreillettes, qui se moulent sur elle. Plus haut, une fois dégagée du ventricule gauche, elle est entourée, dans une grande partie de son étendue, par le péricarde, excepté en arrière, où elle est en rapport avec la division droite de l'artère pulmonaire qui la contourne avant d'entrer dans le poumon ; à gauche, elle longe le tronc lui-même de l'artère pulmonaire, et à droite, elle est en rapport avec la veine cave supérieure.

Enfin, hors du péricarde, l'aorte est en rapport en avant et à gauche avec la plèvre et le poumon gauche, avec les nerfs pneumogastrique et diaphragmatique ; en arrière et à droite, avec le commencement de la bronche gauche, l'œsophage, le canal thoracique, le nerf récurrent et un grand nombre de ganglions lymphatiques.

Sur un troisième plan, situé plus bas et plus en arrière que les deux précédents, on trouve un sillon circulaire qui sépare les oreillettes du ventricule. Ce sillon est parcouru dans sa partie postérieure par les artères et les veines cardiaques dans lesquelles viennent se jeter à angle droit les vaisseaux coronaires qui parcourent les sillons antérieur et postérieur du cœur.

Lorsqu'on a mis à nu le fond de ce sillon, on voit qu'il est très-profond dans sa partie postérieure, et que la base de chaque ventricule, comme renversée de dehors en dedans, forme à cet endroit une espèce de bourrelet sur lequel vient s'insérer la base des oreillettes.

La base du ventricule présente donc trois plans principaux, situés à des hauteurs diverses, d'où il résulte que la face antérieure du cœur est plus élevée que la postérieure, de 2 centimètres à 2 centimètres et demi. Cette face se trouve donc coupée obliquement de haut en bas et d'avant en arrière.

La circonférence de la base du cœur varie ; celle d'un cœur ordinaire, injecté de sang, est de 27 centimètres.

La pointe du cœur, légèrement recourbée en arrière, chez la plupart des sujets, présente une échancrure qui répond à la réunion des deux sillons longitudinaux du cœur. Elle divise le sommet de cet organe en deux parties égales, l'une droite, correspondant au ventricule droit, l'autre gauche, plus volumineuse, qui appartient au ventricule gauche.

La pointe du cœur, dirigée en avant, en bas et à gauche, est en rapport avec la face postérieure du cartilage des cinquième et sixième côtes gauches, et répond à la région de la mamelle ; elle vient frapper directement contre la paroi de la poitrine.

OREILLETTES ÉTUDIÉES A L'EXTÉRIEUR

Les OREILLETTES sont des appendices du cœur ; on peut les considérer comme étant de véritables sacs où viennent aboutir les veines ; elles ne seraient même, selon Cruveilhier, que des dilatations de veines.

On ne peut bien voir les oreillettes qu'en examinant la face postérieure du cœur ; alors on constate qu'elles occupent la base de cet organe et qu'elles sont placées derrière et au-dessus du ventricule.

Leur volume varie suivant les individus. Un cœur injecté de suif, mesure une hauteur moyenne de 54 millimètres, le diamètre antéro-postérieur est de 54 millimètres également, et le diamètre transversal de 80 millimètres.

Leur *forme* se rapproche de celle d'un cube allongé transversalement.

Les oreillettes présentent :

1° *Une face antérieure* se moulant sur la face postérieure du ventricule gauche, et qui, par conséquent, est très-concave ; elle décrit ainsi une courbe embrassant et masquant l'artère pulmonaire et l'aorte.

2° *Une face postérieure* très-convexe qui descend de la base du cœur à la naissance du sillon vertical de la face postérieure du cœur.

Cet organe, sur la partie médiane et de haut en bas, présente un sillon qui va rejoindre le précédent, en décrivant une courbe dont la convexité est tournée à gauche. Ce sillon répond à la cloison des oreillettes. A sa droite et tout près de lui se trouve l'ouverture de la veine cave inférieure, et au-dessous d'elle, l'embouchure de la grande veine coronaire. Cette face est en rapport avec l'œsophage et l'aorte qui la séparent de la colonne vertébrale.

3° *Une face supérieure*, qui est plus élevée que la base du cœur, est tournée en arrière et à droite ; elle est divisée par un sillon qui se continue avec le sillon de la face postérieure convexe à droite, et qui suit, lui aussi, la cloison des oreillettes. Cinq veines viennent s'ouvrir sur cette face : une à droite du sillon, c'est la veine cave supérieure, et quatre à gauche, ce sont les quatre veines pulmonaires droite et gauche.

Cette face est en rapport avec la trachée-artère qui se bifurque un peu au-dessus d'elle.

Les oreillettes sont terminées par des extrémités flottantes qu'on appelle *auricules* et qui sont dentelées comme des crêtes de coq. Il y en a une à droite et une à gauche. La droite est triangulaire, plus large, mais plus courte que la gauche ; elle embrasse dans sa *courbure* l'aorte qu'elle déborde en avant. La gauche, plus étroite que la droite, présente deux courbures qui se moulent sur l'artère pulmonaire et se termine à l'extrémité supérieure du sillon antérieur du cœur.

L'auricule droite se continue sans ligne de démarcation bien sensible avec l'oreillette correspondante, tandis que l'oreillette gauche est séparée de son auricule par un sillon à peu près circulaire bien tranché.

CONFORMATION INTÉRIEURE DU CŒUR

Pour examiner convenablement le cœur à l'intérieur, il faut lui faire subir certaines préparations : ainsi, pour le ventricule droit, le meilleur procédé consiste à pratiquer une coupe en V dont une des branches longera le sillon antérieur, l'autre le bord droit, et dont l'angle du V ira se terminer à la pointe du cœur.

Pour le ventricule gauche, on peut employer deux procédés : le premier consiste à faire purement et simplement une incision longitudinale dans la direction de la cloison elle-même ; le deuxième, à injecter du suif dans le cœur. En cet état, on le laisse dessécher, puis on l'ouvre ainsi que je l'ai dit précédemment ; on fait fondre le suif, en le plaçant dans de l'essence de térébenthine un peu chauffée. Le suif disparaît et l'on distingue alors tous les objets situés à l'intérieur de l'organe.

Le cœur présente quatre cavités, deux à droite, et deux à gauche. Les deux cavités droites sont complétement séparées des cavités gauches, par la cloison du cœur ; elles n'ont aucune communication, si ce n'est pendant la vie intra-utérine. Les oreillettes sont aussi séparées du ventricule qui leur correspond par une

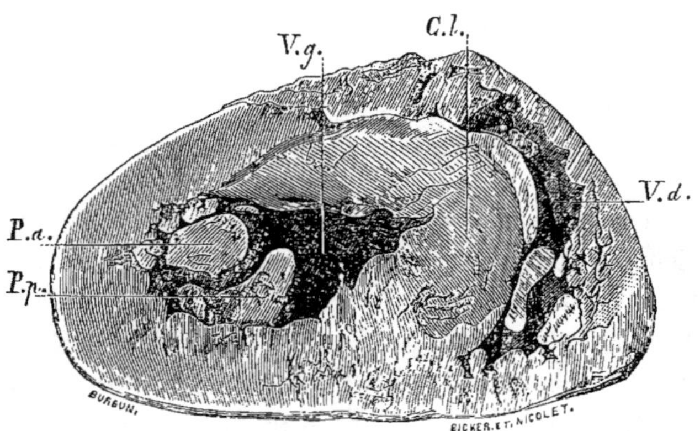

Fig. 4. — SECTION TRANSVERSALE DU CŒUR AU NIVEAU DE LA PARTIE MOYENNE DES VENTRICULES. — Vg, ventricule gauche. — Vd, ventricule droit. — Pa, pilier antérieur. — Pp, pilier postérieur. — C l cloison inter-ventriculaire.

cloison, mais cette cloison est percée d'un trou garni d'une valvule en soupape, qui leur permet de communiquer largement entre elles.

Il y a donc réellement deux cœurs ; *l'un droit,* composé de deux cavités, l'oreillette et le ventricule, destinées à recevoir le sang veineux ou noir que le ventricule projette dans les poumons, *et le cœur gauche,* oreillette et ventricule qui charrient le sang rouge du poumon et le poussent dans l'aorte.

VENTRICULE DROIT

Le ventricule droit est placé à la partie antérieure, inférieure et droite du cœur ; sa cavité a la forme d'une pyramide triangulaire renversée dont le sommet est en bas et à gauche ; elle est convexe à droite, et concave à gauche.

Des trois parois, *l'interne* est formée par la cloison du ventricule. Épaisse et convexe, préominant dans le ventricule droit, fortement réticulée dans sa partie inférieure, elle est presque lisse dans sa partie supérieure. Les parois, antérieure et inférieure, concaves, sont plus minces que la précédente, et, dans l'état de vacuité, elles sont comme affaissées sur elles-mêmes. On remarque sur les trois parois du ventricule des colonnes charnues qui laissent entre elles des aréoles. Ces colonnes sont de trois espèces :

Les premières, fixées aux parois du cœur par une

de leurs extrémités, et libres dans le reste de leur étendue, se terminent par des petites éminences, d'où partent des petites cordes tendineuses qui vont se fixer à la valvule auriculo-ventriculaire. Ces petits muscles sont très-nombreux.

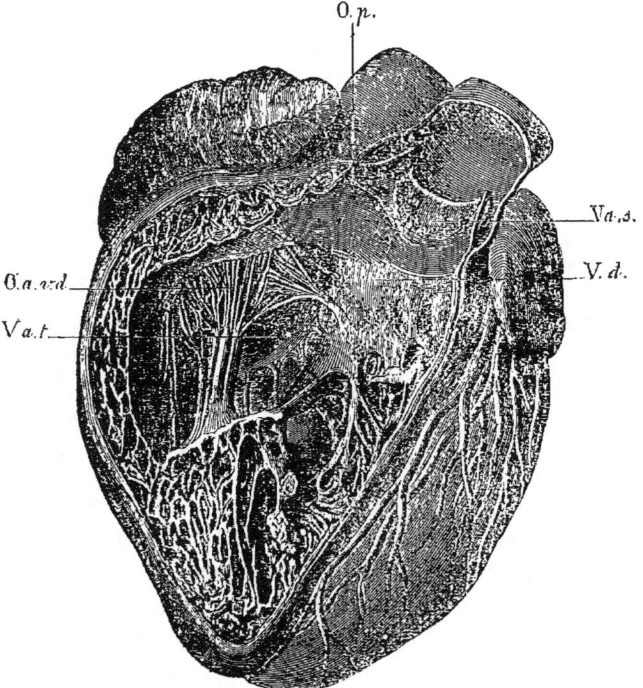

Fig. 5 — VENTRICULE DROIT OUVERT PAR LA FACE ANTÉRIEURE. — Vd, ventricule droit. — Oavd, orifice auriculo-ventriculaire droit. — Vat, valvule tricuspide. — Vas, valvules sygmoïdes. — Op, orifice pulmonaire.

La seconde espèce est composée de colonnes char-

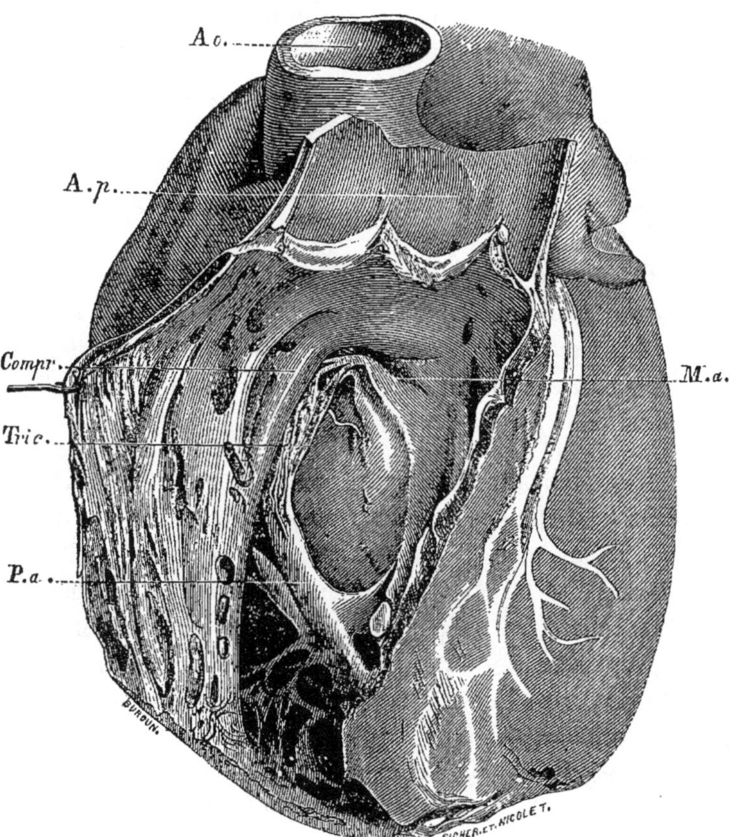

Fig. 6. — Ventricule droit ouvert par une section de sa paroi
antérieure le long de la cloison. — Pa, pilier antérieur. —
Tric, valvule tricuspide. — Comp, muscle compresseur de la valvule.
— Ma, mamelon antérieur. — Ap, artère pulmonaire. — Ao, aote.

nues, adhérentes aux parois du cœur, mais seulement par leurs extrémités.

Enfin, la troisième espèce adhère aux parois du ventricule par une de leur face.

Le plus grand nombre de ces colonnes se dirige de la pointe vers la base du cœur ; celles des deux premières catégories se tiennent par un de leurs bords et par des petits tendons musculaires très-déliés.

C'est à la pointe du cœur que répond le sommet du ventricule droit.

A la base du ventricule droit, on aperçoit l'orifice auriculo-ventriculaire droit et l'orifice de l'artère pulmonaire.

L'ORIFICE AURICULO-VENTRICULAIRE DROIT, est situé dans la partie postérieure droite de la base du ventricule; il mesure, d'après Bizot, 122 millimètres chez l'homme et 99 chez la femme. Sa forme est à peu près celle d'une ellipse, dont le grand axe est dirigé d'avant en arrière. Cet orifice est bordé par un anneau fibreux, sur lequel s'attache la *valvule tricuspide* ou *triglochine,* (de *tres,* trois et *cuspis* pointe ; ou du grec *tri,* trois et *glôchin,* angles). Cette valvule est mince, souple, presque transparente. Elle offre deux faces et deux bords. La face interne, qui regarde l'axe du ventricule quand la valvule est abaissée, est entièrement lisse. La face externe, appliquée contre les parois dans les mêmes conditions reçoit l'insertion de quelques cordages tendineux disposés en saillie à sa surface. La valvule tricuspide présente ordinairement, ainsi que l'indique son étymologie, trois dentelures, mais il y en a quelquefois davantage.

Pour que le jeu de la valvule puisse avoir lieu librement, on voit naître de la circonférence libre de cette valvule une certaine quantité de cordages tendineux très-petits, très-résistants relativement à leur grosseur et qui vont se terminer aux parois du cœur. La cloison du cœur donne elle-même toujours naissance à un faisceau de cordages plus ou moins gros qui se divisent en faisceaux et en cordages plus petits dont une certaine quantité va se terminer à cette circonférence.

Ces cordages, quoique n'ayant pas toujours une grande uniformité, ont pour fonction, lorsqu'ils se contractent, de tendre la valvule et de l'abaisser pour boucher l'orifice auriculo-ventriculaire pendant la contraction du ventricule, et cela pour empêcher le sang de refluer dans l'oreillette.

L'ORIFICE DE L'ARTÈRE PULMONAIRE, est placé dans l'angle qui unit la base avec le côté gauche du ventricule.

Plus petit que l'artère à laquelle il do ne naissance, cet orifice est circulaire; il est garni de trois valvules, appelées SYGMOIDES OU SEMI-LUNAIRES; l'une en avant et les deux autres en arrière. Quoique minces et transparentes, elles n'en offrent pas moins une certaine

résistance. Ces valvules ont une face antérieure donnant du côté du ventricule, et une autre du côté
de l'artère ; elles laissent entre leur face postérieure
et les parois de l'artère, un vide qui les a fait comparer à trois nids de pigeons réunis en triangle.

Le bord inférieur est convexe et adhérent, et leur
bord libre présente vers sa partie moyenne un petit
tubercule ou nodule appelé *nodule d'Arantius*.

Lorsque le ventricule se contracte, les valvules se
collent contre les parois internes de l'artère, et lorsqu'il se dilate, elles s'abaissent pour fermer l'orifice.
Il reste bien un petit vide entre elles, mais les trois
petits tubercules le ferment entièrement.

VENTRICULE GAUCHE

Ce ventricule est situé à gauche, en haut et en
arrière du ventricule droit qu'il déborde, en bas, du
côté de la pointe du cœur, de même que le ventricule
droit déborde la masse des ventricules du côté de la
base.

Examiné à l'intérieur, ce ventricule présente à peu
près la forme d'un cône renversé dont la base est en
haut et le sommet en bas. Il a un grand diamètre qui
va de la base au sommet et s'étend presque perpendiculairement de haut en bas, puis un petit diamètre
transversal. On découvre parfaitement par deux cou-
pes, une longitudinale et l'autre transversale, un
espace de forme elliptique compris entre elles deux.

Les parois en sont concaves et arrondies. La paroi
formée par la cloison fait saillie dans la cavité du
ventricule droit.

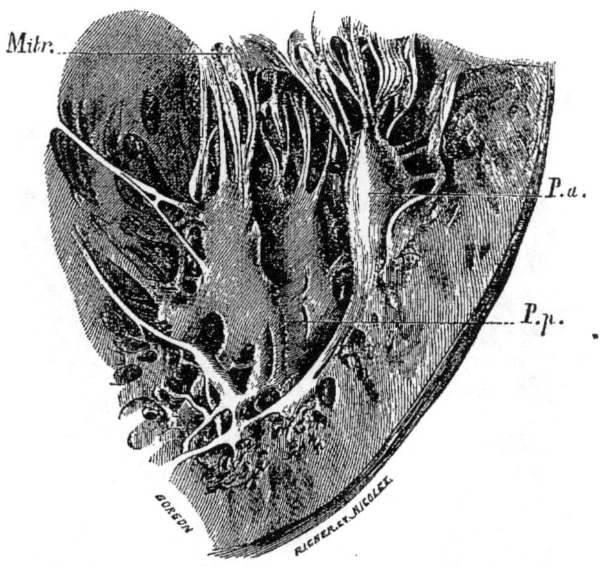

Fig. 7. — Piliers du ventricule gauche, vus par la face antérieure. — P a, pilier antérieur. — P p, pilier postérieur. — M itr,
valvule mitrale.

On trouve dans ce ventricule un grand nombre
de colonnes charnues. Les unes grosses et les autres
petites ; les grosses sont réunies en deux faisceaux,
qui limitent l'orifice auriculo-ventriculaire gauche. De
ces deux faisceaux, l'un est situé en avant et à gauche,

l'autre en arrière et à droite. Ces colonnes partent de la partie moyenne de la face antérieure et aboutissent à la base du ventricule, mais avant d'y arriver, elles se divisent chacune en plusieurs colonnes

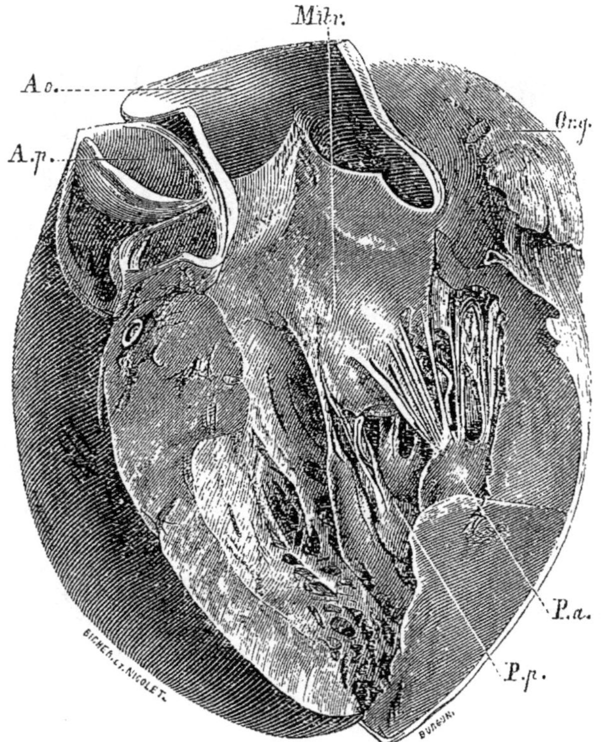

Fig. 8. — Ventricule gauche, ouvert par une section le long de la cloison. — P a, pilier antérieur. — P p, pilier postérieur. — M i t r, valvule mitrale. — O r g, oreillette gauche. — A o, artère aorte. — A p, artère pulmonaire.

beaucoup plus petites qui en haut et en bas s'entre-croisent avec celles du côté opposé de manière à

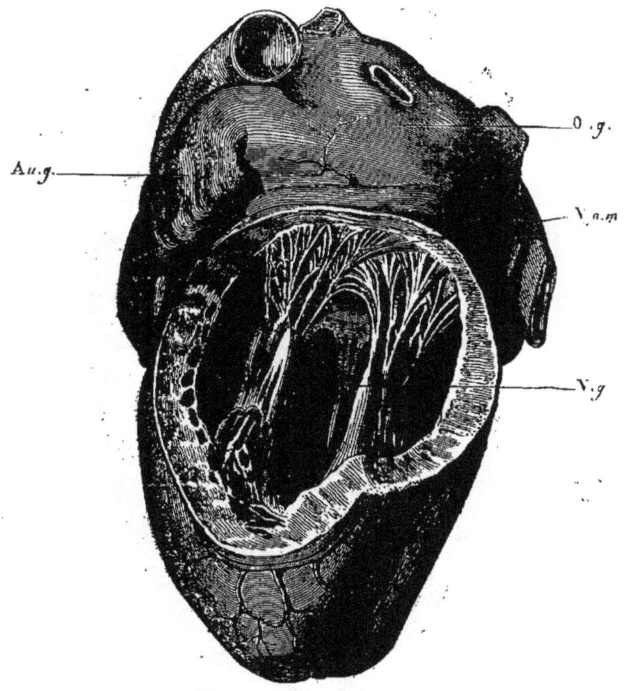

Fig. 9. — VENTRICULE GAUCHE OUVERT PAR DERRIÈRE. — On a en-
levé une portion de sa paroi gauche et postérieure. — V *g*, ventricule
gauche, présentant ses deux piliers. — V *am*, valvule mitrale. — O*g*,
oreillette gauche. — A *ug*, auricule gauche.

former les deux valves de la *valvule mitrale* ou *bi-
cuspide* qui limitent l'orifice de ce nom. Ces colonnes

3.

charnues sont plus grosses, plus fortes et plus résistantes que celles du ventricule droit.

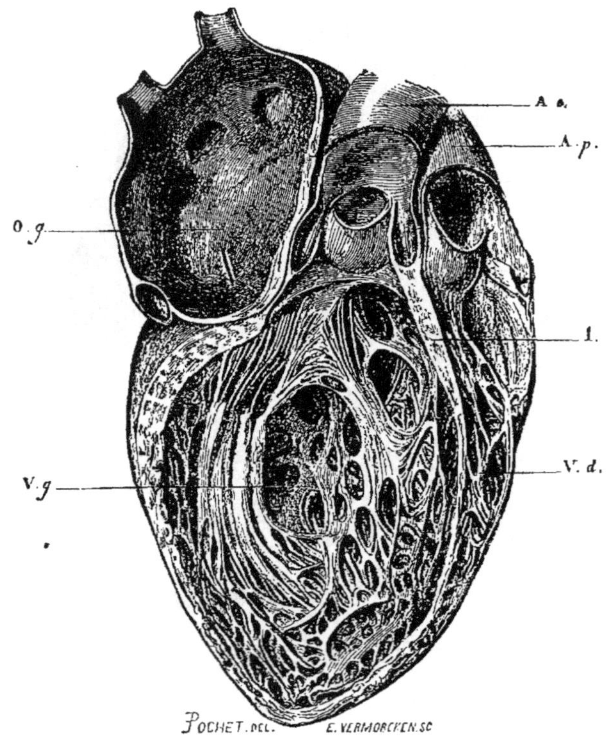

POCHET. DEL. — E. VERMORCKEN. SC

Fig. 10. — CAVITÉS DU CŒUR OUVERTES PAR UNE SECTION VERTICALE PERPENDICULAIRE A LA CLOISON. — I, cloison des ventricules. — V d, ventricule droit. — V g, ventricule gauche. — O g, oreillette gauche. — A o, aorte. — A p, artère pulmonaire.

Vers le sommet du ventricule, on rencontre d'autres colonnes charnues, moins grosses que les précédentes et disposées autrement ; elles sont plus courtes et s'entre-croisent de manière à laisser entre elles des orifices plus ou moins grands qui donnent à la surface du ventricule une apparence aréolaire et réticulée.

On trouve à la base du ventricule gauche, comme à la base du ventricule droit, deux orifices bien distincts : l'orifice auriculo-ventriculaire gauche et l'orifice aortique.

ORIFICE AURICULO-VENTRICULAIRE GAUCHE

Cet orifice est entouré par une valvule membraneuse, dite *valvule mitrale*, ainsi nommée par Desale, parce qu'elle présente deux festons principaux, entre lesquels on remarque deux petites valvules intermédiaires. Le feston se fixe à droite, sur la paroi antérieure du ventricule, près de la cloison ; il a 15 à 20 millimètres de longueur, et concourt à former un renflement assez considérable, qui sépare l'orifice auriculo-ventriculaire de l'orifice aortique. Sa face gauche se continue avec la paroi de l'aorte ; sa face opposée s'insère, au moyen de cordes tendineuses qui partent de son bord libre à gauche, à la paroi postérieure du ventricule. Elle a la forme d'un carré long, convexe du côté du ventricule ; elle est large d'un centimètre. La valvule droite empêche le sang de pénétrer dans le ventricule, avant que la contraction ait lieu, et la gauche, en s'abaissant pendant la contraction , oblitère l'orifice auriculo-ventriculaire et empêche le sang de retourner dans l'oreillette.

L'orifice aortique est exactement conformé comme celui de l'artère pulmonaire ; il présente également trois valvules sygmoïdes, dont deux en avant et une en arrière ; ces valvules en diffèrent en ce qu'elles sont plus résistantes et en ce que le petit mamelon qui est situé au milieu de leur bord libre, est plus gros que celui des valvules sygmoïdes de l'artère pulmonaire.

Les orifices auriculo-ventriculaire droit et pulmonaire sont plus éloignés l'un de l'autre que les orifices auriculo-ventriculaire gauche et aortique, qui ne sont séparés que par la bride dont il a été question.

OREILLETTE DROITE

Pour étudier convenablement cette oreillette , il faut l'injecter de suif et la laisser se dessécher, puis faire une incision transversale allant de la veine cave inférieure à l'auricule , et une autre incision qui allant de la veine cave supérieure tombe perpendiculairement sur la première ; enfin, éliminer le suif par l'essence de térébenthine, ou le retirer à l'état solide. Il s'est moulé sur l'intérieur et représente exactement la forme intérieure de l'oreillette droite, ses enfoncements et ses saillies.

Cette oreillette distendue, affecte la forme d'un seg-
ment ovoïde irrégulier, dont le grand diamètre serait
dirigé d'avant en arrière. De ces trois parois, l'une est
antérieure, convexe; l'autre *interne*, et qui est un peu
concave, concourt à former la cloison des oreillettes ;
la troisième, *postérieure*, concave aussi, beaucoup
plus grande que les autres, présente des colonnes
charnues ; on y trouve quatre orifices chez l'adulte
et cinq chez le fœtus. Ces orifices sont : l'orifice
auriculo-ventriculaire, l'orifice de la veine cave supérieure, celui de la veine cave inférieure, celui de la
veine coronaire, et enfin, l'orifice du canal artériel
ou *trou de Botal*, qui, après la naissance, devient la
fosse ovale.

L'ORIFICE AURICULO-VENTRICULAIRE a presque la
forme ovalaire, dont le grand diamètre est dirigé
d'avant en arrière. A sa limite antérieure, on trouve
un faisceau de fibres blanches et nacrées sur lesquelles
vient s'attacher le bord de la valvule tricuspide. Cet
orifice est plus resserré du côté du ventricule que du
côté de l'oreillette.

L'ORIFICE DE LA VEINE CAVE SUPÉRIEURE est tourné
en bas ; il n'a point de valvules, aussi rien ne fait-il
obstacle à l'arrivée du sang noir dans l'oreillette, laquelle est large et souple ; on lui donne 20 à 25 millimètres de diamètre. Il est limité à droite et à gauche
par des fibres musculaires formant de chaque côté une
saillie très-prononcée. La saillie de droite le sépare de

l'orifice de la veine cave inférieure, et la saillie de gauche, de l'auricule.

L'ORIFICE DE LA VEINE CAVE INFÉRIEURE est placé tout près de la cloison auriculo-ventriculaire. La veine cave ne s'ouvre point directement dans l'oreillette, mais après avoir décrit un angle droit; aussi l'orifice ne regarde-il point en haut, mais de côté; il est rond et son diamètre est plus grand que celui de l'embouchure de la veine cave supérieure; il a de 30 à 35 millimètres, en le mesurant sur un moule de suif. On y trouve une grande valvule occupant plus de la moitié antérieure de l'orifice de cette ouverture et appelée *valvule d'Eustachi*. Cette valvule est semi-lunaire; son bord libre regarde en haut et son bord adhérent, concave, regarde en bas. L'une de ses faces est tournée en avant, du côté de l'oreillette, et l'autre en arrière, vers la veine. Quoique n'obturant pas entièrement le vaisseau, la valvule d'Eustachi a pour fonction de s'opposer au retour du sang de l'oreillette dans la veine cave, pendant la contraction.

L'ORIFICE DE LA VEINE CORONAIRE est séparé du précédent au devant duquel il est placé, par la valvule d'Eustachi; il est également pourvu d'une valvule semi-lunaire désignée sous le nom de *valvule de Thébésius*, ressemblant entièrement aux valvules des veines, et qui peut l'oblitérer entièrement.

L'ORIFICE INTER-AURICULAIRE OU TROU DE BOTAL est

situé à la paroi interne ou gauche, formé par la cloison inter-auriculaire. Pendant la vie intra-utérine, les deux oreillettes communiquent entre elles par un petit canal membraneux, appelé *canal artériel.* Et cela parce qu'il n'y a pas de respiration; il n'y a qu'un sang qui n'a pas besoin de traverser le poumon pour s'hématoser; mais après la naissance, il n'en est plus de même, le fœtus a besoin de vivre par lui-même, la respiration s'établit, le sang traverse le poumon pour se mettre en contact avec l'air et devenir propre à la vie. Aussi le canal artériel, devenant inutile, s'oblitère-t-il et cesse-t-il de donner passage au sang. Il est alors remplacé par le trou de Botal, dit encore *fosse ovale,* laquelle est entourée d'un bourrelet ou anneau fibreux nommé *anneau de Vieussens.*

Au fond de la fosse ovale, et derrière l'anneau de Vieussens, on rencontre quelquefois une petite fente qui permet de pénétrer dans l'oreillette gauche. Cette persistance du trou de Botal ne nuit en rien à la circulation, car l'anneau de Vieussens remplit le rôle d'une valvule s'appliquant sur la lame qui aurait dû fermer complétement l'orifice inter-auriculaire après la naissance.

La surface interne de l'oreillette présente à droite les ouvertures des veines caves, ainsi que des colonnes musculaires qui s'entre-croisent et donnent à cette surface un aspect réticulé. Ces colonnes n'existent que d'un seul côté.

L'AURICULE qui s'étend depuis la veine cave supérieure jusqu'au fond de l'appendice, présente un tissu aréolaire formé par des colonnes charnues peu développées, qui s'entre-croisent dans tous les sens, en laissant entre elles des traces plus ou moins profondes, qui ressemblent à des aréoles.

Tels sont les seuls détails intéressants à noter, à propos de l'oreillette droite.

OREILLETTE GAUCHE

La forme intérieure de cette oreillette est celle d'un cube irrégulier, dont le grand diamètre est presque vertical ; elle présente cinq orifices après la naissance et six chez le fœtus, ce sont l'orifice auriculo-ventriculaire gauche, plus quatre orifices de veines pulmonaires.

L'orifice *auriculo-ventriculaire* est moins grand à gauche qu'à droite ; son grand diamètre est à peu près transversal. Les quatre autres orifices sont fournis par les veines pulmonaires, deux sont à droite et deux à gauche. Ces orifices, dépourvus de valvules, sont à peu près égaux et ont de 12 à 15 millimètres de diamètre. La cloison ne présente aucune trace de la fosse ovale.

L'auricule, appendice de l'oreillette gauche, est beaucoup plus distincte que du côté droit ; elle affecte la forme d'un doigt de gant plus ou moins infléchi et plus ou moins long ; elle communique avec l'oreillette par un orifice circulaire nettement établi.

CAPACITÉ DES CAVITÉS DU COEUR

On pensait autrefois que la capacité du ventricule droit était égale à celle du ventricule gauche, parce que, dans un temps donné, tout le sang passe tour à tour par le ventricule droit et les vaisseaux pulmonaires, d'un côté, et par le ventricule gauche et les artères, d'un autre côté. Ce qui semblait confirmer cette croyance, c'est que les ventricules se contractent ensemble. Cependant, les expériences de Senac, et surtout de Haller, ont démontré que la capacité du ventricule droit, était plus grande que celle du ventricule gauche. Parmi les expériences démonstratives, celle qui consiste à faire une injection avec du suif ou de la cire dans les cavités du cœur, est celle qui donne les meilleurs résultats. Le suif ou la cire retirée des cavités du cœur ou des oreillettes, à l'état solide, peut résoudre la question aussi bien sous le rapport du poids que sous le rapport de la contenance. Eh bien ! d'après des expériences précises faites par M. Robin, il résulte que la capacité de l'oreillette droite l'emporte sur celle de l'oreillette gauche d'un dixième à un tiers ; que la capacité du ventricule droit l'emporte sur celle du ventricule gauche de la même quantité, mais plus souvent d'un dixième que d'un tiers. Ces expériences démontrent encore que la capacité des oreillettes est plus petite que celle du ventricule correspondant; la différence peut varier suivant les âges entre un cinquième et un tiers, mais la différence est plus grande à gauche qu'à droite. Ainsi, la capacité de l'oreillette gauche n'est que des deux tiers de celle du ventricule correspondant, tandis qu'à droite, elle est des quatre cinquièmes.

En résumé, la capacité du cœur droit est supérieure à celle du cœur gauche. Il nous paraît possible de dire, après les recherches de Robin et de Hiffelsheim, que le cœur droit a une capacité de 270 à 415 centimètres cubes, tandis que celle du cœur droit ne dépasse pas 243 à 342 centimètres cubes.

Dans toutes ces appréciations, sur l'exactitude desquelles il pourrait bien y avoir quelques contradictions, il importe de tenir compte de l'âge du sujet. Il y a, en effet, un fait parfaitement connu, c'est que, dans la vieillesse, le tissu du cœur s'amincit, devient mou et flasque, et comme conséquence inévitable, que ses cavités s'agrandissent.

STRUCTURE DU CŒUR

Les tissus qui entrent dans la composition du cœur sont presque entièrement musculaires. Cet organe est enveloppé d'une membrane séreuse, feuillet adhérent du péricarde, d'une membrane fibreuse, d'un tissu musculeux plus ou moins épais ; enfin on y trouve des vaisseaux et du tissu cellulaire.

L'épaisseur des parois du cœur varie beaucoup. D'une manière générale, les ventricules sont plus épais que les oreillettes, et le ventricule gauche est plus épais que le ventricule droit. Boisot, après un grand nombre de mensurations, a trouvé pour les oreillettes deux à trois millimètres, pour le ventricule gauche au niveau de la base, de onze à douze, près de la pointe, les mêmes dimensions ; pour le ventricule droit, à la base, quatre un tiers, à la partie moyenne, deux à trois, et près de la pointe, deux un quart. La cloison interventriculaire a la même épaisseur que le ventricule gauche auquel elle appartient.

CHARPENTE DU CŒUR

On désigne sous ce nom, dit Cruveilhier, quatre *zônes fibreuses (cercles tendineux de Lower)*, qu'on regarde comme le point de départ et l'aboutissant des fibres musculaires du cœur. Ces zônes occupent les quatre orifices des ventricules, savoir les orifices auriculo-ventriculaires, les orifices de l'aorte et de l'artère pulmonaire.

Les zônes auriculo-ventriculaires sont des lamelles brillantes, nacrées, qui circonscrivent incomplétement les orifices auriculo-ventriculaires. De ces sortes d'anneaux naissent des prolongements fibreux qui forment dans l'épaisseur des valvules mitrale et tricuspide, une trame qui leur donne beaucoup de résistance. Cette trame émet des cordons tendineux qui vont au cœur, et reçoit des cordages semblables de la surface interne de cet organe.

La zône auriculo - ventriculaire gauche est plus épaisse et plus résistante que l'auriculaire droite.

Les zônes des artères aorte et pulmonaire consti-tuent deux cercles un peu plus petits que la circon-férence des artères qu'elle tapissent. Ces deux cercles ont la même forme, mais non la même structure.

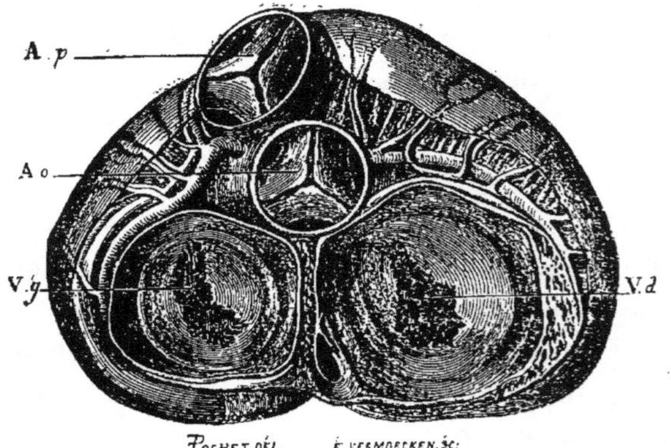

Fig. 11. — V d, ventricule droit. — V g, ventricule gauche. — A o, aorte. A p, artère pulmonaire.

Celui de l'aorte est plus épais, plus fort, plus résis-tant que celui de l'artère pulmonaire. Ces zônes émet-tent trois sortes de prolongements qui s'insinuent entre les trois valvules sygmoïdes. Le premier émane

de la membrane interne de l'aorte, se rétrécit de bas
en haut, pour se souder avec le deuxième qui vient
du ventricule, et former avec lui les bords des
valvules sygmoïdes. Enfin, le troisième, de nature
fibreuse, est placé entre les deux premiers et naît de
la zône artérielle ; il n'existe que depuis le bord adhérent de la valvule jusque dans la moitié inférieure,
tandis que dans sa moitié supérieure, les deux premiers feuillets sont adossés l'un à l'autre jusqu'à son
bord libre. Ces feuillets n'étant pas de même nature,
peuvent être séparément atteints de maladies différentes.

Il est très-important de faire remarquer que c'est
par la connaissance exacte de la position qu'occupent
les orifices aurico-ventriculaires et les orifices des
ventricules, qu'il est possible de déterminer quel est
l'orifice malade, et partant de savoir si la maladie
siége à droite ou à gauche.

Cruveilhier a fait représenter très-exactement cette
position relative sur une figure insérée dans son
Traité d'anatomie ; nous ne pouvons mieux faire
que de reproduire ici sa description.

Les deux orifices auriculo-ventriculaires, dit-il,
sont situés sur le même plan ; ils sont postérieurs
aux autres orifices, et comme accolés à leur partie
moyenne,

Les grands diamètres de ces orifices sont réciproquement perpendiculaires, c'est-à-dire que le grand
diamètre de l'orifice auriculo-ventriculaire droit est

dirigé d'avant en arrière, tandis que le grand diamètre de l'orifice auriculo-ventriculaire gauche est dirigé transversalement.

C'est ce qui se voit très-bien sur le cœur affaissé. Quand l'organe est distendu par une injection, la forme elliptique des orifices auriculo-ventriculaires est moins prononcée.

Dans l'écartement anguleux que laissent en avant ces deux orifices, se voit l'orifice aortique qui est intimement uni à l'un et à l'autre orifices auriculo-ventriculaires ; en sorte que la zône aortique est confondue avec les zônes auriculo-ventriculaires dans la moitié postérieure de la circonférence. C'est dans ce point que l'on rencontre souvent des concrétions ossiformes des orifices.

Enfin, sur un plan antérieur, et à gauche de l'orifice aortique, se voit l'orifice pulmonaire, qui est situé à 10 ou 12 millimètres plus haut que le précédent.

L'orifice aortique est dirigé en haut et à droite, l'orifice pulmonaire en haut et à gauche; aussi l'aorte et l'artère pulmonaire s'entre-croisent-elles en X. Il suit de là que l'orifice pulmonaire est séparé de l'orifice auriculo-ventriculaire droit par l'orifice aortique.

Les anneaux fibreux du cœur sont formés d'un tissu dense et serré de couleur blanchâtre, dans lequel on distingue deux éléments : 1° des fibres de tissu conjonctif très-difficiles à isoler ; 2° un petit nombre de fibres élastiques ramifiées, avec des cellules anastomosées. Quelques rares vaisseaux sanguins très-fins s'observent dans leur épaisseur.

FIBRES MUSCULAIRES DU CŒUR

Pour suivre bien exactement la disposition des fibres musculaires du cœur, il est nécessaire de faire subir à cet organe une préparation qui consiste à le laisser macérer dans l'acide nitrique étendu d'eau. Cette préparation permet d'enlever facilement la membrane externe, puis, couche par couche, il est facile de suivre les différents plans musculeux du cœur et les fibres, depuis leur origine jusqu'à leur terminaison.

Les fibres musculaires des ventricules et des oreillettes sont entièrement indépendantes les unes des autres ; non-seulement cette indépendance est démontrée par l'action mécanique du cœur, puisque, lorsque les oreillettes se contractent, les ventricules se dilatent, et réciproquement, mais elle est rendue visible en plongeant un cœur dans l'acide chlorhydrique. Cet acide, en dissolvant les anneaux fibreux et toutes les parties celluleuses du cœur, permet de voir la substance musculeuse des oreillettes qui se détache nettement de celle des ventricules ; c'est pour cela qu'on doit les étudier dans chacune de ces parties.

VENTRICULES

Chaque ventricule est entouré d'une poche muscu-leuse. Les poches qui forment les fibres propres du cœur sont enveloppées toutes les deux dans une troi-sième poche qui constitue les fibres les plus superfi-cielles *ou communes*. Toutes les fibres musculaires des ventricules naissent des zônes fibreuses que nous avons décrites précédemment et s'y terminent. Elles parcourent un long trajet, descendent dans une moitié de leur étendue, et montent dans l'autre moi-tié, sans présenter la moindre intersection fibreuse, ou autre indice de soudure.

Les fibres communes ou superficielles, également désignées sous le nom *d'unitives de Gerdy*, sont dirigées obliquement et contournées en spirale. Celles de la face antérieure du cœur naissent de la partie antérieure des zônes auriculo-ventriculaires et de l'anneau de l'artère pulmonaire. De là, elles se diri-gent à gauche et en bas, traversent le sillon longitu-dinal antérieur et convergent toutes vers la pointe du cœur et vers son bord gauche. Elles se divisent en deux parties, celles du quart supérieur, qui sont beaucoup plus obliques que celles des trois quarts inférieurs qui se rapprochent de plus en plus de l'horizontale, à mesure qu'elles descendent. Ces dernières, qui font suite à celles de la face postérieure du cœur, arrivent à sa pointe et pénètrent dans son intérieur, où elles ont une disposition spéciale dont nous parlerons en décrivant les fibres profondes. Les premières, c'est-à-dire celles du quart supérieur, gagnent le bord gauche du cœur, le contournent, parviennent sur la face postérieure, toujours en descendant, la suivent obliquement en marchant vers la pointe qu'elle atteignent et où elles pénètrent.

Les fibres de la face postérieure se partagent aussi en fibres inférieures et en fibres supérieures. Les fibres inférieures font suite aux fibres inférieures de la face antérieure, se dirigent de bas en haut et à droite, traversant le sillon postérieur, gagnent le bord droit, se confondent avec les fibres antérieures, et arrivent à la pointe d'où elles pénètrent dans le cœur. Les supérieures qui naissent de la moitié gauche de l'anneau auriculo-ventriculaire gauche, et de la partie postérieure des anneaux auriculo-ventriculaires, gagnent le bord droit du cœur, le contournent et passent sur la partie antérieure et supérieure du ventricule droit, pour reparaître sur la face antérieure.

Les fibres communes, antérieures et postérieures, arrivées à la pointe du cœur, se contournent réciproquement en formant une demi-spire, se réfléchissent, deviennent profondes et subissent un arrangement particulier en pénétrant dans son intérieur, comme nous le dirons plus loin.

Les fibres propres de chaque ventricule sont niées par Winckler, mais on admet généralement qu'elles sont placées entre la partie superficielle ou descendante et la partie profonde ou ascendante des fibres communes, et qu'elles forment autour de chaque ventricule une enveloppe qui a la forme d'un cône tronqué irrégulier, adossés l'un à l'autre. Ces cônes présentent chacun, à leur extrémité, deux orifices, l'un supérieur, plus grand, qui répond aux orifices auriculo-ventriculaires, et l'autre inférieur, plus petit, qui est situé à la pointe du cœur et laisse un vide assez considérable entre les fibres propres. Ce vide est rempli par les fibres communes qui se réfléchissent intérieurement. Les fibres propres sont fixées par leurs extrémités aux zônes auriculo-ventriculaires et forment sur le cœur des courbes à peu près circulaires qui se croisent en huit de chiffres.

En se renversant de bas en haut, et en se contournant réciproquement, les fibres superficielles et communes, antérieures et postérieures, dont nous avons déjà parlé, forment en bas une saillie, que Cruveilhier désigne sous le nom d'*étoile à rayons courbes* et qui constitue la pointe du cœur. Ces fibres pénètrent, en se réfléchissant, dans le cœur par l'orifice qui existe à cette pointe entre les fibres profondes, la plus grande partie passant dans le ventricule gauche, ce qui explique pourquoi les parois de ce ventricule sont plus épaisses que celles du ventricule droit, et pourquoi aussi, on ne distingue, le plus souvent, qu'une seule saillie à la pointe, tandis que chaque ventricule en présente une en réalité, mais celle du ventricule droit paraît beaucoup plus petite, étant dissimulée par l'autre.

DISPOSITION DES FIBRES MUSCULAIRES A LA POINTE ET DANS L'INTÉRIEUR DU CŒUR

Il est démontré, par les travaux de divers anatomistes, Vésale, Sténon, Lower, Winslow, Gerdy, Cruveilhier, etc., qu'il est facile de mettre en évidence le renversement et la torsion des fibres du cœur à sa pointe, de voir pénétrer les fibres superficielles par son sommet et de suivre leur disposition dans l'intérieur du cœur. Ces fibres se portent en dedans des fibres propres et présentent alors trois modes de disposition distincts : 1° des anses simples ; 2° des anses en pas de vis avec des huit de chiffre, et 3° enfin, des colonnes charnues de divers ordres.

Les fibres à anses, que Winslow désigne sous le nom de *fibres à angle*, entrent, par leur partie superficielle, dans la paroi antérieure du ventricule gauche, et par leur partie réfléchie, dans la partie profonde de la partie postérieure de la paroi antérieure de ces ventricules.

Les fibres en *pas de vis* sont également composées d'une partie superficielle et d'une partie profonde qui entrent toutes les deux dans la composition de la paroi antérieure du ventricule.

Enfin *les colonnes charnues* sont composées à la fois par des fibres à anse et des fibres en pas de vis réfléchies. Il y a quelques différences entre le ventricule droit et le ventricule gauche. Dans le ventricule droit, la plus grande partie des fibres réfléchies forment les colonnes charnues.

OREILLETTES

On y rencontre, comme dans les ventricules, des fibres musculaires communes et des fibres musculaires propres.

Les fibres communes sont peu nombreuses ; on n'en trouve qu'un faisceau situé sur la face antérieure de la partie auriculaire du cœur, et qui s'étend de l'auricule droit à l'auricule gauche.

Les fibres musculaires propres forment sur chaque oreillette une couche très-mince ; elles naissent de la zône auriculo-ventriculaire et s'y terminent.

Sur l'oreillette gauche, on rencontre des fibres circulaires et des fibres obliques. Les *circulaires* se trouvent près de l'orifice auriculo-ventriculaire et dans toute la région antérieure de l'oreillette. Les *obliques* naissent aussi de l'orifice auriculo-ventriculaire ; elles se partagent en plusieurs faisceaux courbes, faciles à distinguer. On trouve d'abord un de ces faisceaux entre l'auricule gauche et la veine pulmonaire du même côté, puis un second, très-large, occupant l'intervalle situé entre les veines pulmonaires droite et gauche. Enfin, deux autres, très-petits, sont interposés entre les deux veines pulmonaires de chaque côté. Pour se mouler à la forme circulaire de ces orifices, ils se recourbent et font l'office de sphincters.

Sur l'oreillette droite, les fibres musculaires ne constituent pas une couche occupant toute la surface de l'oreillette, mais, ainsi que le dit Cruveilhier :

1° Une partie non musculaire, qu'on peut appeler le *confluent des veines caves*. Un seul petit faisceau musculaire est situé immédiatement à droite de la veine cave supérieure.

2° Une partie musculaire représentant une espèce de grille, comprise entre deux faisceaux : un faisceau circulaire qui entoure l'orifice auriculo-ventriculaire, et un faisceau semi-lunaire, très-saillant, placé entre la veine cave et l'auricule, formant un arc vertical qui va se terminer à droite de la veine cave inférieure.

Le tissu des parois de l'auricule gauche est de nature caverneuse et aréolaire. On trouve en lui l'orifice d'un canal étroit dont l'ouverture est arrondie et régulière. L'auricule est constituée par un tissu semblale, mais ne présentant aucun orifice dans son intérieur.

Le cœur est double, et comme nous l'avons déjà dit, il y a un cœur droit et un cœur gauche. Cette division peut être opérée mécaniquement. Pour y parvenir, on

incise, couche par couche, les fibres musculaires antérieures, en suivant la direction du sillon antérieur;
on écarte ensuite les deux ventricules l'un de l'autre
avec le doigt ou le manche du scalpel; puis, pour séparer les oreillettes, on porte le scapel dans le sillon
postérieur inter-auriculaire, en redoublant de précautions lorsqu'on arrive à la fosse ovale où la cloison,
restée mince, est très-adhérente. Ainsi, on parvient
souvent à séparer complétement les oreillettes l'une
de l'autre, sans opérer la moindre solution de conti-
nuité.

A l'aide de la dissection que nous venons de décrire, on voit que le ventricule gauche convexe est
reçu dans la concavité correspondante du ventricule
droit. De cette manière, le ventricule gauche s'emboîte
dans le ventricule droit, et l'emboîtement est complété
par un prolongement, en *bec d'aiguière*, du ventricule droit.

S'il s'agit des oreillettes, c'est, au contraire, l'oreillette droite qui présente une convexité s'adaptant à
une concavité correspondante de l'oreillette gauche.

En replaçant les deux parties du cœur dans leurs
situations normales, on distingue très-bien la position de l'orifice aortique en arrière et à droite de l'o-
rifice pulmonaire, l'entrecroisement en X de l'aorte
et de l'artère pulmonaire, le rapport de l'aorte avec
la base du ventricule droit entre l'orifice auriculo-
ventriculaire qui est en arrière et le prolongement

infundibuliforme du ventricule droit qui est en avant.

Par cette séparation, on peut encore apprécier la forme conoïde du ventricule gauche, la forme primitive et triangulaire du ventricule droit, enfin la forme et le volume relatifs des deux oreillettes.

VAISSEAUX, NERFS ET TISSU CELLULAIRE DU COEUR

Quoique la connaissance des vaisseaux sanguins et lymphatiques ne soit pas d'une grande utilité pour le diagnostic de la maladie ou des maladies qui font le sujet de notre travail, nous n'en croyons pas moins utile d'en dire quelques mots , afin de compléter la description anatomique du cœur.

Les artères du cœur sont les *artères coronaires* ou *cardiaques*. Les artères coronaires naissent à gauche et à droite de l'origine de l'aorte. On a discuté longtemps sur le point de départ de ces vaisseaux. Les recherches anatomiques les plus récentes semblent démontrer que dans la grande majorité des cas, l'ouverture des artères cardiaques est située au-dessus des valvules sygmoïdes. Dans tous les cas, malgré l'opinion contraire de Brücke et de Wittich, les valvules sygmoïdes ne s'opposent jamais à la pénétration du sang à l'intérieur de ces artères.

L'artère coronaire gauche ou antérieure descend

entre l'infundibulum et l'auricule gauche. Au niveau du sillon auriculo-ventriculaire, elle se divise en deux branches principales : l'une parcourt le sillon de la face antérieure, l'autre se dirige à gauche dans le sillon horizontal.

L'*artère cardiaque droite* ou *postérieure* gagne le sillon horizontal en descendant au-dessous de l'auricule droite, contourne le bord droit, passe sur la face postérieure du cœur et parvient ainsi jusqu'au sillon vertical correspondant où elle s'anastomose avec l'artère gauche.

Les artères coronaires figurent donc autour du cœur deux cercles qui se coupent à angle droit.

Les *veines* accompagnent les artères ; il n'y en a qu'une appelée *grande veine cardiaque*, dont les divisions accompagnent celles des artères.

Les *vaisseaux lymphatiques* vont se rendre dans les ganglions qui environnent en grand nombre les bronches et la trachée inférieurement.

Les *nerfs* sont plus utiles à connaître que les vaisseaux, en ce sens qu'ils sont quelquefois atteints de maladies, ce qui pourrait donner lieu à des erreurs de diagnostic.

Ces nerfs naissent de deux sources, des ganglions cervicaux et du système cérébro-spinal. Fournis par les nerfs pneumogastriques, une fois arrivés au cœur, ils se divisent en un grand nombre de filets plus petits qui accompagnent d'abord les artères cardiaques pour pénétrer dans l'épaisseur des fibres charnues qu'elles animent. Les nerfs destinés aux artères viennent principalement du grand sympathique.

Dans l'état de santé ordinaire, on rencontre peu de *tissu cellulaire* dans le cœur, soit à sa surface, soit entre ses fibres musculaires. Dans quelques cas de maladies, au contraire, la graisse est secrétée abondamment autour du cœur et gêne les battements qui deviennent moins sensible.

Nous n'avons pas besoin de nous occuper du développement du cœur, car pour traiter le sujet qui nous occupe, nous ne pouvons agir que sur un cœur entièrement développé. Nous négligerons donc entièrement cette partie, et nous consacrerons le chapitre suivant à tracer à grands traits la physiologie de cet organe, en mettant à profit les données les plus récentes de la science.

PHYSIOLOGIE

Considéré au point de vue anatomique le cœur est une poche multiple sur laquelle viennent se terminer les veines et de laquelle partent les artères. Au point de vue de la physiologie, cet organe peut également être regardé comme une poche multiple et contractile qui a pour but de recevoir le sang arrivant par les vaisseaux à direction convergente, pour le projeter ensuite, dans les vaisseauxà direction centrifuge, afin de le faire circuler dans toutes les parties du corps. Comment s'exécutent ces mouvements ? c'est ce que nous allons étudier.

DES MOUVEMENTS DU COEUR

La circulation du sang ne s'opère point avant la naissance de la même manière qu'après que l'enfant a respiré. Avant la naissance, le sang ne traverse pas les poumons, parce qu'il n'a pas besoin d'être hématosé pour entretenir la vie, mais il va directement du ventricule droit dans le ventricule gauche à travers le trou de Botal, lequel établit entre eux une communication directe, et de là dans les artères. Mais dès que l'enfant est né, ou plutôt dès que la première respiration a eu lieu, et que les poumons ont été distendus par l'air, le sang de la mère ne venant plus apporter à celui de l'enfant les matériaux employés à sa nutrition, les fonctions du cœur se modifient entièrement.

Les veines caves supérieure et inférieure versent le sang veineux dans l'oreillette droite qui se dilate. Lorsque celle-ci est pleine, elle se contracte et chasse le sang qu'elle contient dans le ventricule droit qui se distend et grossit, tandis que l'oreillette se rétrécit. Lorsque ce ventricule est assez dilaté, il se contracte à son tour et pousse le liquide sanguin dans l'artère pulmonaire et dans les poumons, au lieu de continuer à passer par le trou de Botal, parce qu'il a besoin d'être hématosé. De là, il arrive dans les veines pulmonaires qui le versent dans l'oreillette gauche. Celle-ci se dilate pour le recevoir, puis elle se contracte pour le projeter dans le ventricule gauche qui le chasse lui-même dans l'aorte, d'où ses contractions le poussent dans les artères et dans toutes les parties du corps. Les valvules tricuspides et mitrales placées aux orifices auriculo-ventriculaires, de même que les valvules sygmoïdes situées aux orifices des artères aorte et pulmonaire ne mettent, dans l'état naturel, aucun obstacle à l'entrée du sang dans les cavités et dans les artères citées, mais elles sont disposées de manière à empêcher son retour dans les oreillettes et dans les ventricules, en fermant les ouvertures de communication comme feraient des soupapes. Quant au trou de Botal, n'ayant plus de fonctions à remplir, il s'oblitère au bout de quelques jours et ne donne plus de passage au sang.

Une fois la circulation établie, les mouvements cardiaques n'ont plus lieu séparément et ne se succèdent pas comme nous venons de le dire. L'action séparée et successive des quatre cavités du cœur n'est supposée que pour rendre plus intelligible le mécanisme de la circulation du sang à travers cet organe.

Dans l'état naturel, les mouvements du cœur ont lieu par paire : ainsi, premièrement, les deux oreillettes se contractent ou se dilatent en même temps, puis les deux ventricules se contractent et se dilatent aussi simultanément, mais lorsque les oreillettes se contractent, les ventricules se dilatent et *vice versa* : ainsi la contraction des oreillettes correspond à la dilatation des ventricules et réciproprement.

On désigne sous le nom de SYSTOLE, les contractions des cavités du cœur, et par le mot DIASTOLE, leur dilatation.

Pendant leur contraction, les ventricules pâlissent, leur surface devient rugueuse, fortement plissée et comme ratatinée, les veines superficielles se gonflent. En même temps, les colonnes charnues de ces ventricules se dessinent, et les fibres tournoyantes du sommet du ventricule gauche, lequel constitue lui à seul la pointe du cœur, deviennent plus manifestes.

Pendant leur contraction, les ventricules se resserrent dans tous leurs diamètres. Pendant la systole ventriculaire, le sommet du cœur décrit un mouvement de spirale ou en pas de vis dirigé de droite à gauche et d'arrière en avant. Cette contraction en spirale est lente et graduelle, dit Cruveilhier, c'est elle qui produit le mouvement en avant de la pointe du cœur et la percussion de cette pointe contre les parois thoraciques, et non la systole ventriculaire. Toutefois, dans la nouvelle édition publiée par son fils et M. Marc Sée, les auteurs, revenus sur cette opinion, disent, dans une note, que la plupart des physiologistes admettent aujourd'hui que la pointe du cœur se projette en avant pendant la systole ventriculaire, en même temps que l'ensemble de l'organe s'abaisse légèrement.

La dilatation ou diastole des ventricules se fait d'une manière brusque et instantanée. Il semblerait qu'elle constitue le mouvement actif du cœur, tant elle est rapide et énergique. On ne se fait pas une idée de la force avec laquelle la dilatation triomphe de la pression exercée sur cet organe ; ainsi la main comprimant le cœur est ouverte avec violence par la diastole, et cependant la dilatation n'est pas un phénomène actif ; l'étude anatomique des fibres du cœur établit en effet qu'elles sont disposées les unes pour le raccourcissement, les autres pour le rétrécissement, aucune ne l'est pour l'allongement ou la dilatation.

Les contractions des cavités du cœur s'accompagnent de bruits spéciaux séparés par des intervalles de repos bien distincts. On les divise en deux espèces, suivant qu'on les étudie dans l'état de santé ou dans l'état de maladie. Ces bruits sont désignés sous les noms de *normaux* et *d'anormaux*. Nous allons les étudier en deux articles séparés.

BRUITS ANORMAUX DU CŒUR

Les bruits normaux du cœur sont les bruits naturels ou tels qu'on les entend en appliquant l'oreille sur la poitrine dans l'état de santé, et lorsqu'il n'existe ni lésion ni altération dans cet organe qui puisse en troubler le rhythme et l'harmonie. Ils sont constitués par deux bruits qui se succèdent dans un ordre régulier et qui se répètent 60 à 80 fois par minute dans le même ordre.

C'est Laënnec qui, le premier, a reconnu qu'en appliquant l'oreille sur la région précordiale d'une personne bien portante, on distinguait d'abord un bruit sourd et bref, accompagné d'un choc assez fort contre la paroi antérieure de la poitrine, ensuite un second bruit plus éclatant et plus court, puis un repos bien marqué après lequel ces bruits se répètent dans le même ordre.

Marc Despine (1) découvrit à son tour l'existence d'un repos court, mais bien distinct, entre les deux bruits du cœur. Depuis lors, on a généralement admis l'exactitude de cette opinion, de sorte qu'en représentant par des lignes de grandeur différentes ces deux repos ou silences, on peut noter les bruits du cœur à l'état normal, *tic-tac*, *tic-tac*, *tic-tac*, et ainsi de suite ; d'où il résulte une mesure à trois temps, dans laquelle le premier bruit occupe un peu moins d'un tiers, le petit silence et le second bruit chacun un sixième, et le grand silence, un peu plus d'un tiers.

Si donc l'on voulait représenter par la notation musicale le rhythme pendant une révolution, il faudrait employer la suivante :

Les expérimentateurs ne sont arrivés à ce résultat qu'après des études faites sur le cheval et sur le chien.

____

(1) *Archives générales de médecine*, t. 26, Fasc. 31.

Le premier de ces bruits est sourd, profond et plus prolongé que le second. Il coïncide avec le choc de la pointe du cœur contre le thorax, précède immédiatement le pouls radial et a son maximum d'intensité entre la quatrième et la cinquième côte au-dessous et un peu en dehors du mamelon, ou bien à 2 ou 3 centimètres au-dessus du point où le sommet du cœur vient frapper la poitrine ; son timbre et son siége lui ont fait donner le nom de *bruit sourd* et de *bruit inférieur*. Le deuxième bruit, qu'on appelle aussi *bruit clair*, ou *bruit supérieur*, est plus clair, plus court et plus superficiel ; il se produit après la pulsation des artères, et son maximum d'intensité est à peu près au niveau de la troisième côte, un peu au-dessus et à droite du mamelon vers le bord gauche du sternum.

On a dit que le bruit des cavités droites s'entendait mieux à la partie inférieure du sternum, tandis que celui des cavités gauches s'entendait mieux au niveau des cartilages des côtes, toujours à gauche. Cette remarque n'a aucune utilité à l'état normal, car alors ces bruits sont combinés intimement et donnent à l'oreille une sensation unique. Elle a cependant sa raison d'être à l'état anormal, parce qu'il importe de reconnaître si la lésion siége à l'orifice pulmonaire ou bien à l'orifice aortique ; et, en effet, lorsque la maladie existe à droite, elle est toujours plus grave qu'à gauche.

Chaque paire de bruits, avec leur silence intermédiaire, constitue un battement ou une période, et chaque battement est suivi d'une pulsation arté- rielle.

Les battements du cœur peuvent être plus ou moins *fréquents*. Nous avons dit que chez l'adulte, ils variaient entre 60 et 80 par minute. Cette variation tient au sexe, à l'âge, à l'idiosyncrasie du sujet, et quelquefois à des causes inappréciables.

L'intensité des battements est augmentée par des causes diverses, telles qu'un tempérament nerveux, une poitrine étroite et maigre, une émotion quel- conque, etc.

L'étendue varie suivant l'embonpoint du sujet, l'épaisseur de la poitrine. Ainsi, les battements sont plus éclatants et se propagent plus au loin chez les phthisiques dont les poumons sont indurés par des tubercules, que chez ceux qui sont gras, dont la poi- trine est épaisse et dont les poumons sont sains. Le repos ou l'agitation, et diverses influences acciden- telles, augmentent ou diminuent aussi la fréquence, l'intensité et l'étendue des battements du cœur ; il en est de même de la plénitude ou de la vacuité de l'es- tomac.

Il est très-important d'être fixé sur la valeur de ces diverses causes, parce qu'elles peuvent amener des différences dans l'intensité des bruits cardiaques. Il importe ici de ne pas commettre des erreurs de dia- gnostic, de confondre, par exemple, une véritable hypertrophie avec de simples battements de cœur exagérés par une des causes que nous avons indiquées, ou bien, de considérer comme dues à une dégénérescence graisseuse du cœur, une simple diminution d'intensité de ses battements voilés, par exemple, par un emphysème pulmonaire dans lequel l'absence d'air empêche la propagation des sons.

Tout le monde est d'accord sur l'ordre et l'existence de ces bruits ; mais il y a une dissidence bien marquée parmi les auteurs ;

1° Sur le point de savoir si le premier bruit ou bruit sourd correspond à la contraction des oreillettes, ou bien à celle des ventricules ;

2° Sur leur cause productrice. Il est très-important d'être fixé à cet égard pour pouvoir déterminer le siége précis des lésions organiques qui en donnant lieu à ces bruits anormaux intermédiaires, altèrent leur harmonie. Relativement à la première question, MM. Barth et Roger ont parfaitement résumé les opinions des auteurs, et je ne saurais mieux faire que de leur emprunter les lignes suivantes (1) :

LE PREMIER BRUIT DU CŒUR CORRESPOND A LA CONTRACTION VENTRICULAIRE

« Sur ce point, deux opinions opposées sont en
« présence, mais ce qui doit frapper dans cette ques-
« tion, c'est l'imposante majorité des physiologistes

(1) *Traité pratique d'auscultation*, 4° édition, page 472.

« partisans de la coïncidence du choc avec la systole,
« et le petit nombre de ceux qui soutiennent le syn-
« chronisme de l'impulsion avec la diastole ventri-
« culaire. Parmi ces derniers, nous ne trouvons
« guère que Corrigan, Burdach, et au premier rang,
« le docteur Beau, qui s'appuie d'expériences sur des
« grenouilles et des coqs. Parmi les défenseurs de
« l'opinion contraire, nous comptons Harvey, Sénac,
« Haller, qui peuvent invoquer des centaines de
« vivisections faites sur des animaux de toute espèce,
« et de nos jours Laënnec, Hoppe, Marc D'Espine,
« Rouannet, Carlisle, Magendie, Bouillaud, Gendrin,
« Cruveilhier, Scoda, Parchappe, etc., et beaucoup
« d'autres dont les convictions ont aussi pour base des
« expériences répétées sur des animaux d'un ordre
« supérieur. Nous trouvons encore du même côté
« tous les comités qui ont uni leurs efforts pour la
« solution des problèmes relatifs à la physiologie du
« cœur, celui de Dublin, ceux de Londres et de Phi-
« ladelphie. L'accord qui existe entre tant d'expéri-
« mentateurs de différents pays, entre tant d'obser-
« teurs réunis ou isolés, est sans doute de nature à
« donner une bien grande force aux conséquences
« qui découlent de si nombreux témoignages et d'ex-
« périences positives si multipliées. »

MM. Barth et Roger, quoique déjà disposés à par-
tager ces opinions soutenues par tant d'autorités
importantes, ont néanmoins voulu s'éclairer par des
recherches directes, dont voici le résumé :

Leurs expériences sont au nombre de six, trois ont porté sur des grenouilles et trois sur des chiens. Le cœur étant mis à nu par l'ouverture du thorax, ils ont vu dans tous ces cas, l'oreillette se contracter d'abord sans produire de bruit, et au moment où elle se contractait, le ventricule se dilatait dans tous les sens, se gonflait, rougissait et se portait vers l'abdomen. Un instant après, le ventricule se contractait lui-même, il pâlissait, se rétrécissait dans tous les sens, mais surtout par le rapprochement de ses parois, et alors la pointe se relevait vers la paroi antérieure de la poitrine qu'elle venait frapper. Dans les expériences sur les chiens, en appliquant un stéthoscope sur les ventricules pendant que celui qui tenait l'instrument disait, *bruit sourd*, les personnes qui assistaient aux expériences constataient que le mouvement correspondait chaque fois à la contraction des ventricules et au redressement de la pointe du cœur. Cette expérience répétée à plusieurs reprises et successivement par tous les assistants, à toujours donné les mêmes résultats.

Ainsi le bruit sourd correspond à la contraction, et le bruit clair à la dilatation des ventricules.

En résumé donc : les oreillettes se contractent d'abord sans produire de bruit ; elles chassent le sang dans les ventricules qui se contractent à leur tour. C'est en ce moment que se produit le bruit sourd, ou premier bruit, suivi du petit silence ; pendant leur contraction, les valvules auriculo-ventriculaires se tendent pour fermer les orifices et empêcher le sang de refluer dans les oreillettes; celui-ci comprimé de toute part, est forcé de pénétrer dans les artères aorte et pulmonaire, dont il relève les valvules sygmoïdes placées à leur origine.

Immédiatement après la contraction, survient la dilatation des ventricules; à ce moment, les valvules sygmoïdes des artères aorte et pulmonaire, s'abaissent pour s'opposer au retour du sang de leur cavité, et c'est alors qu'à lieu le second bruit ou bruit clair suivi du grand silence.

THÉORIE SUR LES CAUSES DES BRUITS DU COEUR
SUR LEUR NATURE ET LEUR SIÉGE

Les bruits du cœur ont été attribués à des causes bien différentes, et la plupart des auteurs professent des opinions très-diverses à cet égard. Comme il serait beaucoup trop long d'analyser toutes les opinions, et que, d'ailleurs, je dois les supposer à peu près connues du lecteur, je me bornerai à en faire le résumé par ordre de dates.

Haller, le grand physiologiste, par ses belles et ses nombreuses expériences sur des animaux vivants de toute espèce, avait fait admettre d'une manière générale son opinion sur l'ordre des mouvements du cœur, à savoir que le choc du cœur contre les parois de la

poitrine, correspond à la systole du ventricule. Mais
après la découverte de l'auscultation, il s'éleva encore
de nouvelles controverses sur les causes de ses bruits,
et même sur leur nature ou sur leur siège de production. Les dissidences devinrent telles qu'il fallut recourir à un grand nombre d'expériences physiologiques
sur des animaux vivants, pour découvrir la vérité.
Laënnec ouvrit la marche et les autres savants suivirent comme l'indique le tableau suivant :

1° LAENNEC

1er *Bruit*. — Déterminé par la contraction ventriculaire.
2me *Bruit*. — Déterminé par la contraction auriculaire.

2° CORRIGAN

1er *Bruit*. — Choc du sang contre les parois ventriculaires.
2me *Bruit*. — Choc réciproque de la surface interne des
parois opposés des ventricules pendant la systole.

3° MARC D'ESPINE

1er *Bruit*. — Contraction ventriculaire.
2me *Bruit*. — Dilatation ventriculaire.

4° PIGEAUX, 1839

1er *Bruit*. — Frôlement du sang contre les parois des
ventricules, les orifices et les parois des gros vaisseaux,
au moment de la systole.
2me *Bruit*. — Frôlement du sang contre les parois des
oreillettes, les orifices auriculo-ventriculaires et la cavité des
ventricules au moment de la systole.

5° HOPPE, 1839

1er *Bruit.* — Bruit de tension des valvures, bruit d'extension musculaire, bruit rotatoire dans la systole.

2me *Bruit.* — Claquement des valvules sygmoïdes dans la diastole.

6° ROUANNET

1er *Bruit.* — Claquement des valvules auriculo-ventriculaire dans la systole.

2me *Bruit.* — Claquement des valvules sygmoïdes dans la diastole, par suite du retour du sang, tombant de l'aorte et de l'artère pulmonaire sur les valvules.

7° MAGENDIE

1er *Bruit.* — Choc de la pointe du cœur contre le thorax au moment de la systole.

2me *Bruit.* — Choc de la face antérieure du cœur au moment de la diastole.

8° BOUILLAUD

1er *Bruit.* — Redressement brusque et choc des faces opposées des valvules auriculo-ventriculaires et abaissement soudain des valvules sygmoïdes, qui poussées par la colonne sanguine pénétrant dans l'aorte et l'artère pulmonaire viennent s'appliquer contre les parois de ces vaisseaux.

2me *Bruit.* — Redressement des valvules sygmoïdes repoussées par le redressement de l'aorte et de l'artère pulmonaire, choc de leurs faces opposées, et enfin abaissement soudain des valvules auriculo-ventriculaires au moment de la diastole.

9° SCODA

1er *Bruit.* — Choc du sang contre les parois de l'aorte et de l'artère pulmonaire, et impulsion de la pointe du cœur contre le thorax dans la systole.

2me *Bruit*. — Choc rétrograde de la colonne sanguine sur les valvules sygmoïdes et choc de la colonne sanguine contre les parois des ventricules dans la diastole.

10° BEAU

1er *Bruit*. — Choc de la colonne sanguine contre les parois des ventricules dans la diastole ventriculaire.

2me *Bruit*. — Choc de la colonne sanguine arrivant par les veines contre les parois des oreillettes.

11° WILLIAM

1er *Bruit*. — Contraction musculaire des ventricules pendant la systole.

2me *Bruit*. — Choc en retour des colonnes sanguines contre les valvules sygmoïdes pendant la diastole.

12° BURDACH

1er *Bruit*. — Irruption du sang dans les ventricules contenant de l'air, au moment de la contraction des oreillettes.

2me *Bruit*. — Projection du sang dans les artères contenant de l'air au moment de la systole.

13° CRUVEILHIER

1er*Bruit*. — Redressement brusque des valvules sygmoïdes par la systole.

2me *Bruit*. — Abaissement de ces valvules au moment de la diastole.

14° COMITÉ DE DUBLIN

1er *Bruit*. — Frottement du sang sur les parois des ventricules et contraction musculaire pendant la systole.

2me *Bruit*. — Tension des valvules semi-lunaires et choc en retour des colonnes sanguines, pendant la diastole.

15° COMITÉ DE LONDRES

1er *Bruit*. — Tension musculaire soudaine des ventricules dans la systole et choc du cœur contre le thorax.

2me *Bruit*. — Occlusion brusque des valvules sygmoïdes par les colonnes sanguines artérielles.

16° COMITÉ DE PHILADELPHIE

1er *Bruit*. — Contraction musculaire des ventricules et claquement des valvules auriculo-ventriculaires pendant la systole.

2me *Bruit*. — Occlusion des valvules sygmoïdes par le choc en retour des colonnes sanguines artérielles.

17° CHAUVEAU, FAIVRE ET MAREY

1er *Bruit*. — Claquement des valvules auriculo-ventriculai-res dans la systole, renforcé par le choc du cœur contre la paroi pectorale.

2me *Bruit*. — Claquement des valvules sygmoïdes au commencement de la diastole ventriculaire.

D'après ce résumé, on voit que les dissidences peuvent être rapportées à deux opinions complétement opposées 1° celle soutenue par Corrigan et Burdach, qui consiste à faire coïncider le premier bruit avec la diastole du ventricule et le second avec la diastole des oreillettes ; 2° celle soutenue par l'immense majorité des auteurs et par les divers comités, qui veulent que le premier bruit corresponde à la systole et le second à la diastole ventriculaire.

Aujourd'hui cette discussion n'a plus sa raison d'être, la question a été tranchée en faveur de la seconde opinion par les belles expériences faites par MM. Chauveau et Marey sur des chevaux, à l'aide d'un instrument ayant pour but de donner le tracé des battements des artères et qui est appelé *sphygmographe*.

Cet instrument est constitué par un levier portant à son extrémité libre une plume remplie d'encre, s'élevant lorsque l'artère bat et s'abaissant après le battement. Sa marche est horizontale pendant le repos. De cette façon, il trace sur un morceau de papier qui passe devant lui, par un mécanisme particu-

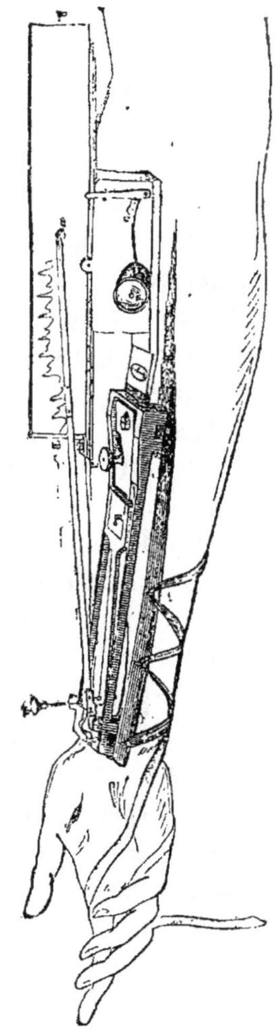

Fig. 12.—SPHYGMOGRAPHE
de Marey.

lier, des lignes courbes qui indiquent exactement la force d'inpulsion de l'artère par la hauteur plus ou moins grandes que ces lignes atteignent.

Après avoir réussi à enregistrer, avec une exactitude mathématique, les mouvements des artères, M. Marey est arrivé au même résultat en ce qui concerne le cœur. Pour atteindre ce résultat, cet habile expérimentateur construisit un instrument pouvant être introduit dans les cavités cardiaques. La difficulté consistait à opérer cette introduction sans mutilation de l'organe et il réussit en se fondant sur le principe suivant :

Soient deux ampoules en caoutchouc gonflées d'air et communiquant entre elles par un long tube flexible. « Supposons, dit Marey (1), que l'une de ces boules « soit placée au-dessous du levier d'un sphygmogra- « phe et que l'on comprime l'autre ampoule ; aussitôt « le levier du sphygmographe se soulèvera et indi- « quera la pression qui vient de se produire. »

Pour arriver à son but, il inventa de concert avec M. Chauveau, physiologiste très-distingué et très-habile expérimentateur, un petit instrument auquel ils donnèrent le nom de *Cardiographe*. La figure 13 indique la disposition générale de l'instrument.

L'appareil enregistreur se compose : 1° d'un mouvement d'horlogerie faisant mouvoir au moyen de deux cylindres une longue bande de papier glacé sur laquelle s'enregistrent les mouvements de trois

____

(1) *Mouvement dans les fonctions de la vie*, p. 139. 1868.

leviers horizontaux de même longueur, et située dans
le même plan vertical ; 2° d'un appareil sphygmographique portant les trois leviers parallèles, dont l'extrémité libre et mobile correspond à la surface du cylin-
dre enregistreur et l'extrémité fixe à une ampoule
dont la partie supérieure en caoutchouc sert à trans-

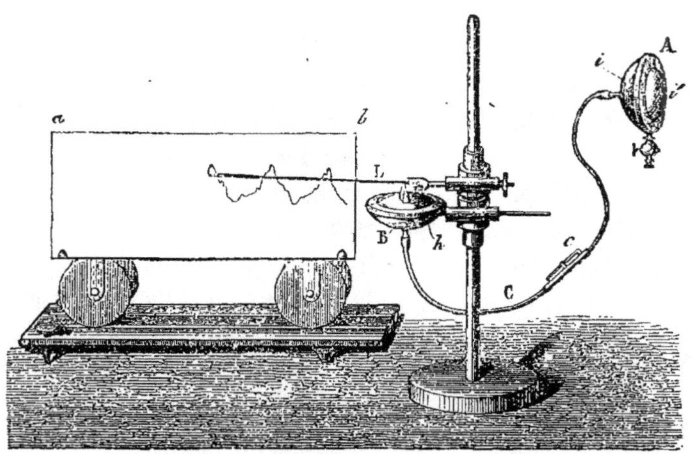

Fig. 13. — Cardiographe applicable à l'homme.

mettre aux leviers les mouvements du cœur. Ces trois
ampoules remplies d'air sont reliées, à l'aide d'un
long tube flexible, à trois autres ampoules qui sont en
contact avec les parties qui exécutent les mouvements
qu'on veut enregistrer. Voici la manière de s'en servir :

L'expérience se fait sur un cheval. Un tube armé
de deux ampoules est introduit dans le cœur par la

veine jugulaire qui, sur le cheval, fournit un large passage, de manière que l'une d'elles soit placée dans le ventricule droit et l'autre dans l'oreillette droite ; la troisième ampoule est placée dans le quatrième espace intercostal entre les deux plans des muscles intercostaux internes et externes en face et au milieu des ventricules. Elle est destinée à transmettre le choc du cœur qui a lieu contre la poitrine. Les ampoules extérieures correspondantes sont constituées chacune par un petit tambour aplati de cuivre, dont la paroi supérieure est fermée par une membrane de caoutchouc ; c'est le soulèvement de cette membrane qui, transmis au levier sphygmographique, signale le mouvement.

De cette manière, le cardiographe trace sur le papier des lignes courbes, la supérieure répond à la contraction de l'oreillette, la moyenne à celle du ventricule, et l'inférieure au choc du cœur contre la poitrine.

On pourrait aussi bien introduire quatre ampoules que trois, à savoir, une dans l'oreillette droite, une dans le ventricule droit, la troisième dans le quatrième espace intercostal, et enfin, la quatrième dans le ventricule gauche en la faisant pénétrer par la carotide gauche ; alors il faudrait quatre leviers enregistreurs qui traceraient sur le papier quatre lignes courbes, au lieu de trois.

Tous les commissaires qui ont assisté aux expériences ont reconnu que la présence des ampoules dans le cœur ne dérangeait pas sensiblement les fonctions de l'animal et que leur introduction dans le cœur ne produisait de lésion ni dans ses cavités ni dans ses orifices.

De l'inspection des lignes courbes tracées par les leviers sur le papier, il résulte :

1° Que chaque fois que les parois se contractent la courbe s'élève, tandis que si elles se relâchent , elle s'abaisse successivement, et que pendant le repos, elle devient presque horizontale, pour recommencer à chaque révolution cardiaque.

2° L'ascension de la ligne est d'autant plus marquée que la contraction est plus énergique et trouve une résistance plus grande à vaincre. Ainsi, si l'oreillette qui se contracte faiblement ne donne lieu qu'à une ascension très-modérée de la ligne, cette ascension est molle et dure peu, tandis que la contraction ventriculaire trace une ligne verticale très-haute qui se maintient encore lorsque cette ligne à atteint son *summum* et marche horizontalement avant de descendre. La troisième ligne tracée par le choc est aussi beaucoup moins haute que la précédente et descend plus lentement que la première ; ce qui le prouve , c'est que la poussée est plus énergique que dans le premier et beaucoup moins que dans le deuxième.

Les courbes tracées par le cardiographe démontrent positivement que les deux ventricules se contractent ou se dilatent absolument en même temps que les oreillettes, lesquelles se comportent de la même manière avec cette différence, toutefois, que leur systole a lieu pendant la diastole des ventricules et réciproquement.

Le cardiographe nous démontrent encore d'une manière positive que le choc du cœur contre la poitrine n'a aucun rapport avec la systole auriculaire et qu'il coïncide entièrement avec la contraction des ventricules.

La découverte de cet instrument a mis un terme à toutes les discussions, pour la plupart stériles, qui avaient eu lieu avant son application. Les résultats obtenus par son emploi donnent raison à la doctrine d'Harvey et de Haller déjà fondée sur une multitude d'expériences faites et répétées des milliers de fois.

Il ne nous reste plus qu'à résumer la discussion.

Toutes les opinions émises nous paraissent par trop exclusives, en ce sens qu'elle ne tiennent compte que d'une partie des phénomènes physiologiques qui se manifestent, soit pendant la systole, soit pendant la diastole. Il serait, selon nous, plus rationnel d'admettre une opinion moins tranchante qui ferait concourir à la production des deux bruits du cœur, le plus grand nombre de ces phénomènes. Ainsi :

Le premier bruit serait formé à la fois par :

1° La contraction ventriculaire.

2° Par le choc imprimé à la face inférieure des valvules sygmoïdes pendant leur redressement et à la base des colonnes sanguines aortique et pulmonaire.

3° Par le claquement des valvules auriculo-ventriculaires.

4° Par le choc du cœur contre les parois de la poitrine qui renforce le son.

Le second bruit, à son tour, serait composé par les
éléments divers qui l'accompagnent, tels que la colli-

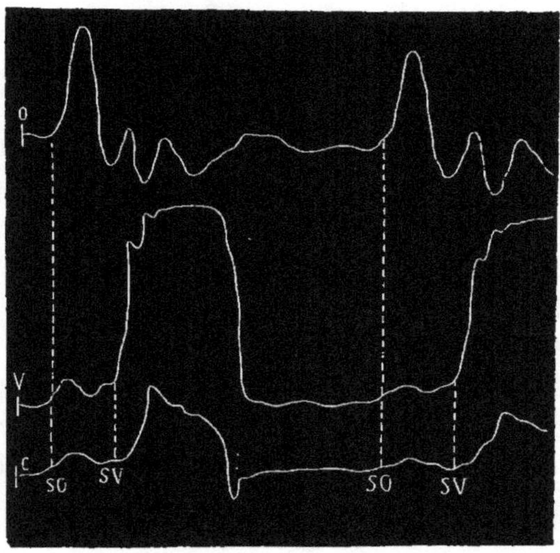

Fig. 44. — Graphique du cardiographe obtenu sur le cheval (Marey). —
O. Mouvement de l'oreillette droite. — V. Mouvement du ventricule
droit. — C. Pulsation du cœur.

sion du sang qui pénètre dans les ventricules pendant
la diastole, l'abaissement et le claquement des valvules auriculo-ventriculaires, la tension brusque des
valvules sygmoïdes et leur claquement par le choc en
retour sur leur face supérieure des colonnes de sang
déterminé par la réaction élastique des artères aorte
et pulmonaire, comme l'a démontré Rouanet, par ses

6

expériences, et comme l'ont également démontré les divers Comités par de nombreuses vivisections.

« Cette manière de voir, disent MM. Barth et Roger (1), est fondée à la fois sur l'induction et sur les résultats de l'expérience ; elle permet, en outre, d'expliquer certains faits pathologiques dont la raison échapperait tantôt à l'une, tantôt à l'autre des théories exclusives. »

Maintenant que nous savons, d'une manière précise, que le premier bruit du cœur correspond à la systole, toutes les fois que nous observerons un bruit anormal autre que le bruit naturel du cœur, tel que bruit de souffle ou de frottement, il nous sera, sinon facile, tout au moins possible, de distinguer le siége de la lésion organique ou du rétrécissement qui le produit, c'est-à-dire de déterminer l'orifice rétréci, et le côté qu'il occupe. C'est ce que nous allons tâcher de préciser dans le chapitre suivant.

BRUITS ANORMAUX DU CŒUR

Les bruits de claquement dont nous avons parlé dans le chapitre précédent peuvent être suivis ou précédés de bruits de souffle plus ou moins rudes. Ces bruits ont une très-importante signification pathologique, et à ce titre nous appelons sur eux toute l'attention de nos lecteurs :

(1) *Traité pratique d'auscultation, loco citato.*

BRUITS DE SOUFFLE OU DE FROTTEMENT

Le bruit de souffle imite le bruit que produirait l'air en s'échappant d'un orifice étroit, mais il peut se modifier dans son timbre aussi bien que dans son énergie et imiter alors le *bruit de lime* qui mord le fer, de la *scie* ou de la *rape* qui portent sur le bois leurs dents aigues. Ainsi le bruit de souffle peut se traduire par diverses intonations, depuis *fe*, *fre*, ou *tre*, ou s'allonger d'avantage comme *tire*, ou se doubler pour ainsi dire et donner *tirre-tarre* ou *tirree*.

Ce bruit ressemble parfois à un bruit de piaulement, plus ou moins allongé, *pie* ou *piee*.

Pour bien reconnaître le siège du bruit de souffle, il faut savoir s'il précède le premier bruit du cœur s'il l'accompagne, ou s'il lui succède. D'une manière générale, on peut dire que le bruit de souffle peut se manifester toutes les fois que l'un des orifices du cœur, est endurci, retréci, et que les tissus qui entrent dans sa composition ont perdu leur souplesse et leur élasticité, ou que le sang chassé par la force d'impulsion d'une des cavités du cœur, trouve sur son passage un obstacle qui retarde son cours. Toutefois, il a été reconnu par l'auscultation, et par de nombreuses autopsies, nous devons le dire d'avance pour fixer à peu près l'esprit à cet égard, que c'est presque toujours à gauche et à l'orifice aortique (19 fois au moins sur 20), que siège le rétrécissement et par suite le bruit de souffle. Malgré cette fréquence plus grande du rétrécissement aortique, comme les autres orifices peuvent aussi devenir le siége de rétrécissement, il est important de faire connaître les signes qui les caractérisent :

1⁰ Si le bruit de souffle précède le premier bruit du cœur, il résulte évidemment du rétrécissement de l'orifice auriculo-ventriculaire gauche, et se traduit, lorsque le sang le traverse, par un bruit de frottement, *fre*, qui précède le *tic-tac*; ce rétrécissement est ou doit être fréquent. M. Bouillaud en cite plusieurs exemples (1) : « La valvule mitrale, dit-il, est « considérablement épaissie, principalement dans la « moitié qui est la plus voisine des valvules aortiques ; plus loin, valvule mitrale épaissie, indurée, « d'une teinte opaline, surtout dans la valve qui « regarde l'orifice aortique. »

M. Fauvel en a aussi consigné une observation dans un mémoire intitulé: *Sur les signes stéthoscopiques du rétrécissement de l'orifice aurico-ventriculaire gauche du cœur* (2).

Nous-mêmes, dans notre premier mémoire, nous avons indiqué cet orifice comme le siége principal du rétrécissement et du bruit de souffle. Beau professait aussi cette opinion.

Si, dans la grande majorité des cas, le bruit de

(1) Bouillaud, *Traité de clinique médicale*, 1837, 5ᵉ et 6ᵉ observation.
(2) Fauvel, *Archives générales de médecine*, 1843.

souffle accompagne ou paraît accompagner le premier bruit du cœur ou lui succéder et semble avoir son siége uniquement à l'orifice de l'aorte, cela tient à ce que le ventricule se contracte avec beaucoup plus de force que l'oreillette et détermine, au moment du passage du sang à travers l'orifice aortique, un frotte-ment plus fort et plus distinct que celui qui a lieu à travers l'orifice auriculo-ventriculaire. Alors le der-nier bruit passe presque toujours inaperçu. Le plus souvent, cependant, les deux orifices, ou plutôt toute la surface interne du ventricule gauche, est atteinte en même temps à divers degrés. Il faut bien convenir, toutefois, que l'orifice aortique, par suite de sa struc-ture anatomique tout artérielle, est beaucoup plus sujet à s'endurcir que l'orifice auriculo-ventriculaire gauche, dont la structure participe à la fois de celle des veines et des artères. C'est encore là un motif pour que le frottement soit plus sensible et les lésions anatomiques plus fréquentes, plus marquées et plus faciles au premier qu'au second bruit du cœur. Aussi est-ce au bruit de souffle résultant du rétrécissement de l'orifice aortique, comme étant le cas le plus ordi-naire, que nous allons rapporter d'abord ce que nous avons à dire sur les bruits anormaux.

2° Lorsque le bruit de souffle accompagne le premier bruit du cœur, il en résulte presque toujours du rétré-cissement de l'orifice aortique et de l'endurcissement des valvules sygmoïdes. Nous disons presque toujours, parce qu'il est prouvé que, dans quelques cas, ce bruit est produit par le reflux du sang du ventricule dans l'oreillette gauche, par suite d'une insuffisance de la valvule mitrale dont les bords endurcis ne se rapprochent plus complétement, et ne ferment plus hermétiquement l'orifice auriculo-ventriculaire. Cet orifice reste dès lors béant pendant la contraction du ventricule et laisse repasser dans l'oreillette une quantité de sang plus ou moins notable, suivant son étendue. Peut-être même ces diverses causes existent-elles concurremment ; mais alors le bruit qui résulte de l'insuffisance de la valvule mitrale étant masqué par celui qui a lieu à l'orifice aortique, ne devient sensible qu'après la disparition de ce dernier.

Dans le cas présent, c'est-à-dire lorsque le bruit de souffle accompagne le premier bruit, le rétrécissement a son siége à l'orifice aortique. En admettant alors que tout le reste soit intact, voici ce qui se passe : Lorsque le ventricule gauche chasse le sang dans l'aorte, il faut qu'il se contracte plus fortement que si le calibre de ce vaisseau était à l'état normal, alors le premier bruit du cœur est beaucoup moins distinct et se termine par un bruit de souffle que nous avons souvent ainsi noté: *Tifre* ou *tire*, ou bien *Tree* ou *piee*, espèce de bruit de piaulement plus doux que les précédents.

Ces bruits sont presque immédiatement suivis du second bruit *tac*, ce qui au lieu d'un *tic-tac* régulier, donne à peu près *tifre-tac*, *tree-tac*, *piee-tac*, ou bien enfin *piee-ac*, d'où il résulte que le premier bruit se confond presque avec le bruit de souffle ou est en partie absorbé par lui.

Lorsqu'il y a simplement insuffisance de la valvule mitrale, le bruit de souffle n'est jamais aussi marqué que dans le cas de rétrécissement de l'orifice aorti-que. Dans l'état normal, en effet, cette dernière ou-verture, large et souple, étant le passage naturel du sang, lui donne un accès facile sous l'influence de la contraction ventriculaire, tandis qu'en traversant *à tergo* l'orifice qu'a pu laisser la valvule mitrale, deve-nue insuffisante, ce liquide est loin de subir une pres-sion aussi forte que si cet orifice était, dans le ventri-cule, la seule ouverture destinée à lui donner passage. Par ce motif, le frottement qui a lieu lors de ce pas-sage, est léger et moins sensible à l'oreille; ensuite, ce bruit ne se propage pas dans les artères comme lorsqu'il y a un rétrécissement de l'orifice aortique.

En outre de cette différence d'intensité, on observe encore une différence de siége assez notable entre le bruit de souffle résultant du retrécissement de l'ori-fice aortique, et celui dépendant de l'insuffisance de la valvule mitrale. Aujourd'hui, il est généralement admis que dans le premier cas, le maximum du souffle existe vers la base du cœur, et que dans le second, au contraire, le maximum d'intensité est plus rappro-ché de la pointe.

Au surplus, il y a d'autres signes physiques mani-festes qui permettent de distinguer si le rétrécisse-ment existe à l'un ou à l'autre de ces orifices. On observe une oppression, une dyspnée et des palpitations beaucoup plus fortes et plus fatigantes dans les cas d'insuffisance mitrale, que dans ceux de rétrécissement de l'orifice aortique ; enfin, une toux catharrale presque toujours accompagnée de crachats sanglants existe dans le premier cas, et n'existe pas dans le second, à moins qu'il n'y ait quelque complication du côté du poumon.

3° Lorsque le bruit de souffle succède au premier bruit du cœur, c'est que le rétrécissement de l'orifice aortique se complique d'endurcissement et d'insuffisance des valvules sygmoïdes, comme cela arrive assez souvent, et de reflux du sang de l'aorte dans le ventricule par l'orifice qui existe à leur centre. Dans ce cas, le second bruit du cœur peut être en grande partie absorbé et remplacé par un second bruit de souffle ou de frottement et au lieu du *tic-tac* régulier de l'état normal, on a deux bruits de souffle distincts, tels que *tire-tare*, ou bien un seul, mais beaucoup plus prolongé comme *tirree*, résultant de ce que les deux bruits sont réunis.

Lorsque l'obstacle à la circulation du sang porte sur les orifices cardiaques du côté droit, les bruits de souffle qui le caractérisent sont les mêmes que lorsque cet obstacle existe à gauche. Il est très-important, nous devons le répéter encore, de déterminer de quel côté se trouve la lésion, le pronostic étant bien plus grave quand cette lésion est située à droite que lorsqu'elle existe à gauche, parce que, dans le premier cas, le sang n'ayant pas encore subi l'action de l'air est moins propre à l'entretien de la vie que lorsqu'il est hématosé, et parce que les tissus qui entrent dans la composition des orifices étant plus veineux qu'artériels, les remèdes ont sur eux moins d'action.

Ce diagnostic pourra être établi :

1° Par la constatation du siége du bruit anormal à droite ou à gauche.

2° Par l'examen des grosses veines du cou, la coloration du visage et le pouls.

Suivant Littré (1), « lorsque le rétrécissement ou « l'insuffisance existent à gauche, le bruit qu'on en « tend à la région précordiale et qui masque le bruit « naturel correspondant au cœur droit, disparaît à « mesure qu'on s'éloigne, de sorte qu'en appliquant « l'oreille dans un certain point du côté droit de la « poitrine, plus ou moins éloigné, on parvient à en « tendre un *tic-tac* naturel correspondant au côté « droit. »

Rayer a observé que l'endroit où l'on entend le mieux le cœur droit sain, quand le cœur gauche est malade, est la région épigastrique. « J'ai, dit-il, entendu « plusieurs fois en ce point, d'une manière très-nette, « le *tic-tac*, tandis que le cœur gauche donnait un bruit « morbide. Le contraire a lieu si c'est le cœur droit qui « est malade, c'est à gauche et loin du cœur qu'il faut « chercher le *tic-tac* naturel. Enfin, si l'on trouvait « loin du cœur et des deux côtés de la poitrine un bruit

(1) *Dictionnaire de médecine*, 1831, article *cœur*.

« morbide, on en concluerait que les deux moitiés sont
« affectées, et le bruit morbide pourrait appartenir à
« deux appareils différents : à la valvule tricuspide, par
« exemple, et aux valvules sygmoïdes de l'aorte ; le
« temps où, de chaque côté, on entendrait le bruit mor-
« bide et le point où serait son maximum d'intensité,
« serviraient à déterminer le siége et la nature de la
« lésion. »

Suivant MM. Barth et Roger (1), l'indication de
M. Littré ne serait applicable qu'aux altérations des
orifices auriculo-ventriculaires. D'après les rapports
anatomiques de l'aorte et de l'artère pulmonaire, on
doit soupçonner une lésion des valvules pulmonaires, si le bruit anormal se propage surtout le long
des cartilages costaux, et une altération des valvules
aortiques s'il se propage vers le sternum, tandis qu'on
entend plus à droite un bruit naturel. S'il restait du
doute sur le véritable foyer de production du souffle,
on devrait rechercher si celui qui est perçu derrière le
sternum s'étend jusqu'aux artères du col ; dans ce cas,
ce bruit de souffle se produirait à l'orifice aortique, tandis que s'il était perçu au niveau des cartilages costaux
gauches sans se propager jusqu'aux carotides, il aurait
pour siége l'orifice pulmonaire.

L'examen attentif des veines et des artères du cou
permet aussi de déterminer le point où siége le bruit
de souffle.

1° Lorsqu'il y a rétrécissement de l'orifice auriculo-

(1) Barth et Roger. *Loco citato.*

ventriculaire droit, on observe dans les veines du cou une pulsation qui précède immédiatement le pouls carotidien, et qui a lieu au moment de la contraction de l'oreillette qui fait refluer une partie du sang qu'elle contient dans la veine cave supérieure et dans les veines du cou.

2° Si la valvule tricuspide est devenue insuffisante, et ne clôt plus entièrement l'orifice auriculo-ventriculaire droit, la pulsation veineuse coïncide avec le pouls carotidien, car la contraction ventriculaire fait refluer le sang dans l'oreillette droite, et par suite, dans les veines caves ascendante et descendante, en même temps qu'elle fait passer le sang dans les artères. Un pouls veineux double indique à la fois le rétrécissement de l'orifice auriculo-ventriculaire droit et l'insuffisance de la valvule tricuspide.

3° Le rétrécissement de l'orifice de l'artère pulmonaire est également suivi de la distension des veines du col, sans pulsations, puisque l'occlusion de l'orifice auriculo-ventriculaire ne permet plus le reflux du sang du ventricule dans l'oreillette au moment de la contraction qui l'accompagne. Le bruit de souffle ne se propage pas non plus dans les carotides, puisque l'orifice aortique est libre et sain et n'est pas le siége de bruit de souffle pendant la systole.

4° Lorsque le bruit de souffle existe à droite, quelque soit le siége du rétrécissement, il y a toujours coloration violacée plus ou moins prononcée de la face et des lèvres, par suite de la rétention du sang dans les veines caves ascendante et descendante, ce qui n'a pas lieu lorsque les lésions organiques existent à gauche.

5° Lorsque le bruit de souffle existe à droite, l'œdématie des membres abdominaux est également plus fréquente ; il en est de même de l'engorgement du foie et de l'hydropisie ascite, et cela se comprend, du moment où il y a rétention de sang veineux dans les deux veines caves et dans le foie.

DU RÉTRÉCISSEMENT DE L'ORIFICE AORTIQUE

Revenons maintenant au rétrécissement de l'orifice aortique.

Ce rétrécissement s'accompagne de quelques phénomènes dignes de remarque, qui sont particuliers à cette lésion, et de plusieurs autres phénomènes qui lui sont communs avec le rétrécissement des autres orifices.

Ainsi, il y a des *intermittences* dans le pouls. Lorsqu'on veut compter le pouls avec une montre à secondes, on sent sous le doigt trois, quatre ou cinq battements séparés par des intervalles égaux, puis le pouls s'arrête tout à coup ; une, deux ou trois pulsations manquent entièrement ou sont remplacées par de simples ondulations. Ensuite, il recommence à battre trois, quatre ou cinq fois, et ainsi de suite. Ces intermittences me paraissent tenir à la difficulté que le

ventricule éprouve à faire pénétrer le sang dans
l'aorte; il s'essaye, pour ainsi dire, une, deux ou trois
fois; enfin, il finit par vaincre l'obstacle, le sang
pénètre dans l'aorte, et de là, dans les artères, et
alors les battements du pouls recommencent. Marey
a prétendu (1) que ces intermittences coïncidaient
avec l'insuffisance mitrale, mais je ne vois aucun
rapport entre cette insuffisance et ce phénomène d'intermittence.

D'autres phénomènes consistent dans quelques
signes d'un obstacle à la circulation pulmonaire : tels
sont l'essoufflement, l'oppression, la dyspnée, etc.,
qui se manifestent plus particulièrement sous l'influence de la course ou d'une marche rapide, surtout
sur un plan incliné.

Un *teint d'une pâleur mate*, caractéristique, s'observe toujours chez les personnes atteintes de rétrécissement de l'orifice aortique ; ce teint dépend probablement de ce que le sang qui pour être bien *confectionné* doit circuler avec une vitesse établie dans
certaines limites, éprouvant des difficultés dans son
cours ne circule plus assez vite et perd peu à peu ses
globules rouges, tandis que la lymphe ou liquide
blanc finit par prédominer et lui communiquer sa
couleur.

L'augmentation du volume du cœur se montre
constamment. Il n'est pas particulier au rétrécissement de l'orifice aortique; on l'observe, au contraire,

(1) Marey, *loco citato*.

quelque soit le siége du rétrécissement, qu'il soit à droite ou à gauche, et du moment qu'il existe depuis un certain temps ; on peut même dire qu'il a toujours lieu dans la cavité (oreillette ou ventricule) qui précède le rétrécissement. Ainsi, quand le rétrécissement siége à l'orifice aortique, le ventricule gauche est le siége de la dilatation et de l'augmentation de volume, tandis que c'est le ventricule droit lorsque c'est l'orifice pulmonaire qui est rétréci. De même c'est l'oreillette qui se dilate et augmente de volume lorsque l'orifice auriculo-ventriculaire correspondant est rétréci. On peut dire que l'augmentation de volume d'un des ventricules, le gauche par exemple, est le signe patognomonique du rétrécissement de l'orifice aortique. Cette augmentation de volume varie beaucoup. Elle peut être du quart, du tiers, de la moitié et même du double du volume normal du cœur.

Arrêtons-nous un instant sur cette augmentation de volume du cœur et voyons comment elle se produit et comment elle se développe.

Nous avons dit que, lorsque le rétrécissement aortique existe depuis un certain temps, l'on observait constamment la dilatation du ventricule gauche, comme il est facile de s'en rendre compte par la percussion. Peu à peu, et sous l'influence des efforts de plus en plus considérables que les parois du ventricule gauche sont obligées de faire pour vaincre la résistance que le rétrécissement de cet orifice oppose au passage du sang, elles finissent par perdre une partie de leur ressort, et la cavité ventriculaire par subir une dilatation plus ou moins considérable. Dans ces cas, la dilatation du ventricule s'accompagne toujours de l'épaississement de ses parois, et les bruits du cœur deviennent plus faibles et moins distincts.

Enfin, si le rétrécissement persiste, il arrive un moment où la maladie dégénère en un véritable anévrisme, par suite de l'affaiblissement successif de la faculté contractile des parois malades, lesquelles ne reviennent plus qu'incomplétement sur elles-mêmes et ne peuvent reprendre leur ressort. Quand bien même l'obstacle disparaîtrait, la rupture du cœur serait, en définitive, le dernier terme de cet état, si les difficultés qu'éprouve la circulation du sang ne faisaient presque toujours périr les malades d'asphyxie, avant que cette rupture ne se produise.

Dans les cas de ce genre, les battements du cœur deviennent *confus*, insaisissables, et l'oreille, appliquée sur la région précordiale, ne perçoit plus qu'un bruit continu de *ou-ou*. C'est ce qu'on a appelé *asystolie*.

Si c'est au contraire l'hypertrophie ou bien l'épaississement des parois du cœur qui coïncide avec la dilatation du ventricule, les battements sont plus forts et plus distincts, et le bruit de souffle beaucoup plus net et plus marqué. Dans ce cas, il peut arriver que le ventricule, après avoir essayé de vaincre l'obstacle, le surmonte tout à coup, et alors le sang, poussé avec violence vers le cerveau, déchire la pulpe cérébrale. Une hémorrhagie et presque toujours une apoplexie foudroyante sont la conséquence de ce phénomène.

Quand existe la dilatation du ventricule, et notamment chez les personnes àgées et d'un fort embonpoint, l'œdématie des membres inférieurs se manifeste au bout d'un certain temps et augmente avec la diminution du ressort des parois du ventricule malade, tandis que, dans le cas d'hypertrophie, l'œdème des extrémités inférieures ne se montre qu'autant que l'obstacle à la circulation devient très-prononcé.

On voit par ce que nous venons de dire qu'il est très-important de distinguer ces diverses complications les unes des autres, de savoir si les signes observés sont permanents ou passagers, et s'il y a une maladie organique ou un simple dérangement mécanique ou anatomique des organes. On comprend que si ces signes sont passagers, ils impliquent soit une lésion fugitive et qui ne laisse aucune trace, soit un trouble purement nerveux de l'organe, qui, mù irrégulièrement, a donné lieu à des phénomènes semblables à ceux que produirait une lésion véritable; si, au contraire, ils sont permanents, l'altération pathologique est appréciable et fixée.

Il n'est pas moins essentiel d'établir une grande distinction entre les signes locaux et les signes généraux ; ces derniers, en effet, disparaissent par intervalles, et ces alternatives peuvent se répéter plusieurs fois. Néanmoins le mal subsiste et le résultat final n'est pas moins à redouter. On conçoit, encore, comment, lorsque les signes locaux ne sont pas consultés, tant de malades qui succombent à une affection du cœur, sont dits n'avoir rien présenté caractérisant cette affection.

Il est souvent très-difficile, quand les malades sont fatigués, d'apprécier à un premier examen, les différents cas, et de reconnaître au juste le siége des lésions existantes, surtout lorsque diverses parties du cœur sont envahies et que les symptômes s'en montrent simultanément. Pour mieux se fixer, il faut *souvent* examiner le malade à *plusieurs* reprises, et à des heures différentes. C'est principalement le matin et quand il est encore au lit, après le sommeil, qu'il convient de le voir. Si alors, malgré toute l'attention et tout le soin nécessaires, on ne pouvait parvenir à distinguer le siége de la maladie, il faudrait se rappeler que le plus souvent l'affection existe sur les cavités gauches, on en concluerait qu'elle existe à gauche. D'autre part, comme on sait que les rétrécissements auriculo-ventriculaires ne donnent ordinairement lieu à aucun bruit, on en déduirait, si le bruit de souffle était bien marqué, qu'il a son siége à l'orifice de l'aorte. Enfin, comme la maladie qui amène le rétrécissement de cet orifice produit, presque toujours en même temps, un épaississement des valvules sygmoïdes et par suite leur insuffisance, un double bruit de souffle indiquerait, d'une manière à peu près certaine, un rétrécissement de l'orifice aortique accompagné d'une insuffisance des valvules sygmoïdes.

Ce que nous venons de dire permet d'établir que le diagnostic des maladies du cœur offre parfois quelques difficultés, aussi ne faudra-t-il oublier aucun des signes que nous avons indiqués, et sur lesquels, du reste, nous ne tarderons pas à revenir.

SYMPTOMATOLOGIE

Comme nous l'avons déjà dit, nous ne voulons nous occuper que d'une seule maladie cardiaque, celle désignée sous le nom d'anévrisme, ou encore sous celui *d'anévrisme rhumatismal du cœur*, parceque cette maladie se développe presque toujours sous l'influence du rhumatisme.

Les auteurs qui, jusqu'ici, se sont occupés des maladies du cœur, en ont décrit isolément chacun des symptômes et de chacune des lésions ils ont fait des entités morbides.

Ainsi, le rétrécissement de l'orifice aortique, le rétrécissement de l'orifice pulmonaire, l'hypertrophie excentrique, l'hypertrophie concentrique, l'insuffisance des valvules mitrales, tricuspides et sygmoïdes, sont pour eux autant de maladies différentes, dont ils exposent, pour chacune, les causes, les symptômes et le traitement. Mais le rétrécissement des orifices et l'épaississement des valvules sont les lésions principales, celles qui, consécutivement, entraînent toutes les autres; c'est donc une raison pour grouper celles-ci autour de celles-là. Ainsi qu'il l'est démontré plus loin, ces lésions sont curables, et une fois disparues, les autres lésions qu'elles tiennent sous leur dépendance diminuent au fur et à mesure et disparaissent avec elles. C'est là une preuve évidente que ces organes n'étaient pas atteints d'une lésion organique, mais seulement d'une lésion de forme.

Au début de l'anévrisme rhumatismal du cœur, les malades éprouvent quelques palpitations d'abord légères; mais une fois existantes, ces palpitations, au lieu de disparaître spontanément, augmentent, au contraire, progressivement. Bientôt, elles s'accompagnent de gène dans la respiration et de dyspnée, surtout en montant un escalier ou en courant; puis d'oppression, d'essoufflement et de battements de cœur plus ou moins forts. Ces battements sont quelquefois tellement prononcés, qu'ils soulèvent les parois de la poitrine et sont visibles, à l'œil nu, surtout chez les personnes maigres. On observe assez souvent une voussure plus ou moins marquée et plus ou moins étendue de la poitrine, dans la région précordiale. Si l'on applique l'oreille sur cette voussure, on sent sa tête repoussée, et l'on trouve que les battements du cœur ne donnent plus un *tic-tac* régulier, mais sont séparés et accompagnés par un bruit de *souffle* qui a son siége à l'un des orifices cardiaques rétréci.

Ce bruit est déterminé, on le sait, par le passage du sang à travers un de ces orifices pendant la systole, ou par l'insuffisance des valvules auriculo-ventriculaires ou sygmoïdes.

Dans le chapitre consacré aux *bruits anormaux du cœur*, nous avons dit ce qu'était le bruit de souffle, indiqué ses causes et décrit ses divers symptômes, aussi n'avons-nous pas à y revenir; et nous bornerons-nous à rappeler que ce bruit siége le plus souvent à l'orifice aortique (19 fois sur 20); que lorsque le rétrécissement existe à l'orifice pulmonaire et à droite, on observe les mêmes symptômes stéthoscopiques et, en outre, un gonflement des veines du cou et une teinte *cyanosique* de la face et des lèvres. Lorsqu'il y a un simple rétrécissement à droite, mais avec insuffisance de la valvule tricuspide, et quand le sang peut repasser dans l'oreillette droite, on retrouve les mêmes symptômes et de plus, les battements des veines du cou coïncidant avec le pouls carotidien. Le bruit de souffle ne se propage pas alors dans les artères carotides, puisque les orifices gauches sont intacts.

A l'auscultation, on reconnaît que la cavité cardiaque des malades atteints de cet anévrisme est largement dilatée dans la portion qui précède le rétrécissement. Le volume du cœur est plus ou moins augmenté, et ce volume va toujours en croissant jusqu'à la mort. A ce moment fatal, il peut être le double de ce qu'il était dans son état normal, lorsque l'affection siége à gauche.

La peau des malades est d'une couleur pâle et mate qui est caractéristique pour le médecin, ayant quelque habitude d'observer les individus qui en sont atteints. Le pouls présente aussi parfois des intermittences très-remarquables.

Lorsque l'affection est bien caractérisée, l'appétit et le sommeil diminuent progressivement. Les malades mangent peu ; la nourriture introduite dans l'estomac les fatigue aussitôt, leurs digestions sont laborieuses et s'accompagnent de vents et d'éructations. Souvent ils ne peuvent garder la position horizontale ; on est obligé de maintenir à l'aide de plusieurs oreillers, leur tête élevée et leur corps dans une position presque verticale. Assez souvent et même presque toujours, leur sommeil est mauvais et troublé par des rêves pénibles et des cauchemars, qui les réveillent en sursaut ou brusquement, alors ils se mettent sur leur séant ; leur respiration est rapide, embarrassée et ils sont couverts d'une sueur froide. Ces accidents leur arrivent jusqu'à trois à quatre fois par nuit. Tels sont, d'une manière invariable, les symptômes et la marche de la maladie qui nous occupe.

Les signes symptomatologiques que nous venons de décrire nous dispensent de consacrer un chapitre spécial au diagnostic et il ne nous reste plus, pour bien déter-

miner la nature même de cet anévrisme, qu'à dire
quelques mots du diagnostic différentiel.

DIAGNOSTIC DIFFÉRENTIEL

Diverses maladies, autres que celles produites par l'endocardite, de quelque nature qu'elles soient, peuvent s'accompagner d'un bruit de souffle dans la région précordiale, sans qu'il existe pour cela dans les orifices cardiaques la moindre trace de lésions matérielles apparentes à l'autopsie, telles sont :

1° Les maladies dans lesquelles il existe une altération du sang, comme la chlorose et l'anémie, survenues après des pertes abondantes.

2° Certaines maladies qui s'accompagnent de désordres dans l'action nerveuse qui tient sous sa direction et sous sa dépendance les contractions du cœur, telles que l'hystérie et la névrose du centre de la circulation, lesquelles donnent lieu à des palpitations désordonnées dites *nerveuses*.

3° Les affections mal définies et, du reste, peu connues qui s'accompagnent de contractions ou de rétrécissements spasmodiques et qui peuvent se manifester sur tous les organes où l'on trouve des cavités et des orifices pourvus d'anneaux musculeux, tels que l'urèthre, l'œsophage, les intestins, l'anus, et par conséquent le cœur.

4º Enfin certains états morbides ou non morbides où la circulation du fluide sanguin subit une gêne plus ou moins grande en traversant les orifices cardiaques, comme cela s'observe quelquefois dans la pléthore naturelle, dans certains cas de fièvre où le sang se gonfle sous l'influence d'un excès de chaleur, et dans quelques cas de grossesse où le développement anormal et excessif du ventre gêne le passage du sang dans le cœur, comme l'a observé et publié M. Jacquemier (1).

Comme nous l'avons déjà dit, et comme nous ne saurions trop le répéter, il est très-important de distinguer le bruit de souffle qui peut se manifester dans les circonstances, si nombreuses, que nous venons de passer en revue, de celui qui se produit dans l'endocardite rhumatismale ou autre, car il est beaucoup moins grave dans le premier cas que dans le dernier, et le traitement est loin d'être le même. Parmi ses principaux caractères distinctifs, il faut se rappeler qu'il est moins dur, qu'il a toujours lieu au premier temps; qu'il n'est pas permanent, qu'au lieu d'aller en augmentant, il reste toujours égal, diminue et disparaît avec la maladie dont il n'est qu'un symptôme.

(1) Jacquemier. *Thèse inaugurale*, 1837, n.º 446.

Parmi les divers caractères différentiels, il en est un sur lequel nous croyons devoir dire quelques mots encore, c'est le dernier, parce qu'il est pour ainsi dire pathognomonique. En effet, au lieu d'aller en augmentant comme dans l'anévrisme rhumatismal du cœur, il reste *doux* pendant tout le temps qu'il dure, et il disparaît avec la maladie à laquelle il se lie, tandis que celui qui se développe sous l'influence d'une lésion organique augmente en même temps et proportionnellement au rétrécissement des orifices ou à l'épaississement valvulaire, et il finit par se changer en bruit de râpe, de lime ou de scie.

Ces divers caractères, réunis ou même isolés, seraient suffisants pour distinguer les maladies existant avec ou sans lésion organique ; mais comme les deux genres de maladies sont accompagnés de caractères autres que le bruit de souffle, on parvient aisément à les distinguer, en ayant soin d'en tenir compte. Ainsi, dans l'endocardite, outre les changements survenus dans les battements du cœur, on observe encore une augmentation du volume de l'organe, augmentation dont on se rend compte par la percussion, et dont nous avons déjà expliqué le *mécanisme*, puis assez souvent on constate des intermittences ou tout au moins des irrégularités dans le pouls; souvent enfin un œdème plus ou moins prononcé dans les extrémites inférieures et l'absence du bruit de diable dans les artères carotides. Dans la chlorose et l'anémie, au contraire, les battements du cœur restent réguliers ; cet organe conserve son volume normal, l'œdème des extrémités inférieures n'existe pas ou est peu sensible, et l'on observe constamment le bruit de diable dans les carotides.

Il importe, en outre, de ne pas oublier qu'il existe parfois des bruits de souffle extra-cardiaques. On sait, en effet, aujourd'hui, et depuis les recherches de M. Potain et de M. Choyau, que l'on peut observer dans la région du cœur des bruits isochrones aux pulsations cardiaques, et qui n'ont pas leur origine dans le cœur lui-même ni dans l'aorte, et se produisent, au contraire, soit dans la plèvre, soit dans un poumon sain ou malade.

Dans un travail justement apprécié (1), M. le docteur Mezbourian a assigné à ces souffles extra-cardiaques, en ce qui concerne le poumon sain, les caractères suivants :

1° Le souffle extra-cardiaque se fait entendre dans un point où le poumon se trouve placé au devant du cœur ou de l'aorte ; il manque au niveau des parties du cœur qui sont découvertes.

2° Ce souffle extra-cardiaque a un timbre doux, souvent analogue à celui que le murmure vésiculaire présente dans les points voisins, avec un caractère nettement superficiel.

3° Il se propage peu et s'entend généralement dans un point limité.

(1) *Thèse de Paris*, 1874.

4° Il peut accompagner l'un ou l'autre des mouve-ments du cœur, plus souvent le mouvement systoli-que, quelquefois tous les deux; habituellement il ne coïncide pas exactement avec le bruit normal qui l'accompagne, mais lui succède après un très-léger intervalle de silence.

5° Dans quelques cas, la suspension ou l'exagéra-tion des mouvements respiratoires fait disparaître le bruit de souffle anormal ou en modifie le rhythme.

6° Il arrive même, sous des influences semblables, que les bruits de souffle extra-cardiaques se trans-forment en un bruit respiratoire saccadé type.

7° Le plus ordinairement, l'intensité du souffle extra-cardiaque diminue considérablement lorsque le malade passe brusquement du décubitus dorsal dans la position assise ou debout. Il se peut même que dans cette dernière situation, le souffle disparaisse complètement pour reparaître aussitôt que le malade est couché.

8° Chez un certain nombre de malades, le bruit anormal n'a lieu que dans une période limitée du mouvement respiratoire, surtout à la fin de l'inspira-tion et au commencement de l'expiration.

9° Chez d'autres, en dépit d'une assez grande inten-sité, ce bruit est transitoire et paraît ou disparaît pro-bablement sous l'influence des inégalités de l'excita-tion cardiaque.

10° Enfin, les bruits de souffle extra-cardiaques peuvent s'accompagner de râles humides ou sibilants, qui prennent le même rhythme qu'eux et deviennent alors très-caractéristiques.

En somme, les signes que nous venons d'indiquer pourront, en certains cas douteux, aider dans le diagnostic des affections cardiaques; mais, il ne faut pas l'oublier, ce diagnostic est parfois fort difficile et il ne peut être affirmé, qu'après plusieurs examens. En effet, il ne suffit pas d'ausculter plusieurs fois le cœur, mais il faut encore examiner le malade à plusieurs reprises et dans la position verticale et dans la position horizontale. Car la comparaison entre la fréquence du pouls dans ces deux positions peut jusqu'à un certain point faciliter le diagnostic des altérations organiques et des altérations fonctionnelles du cœur. Les recherches du docteur Graves (1), ont démontré que l'influence de la position sur le pouls est moins marquée dans le cas d'hypertrophie du cœur, que lorsque cet organe a conservé ses proportions normales. Suivant ce célèbre praticien, chez l'individu sain, il y a de 6 à 15 battements du cœur en plus, lorsque celui-ci, au lieu d'être placé dans la position horizontale, est placé dans la position verticale. Si le pouls est à 60 pulsations, l'augmentation n'est guère que de 6 à 8 battements ; elle va en croissant comme la fréquence du pouls au moment de l'expérimentation. C'est ainsi, par exemple, qu'en déterminant par un exercice modéré, l'accélération du pouls

____

(1) *De l'influence de la position sur le cœur et sur le pouls*, par R. J. Graves, M. D. (*Dublin, hospital Reports*, vol. V).

jusqu'au chiffre de 100 pulsations, il n'est pas rare d'observer une différence de 20 à 30 battements, lorsqu'on fait varier la position du malade.

Le pouls est plus fort dans la position horizontale; c'est dans cette position, par conséquent, que se rencontrent à la fois le maximum de force et le minimum de fréquence du pouls. Le docteur Graves explique par ce fait l'efficacité de la position horizontale dans la syncope.

Les observations de Graves confirment les remarques faites par sir Astley Cooper (1), relativement à l'accroissement de la rapidité du pouls, dans les cas de commotion cérébrale, lorsqu'on fait passer le malade de la position verticale à la position horizontale.

William Stokes partage, sous ce rapport, les opinions émises par Graves. Dans son remarquable *Traité des maladies du cœur* (2), travail auquel nous n'avons qu'un reproche à faire, l'inanité de la thérapeutique de l'anévrisme rhumatismal, William Stokes cite encore le docteur Thompson (3), comme ayant fait remarquer la différence considérable dans la fréquence du pouls, suivant que le sujet est debout ou couché. Cette différence n'existerait pas, du reste, suivant le docteur Thompson, dans l'état de maladie seulement, mais encore dans l'état de santé. Le doc-

(1) *Leçons sur la chirurgie.*
(2) *Traité des maladies du cœur et de l'aorte.* Traduction par le docteur Sénac. Paris, 1864.
(3) *Traité de l'inflammation.*

teur Graves, qui a écrit après Thompson, reconnaît la justesse de cette remarque, et il ajoute : « Les auteurs qui ont traité des effets de la digitale sur les organes de la circulation signalent, comme un fait anormal et inexplicable, les différences que présente le pouls dans les différentes positions du malade ; ils semblent ignorer que ce phénomène existe à un degré moindre, chez les individus en bonne santé, et au même degré dans le cours d'un grand nombre de maladies..... »

« Est-il utile d'ajouter, dit encore Graves, que je ne puis m'expliquer, même à l'aide d'une conjecture plausible, l'influence si grande du changement de position sur la fréquence du pouls. Toutefois, il est assez singulier que Humbold ait observé quelque chose de semblable sur le cœur de la grenouille, séparé du corps de l'animal après le ligature des gros vaisseaux. Dans une de ses expériences, le cœur fut placé horizontalement sur un morceau de verre ; après douze minutes, le chiffre des contractions était descendu à douze par minute. Le cœur fut alors suspendu perpendiculairement, et deux minutes après, le nombre des pulsations était remonté à vingt. »

A ce propos, Graves rappelle les faits très-intéressants relatés par Baër (1). On sait que ce savant physiologiste avait remarqué que dans l'incubation artificielle, si l'on place les œufs en les faisant reposer sur un bout, le germe ne tarde pas à périr. Baër ne

______

(1) *Ueber Entwickelung's Geschichte der Thiere.*

donne de ce phénomène aucune explication, mais il en tire une déduction des plus curieuses et des plus remarquables : c'est que les œufs n'étant pas ronds, mais ovales, cette dernière forme empêche qu'ils ne prennent dans le nid une position fatale pour le fœtus qu'ils contiennent.

« Quelques œufs, dit Baër, sont ronds, ceux des reptiles, par exemple ; mais je ne connais aucun oiseau dont les œufs ne soient plus ou moins ovales. Il serait intéressant de rechercher la cause de ce phénomène, et de se rendre compte des raisons de la différence remarquable existant dans les effets de la position, entre le fœtus humain pendant la vie intra-utérine et l'homme adulte. Chez le fœtus, la position renversée ou demi-renversée du corps est naturelle ; pour l'adulte, elle ne saurait être supportée si elle se prolonge (1). »

Ce que nous venons de dire en dernier lieu, et d'après Baër, est peut-être une digression, mais nous avons cru devoir insister sur ce point pour montrer combien il est essentiel d'examiner le cœur des malades dans les positions verticale et horizontale. Le médecin ne devra jamais oublier que dans les affections cardiaques aussi bien que dans les autres maladies, plus sera grande la différence entre le pouls et entre les pulsations du cœur dans la position horizontale et dans la position verticale, plus la débilitation du sujet sera prononcée. Par conséquent, et ceci dit d'une ma-

1) W. Stokes. *Loco citato*, p. 545.

8.

nière générale, plus on devra être réservé s'il s'agit de permettre au malade de rester assis pendant un certain temps, surtout si le pouls ne revient pas à son état normal de fréquence, aussitôt que le malade est recouché.

PRONOSTIC

Le pronostic des maladies du cœur est, en général, grave ; celui de l'anévrisme rhumatismal ne l'est que tout autant que l'on ne dirige pas contre cet état morbide le traitement qui lui convient et que nous indiquons plus loin. Quand cette maladie n'est pas convenablement traitée, la terminaison se fait ordinairement assez longtemps attendre. Des affections intercurrentes, une pneumonie, une pleurésie, par exemple, peuvent survenir sans que l'anévrisme du cœur en soit en rien modifié. Les malheureux qui en sont atteints sont de véritables piliers d'hôpital ; ils fréquentent successivement toutes les cliniques et ils ne guérissent jamais ! Ce qu'il y a de curieux et digne de remarque, c'est qu'en lisant les ouvrages de nos plus éminents maîtres, on trouve toujours les mêmes observations. Dans l'une, le malade est porté comme *guéri*, dans l'autre, comme *amélioré*; dans la troisième, il est indiqué comme *mort*. C'est la terminaison ordinaire, après dix, quinze ou vingt ans d'une bien triste existence.

Cette terminaison fatale arrive parfois d'une manière subite, par suite de rupture de l'anévrisme. Nous en citons quelques exemples parmi les observations que nous rapportons plus loin, mais comme nous n'avons pu faire l'autopsie de ces malades, nous croyons devoir reproduire *in extenso*, parce qu'il vient à l'appui de ce que nous avons déjà dit et de ce que nous avons encore à dire, un fait du même genre rapporté récemment (1) par M. le docteur Vergély, à la Société de médecine et de chirurgie de Bordeaux.

RHUMATISME ARTICULAIRE. — ENDO-PÉRICARDITE. — RÉTRÉCISSEMENT CONSIDÉRABLE DE L'ORIFICE AURICULO-VENTRICULAIRE GAUCHE. — MORT SUBITE.

Marie Cath, âgée de 40 ans, d'une constitution robuste, est entrée plusieurs fois à l'hôpital Saint-André pour des rhumatismes articulaires. Le 5 décembre 1875, elle entre salle 7, n° 17, pour le même motif. Elle est atteinte de rhumatisme fébrile, siégeant aux articulations de l'épaule, du poignet, à l'articulation tibio-tarsienne gauche, au poignet, à l'épaule droite. Ces articulations sont rouges, tuméfiées, très-douloureuses. L'examen du cœur permet de constater à la pointe un bruit de

____

(1) *Comptes rendus.* — Séance du 11 février 1876. — *B.rdeaux médical,* n° 7, 1876.

souffle doux, s'entendant pendant la systole ventriculaire. Le 10 décembre, le bruit du souffle s'étend en surface ; le 18, il occupe toute la région précordiale. On diagnostique une endocardite qui s'est localisée surtout au niveau de l'orifice auriculo-ventriculaire gauche, et a entraîné l'insuffisance de cette valvule. Le pouls est plein, régulier, à 96°. Le 24 décembre, le rhumatisme, traité par le sulfate de quinine à haute dose (80 centigrammes), et ensuite par le bicarbonate de soude, s'est notablement amendé. Articulations peu douloureuses, tuméfaction disparue.

Le 26, le cœur, examiné avec soin, donne 11 centimètres de matité verticale et 10 de matité transversale. On entend un bruit de souffle doux pendant la systole ventriculaire, au niveau de l'orifice aortique, et dans les carotides un bruit de souffle intermittent. Au dessous du mamelon, le bruit endocardiaque est marqué par un léger frottement qui couvre le bruit systolique et diastolique. Diagnostic : exsudation de l'endocardite au niveau de l'orifice aortique ou bruit anémique, péricardiaque. (Traitement : ventouses scarifiées à la région précordiale, et les jours suivants, deux vésicatoires sont successivement appliqués sur la région du cœur.)

Le 30 décembre, le bruit péricardiaque est bien net, le pouls à 100, régulier.

La malade a eu, les jours précédents, jusqu'au 27, des sueurs abondantes ; elle a pris sans le moindre succès jusqu'à quatre milligrammes d'atropine (signes d'atropisme : pupilles très-dilatées, sécheresse de la bouche).

Le 2 janvier, rales crépitants, souffle à la base du poumon gauche ; pneumonie rhumatismale.

Le 4, souffle d'un timbre plus aigu, œgophonie, diminution des vibrations thoraciques ; pleuro-pneumonie ; pouls à 104, régulier (vésicatoires, potion au kermès, scille et digitale).

Le 6, bruit, frottement pleurétique, les phénomènes morbides du côté de poumon et de la plèvre disparaissent ; mais il reste du côté du cœur un bruit de souffle systolique à la base et un bruit de souffle râpeux à la pointe occupant surtout la systole ventriculaire et le petit silence.

La malade est soumise au traitement par la tisane de squine et d'iodure de potassium.

Le 18 janvier, les articulations sont complètement libres, .l ne reste plus que les accidents cardiaques. La malade n'a pas de dyspnée, pas d'œdème des membres inférieurs, elle a quelques douleurs sternales.

A la fin du mois de janvier, elle se regarde comme convalescente et se dispose à quitter l'hôpital.

Le 3 février, à la visite du matin, elle se plaint d'avoir éprouvé la nuit précédente, de vives douleurs thoraciques, qui l'ont empêchée de dormir. Pouls à 100, régulier, assez plein. La main, appliquée à la région précordiale, perçoit un frémissement cataire très-fort; l'oreille, un bruit de frottement considérable qui empêche de percevoir les bruits du cœur.

L'état de la malade paraît assez bon, elle est toujours disposée à sortir. On ordonne un léger vésicatoire à la région précordiale. A peine avons-nous fait quelques pas, que la malade s'asseoit sur son lit, appelle à son secours et s'écrie qu'elle va mourir. Elle est penchée en avant, les jambes hors du lit, les mains appuyés sur son matelas, son visage est bleuâtre, congestionné, lèvres bleuâtres; elle parle avec une certaine force, et s'écrie : « Mon enfant, mon pauvre enfant, je vais mourir; » le pouls est irrégulier, très-ralenti, composé de petites pulsations et de larges pulsations. Nous nous empressons de frictionner le thorax avec de l'eau ammoniacale; les extrémités d'une pincette rougie sont appliquées sur la région précordiale et à la base du diaphragme, une minute après, un électrode d'une forte pile à courant interrompu, est appliqué au devant du sterno-mastoïdien et à l'appendice xyphoïde. Cependant, la face pâlit, les lèvres restent bleues, le thorax se contracte convulsivement sous l'influence de l'électricité, mais les pulsations deviennent de plus en plus rares, une écume rosée apparaît à l'orifice buccal, puis le cœur cesse de battre. Les frictions, l'électricité, le fer rouge, ne peuvent ranimer le cœur. Tout est fini.

Nous pensons que l'endopéricardite rhumatismale a amené une asystolie, qui a déterminé une congestion pulmonaire rapidement mortelle.

L'autopsie est pratiquée vingt-quatre heures après.

Rien à noter dans l'aspect du cadavre. A l'ouverture du thorax, deux cents grammes de liquide séreux s'échappent de la plèvre droite. Le lobe moyen de ce poumon est fortement congestionné, il est violacé. La section en fait sortir un liquide sanguinolent, spumeux. Le poumon gauche est adhérent à la paroi thoracique et recouvert de fausses membranes. La congestion est très-prononcée dans ce poumon et en occupe les deux tiers.

Le péricarde est adhérent au cœur par des fausses membranes organisées, mesurant 2 centimètres de longueur. Ces adhérences occupent toute la pointe de cet organe. Le cœur est volumineux, assez résistant, son tissu est rouge, ne se déchire pas aisément sous le doigt. Le ventricule droit est distendu par des caillots noirâtres *post mortem*. Aucune lésion valvulaire de ce côté. A gauche, la valvule auriculo-ventriculaire est transformée en un diaphragme fibreux assez épais, portant à son centre une ouverture antéro-postérieure en forme de boutonnière permettant d'introduire l'index jusqu'à la deuxième phalange (ouverture 13 millimètres). Les bords de cette ouverture sont frangés et portent de petites végétations ayant l'aspect de petites perles rougeâtres ; elles sont friables et se détachent par le grattage. Les valvules aortiques ont, à 2 millimètres de leur bord libre, une petite guirlande de ces végétations qui sont en tout comparables à celle de l'orifice auriculo-ventriculaire gauche. L'oreillette gauche est très-

dilatée, musculeuse, hypertrophiée. L'aorte, la bifurcation de
la trachée, sont enveloppées d'énormes ganglions d'un rouge
noirâtre, qui ne nous ont pas paru comprimer les nerfs phré-
niques.

Le foie est volumineux, rouge, congestionné. Les reins sont
indemnes de toute lésion.

Il importe de faire remarquer que le rétrécissement de l'orifice auriculo-ventriculaire n'avait apporté, jusqu'à l'endocardite, aucun trouble grave dans les fonctions du cœur. Cette
femme vaquait à ses occupations sans éprouver une gêne
notable. Cette lésion donnait naissance à un bruit systolique
à la pointe, aussi n'avait-elle pas été diagnostiquée. La valvule était, d'ailleurs, un peu insuffisante et le bruit de l'insuffisance masquait celui du rétrécissement. Il y avait ainsi, une
compensation, ce qui explique la régularité du pouls. Au
toucher, le pouls paraissait moins faible qu'il ne l'était en
réalité. Il y avait une certaine discordance entre le tracé
sphygmographique et l'impression du doigt.

Le peu d'élévation du tracé nous semblait explicable par le
fait de l'endopéricardite qui avait diminué l'énergie des contractions cardiaques par les exsudats probables, autour de
l'orifice aortique.

Cet ensemble de lésions a entraîné une attaque d'asystolie
et une double congestion pulmonaire rapidement fatale.
L'autopsie a confirmé l'hypothèse qui avait été émise pendant
la vie.

ÉTIOLOGIE

Comme nous l'avons dit en traçant à grands traits l'historique du cœur, les anciens croyaient que cet organe ne pouvait être atteint d'aucune maladie. Aujourd'hui que nous connaissons mieux ses fonctions, nous pouvons dire qu'il n'est aucune partie de l'organisme qui ne puisse être affecté sans qu'il en subisse jusqu'à un certain point le contre-coup. Il est usé par la vie dans un rapport direct avec le nombre des années et cela s'explique d'autant plus facilement que, battant sans trêve, il a, dans le labeur de l'organisme, la tâche la plus longue et la plus pénible.

Parmi les conditions étiologiques des affections du cœur, on cite : l'âge avancé, l'hérédité, l'alimentation trop abondante, les exercices trop violents, comme le sont les courses rapides, et surtout le refroidissement et l'humidité qui engendrent le rhumatisme.

Le rhumatisme tient, en effet, dans l'étiologie des

affections du cœur et, en particulier, de celle que nous allons bientôt décrire et qu'on pourrait désigner sous le nom d'ANÉVRISME RHUMATISMAL, une place considérable. Nous avons déjà dit comment cette notion avait été introduite dans la science et comment elle avait été savamment démontrée par le professeur Bouillaud ; nous n'avons donc pas à y revenir. Il ne faudrait pas croire cependant, comme l'ont avancé quelques auteurs, que le rhumatisme soit la source de *toutes* les inflammations cardiaques. Non, mais il est généralement admis, et avec raison, que l'endocardite est celle que l'on observe le plus souvent, puis vient l'endo-péricardite; la péricardite se trouve la dernière et elle est assez loin des deux autres.

L'endocardite peut être primitive ou secondaire. La *primitive* est très-rare et elle prend naissance à la suite d'un traumatisme ou d'un refroidissement ; *secondaire*, elle naît par propagation ou par métastase, ou bien elle est provoquée par une maladie générale dont elle est une des terminaisons possibles. Ainsi qu'il est dit plus haut, le rhumatisme articulaire aigu en est la cause étiologique la plus souvent constatée. Il est permis d'évaluer à environ 70 à 75 pour 100 les cas d'endocardite pouvant être rapportés au rhumatisme.

Il résulte des recherches de Lebert que le maximum de fréquence de l'endocardite appartient à la seconde semaine de la maladie articulaire, la première semaine vient ensuite, la troisième en dernier lieu.

L'endocardite est donc la suite ordinaire d'une affection rhumatismale, mais il peut arriver que les manifestations du rhumatisme se montrent sur l'endocarde avant d'atteindre les articulations; nous avons eu l'occasion d'en observer quelques exemples. De là, résulte la nécessité d'explorer attentivement le cœur chez les malades, qui n'attirent tout d'abord l'attention que par un état fébrile plus ou moins prononcé, sans présenter d'ailleurs au premier moment aucun accident pouvant faire soupçonner un rhumatisme. M. Jaccoud qui a tout particulièrement appelé l'attention des médecins sur ces cas de rhumatisme débutant par l'endocarde en a cité récemment deux cas très-intéressants qu'il a observés dans son service d'hôpital (1). Dans le premier, il s'agit d'une femme qui n'avait jamais eu de rhumatisme et qui, à son entrée à l'hôpital, ne se plaignait que d'un peu de courbature et de malaise. En auscultant la malade, on découvrit une endocardite et quelques jours après seulement, des douleurs avec gonflement des articulations vinrent confirmer le diagnostic de rhumatisme.

Le second cas n'est pas moins curieux; il concerne un garçon de 23 ans, entré à l'hôpital avec un état général qui paraissait très-grave et une fièvre des plus intenses. Il était malade depuis six jours et se plaignait de malaise général, de douleurs vagues, de gêne de la respiration avec angoisse précordiale. Les

(1) *Courrier médical*, n° 3, 1876.

jointures n'étaient pas douloureuses à la pression. Ce malade avait eu, *dix ans* auparavant, un rhumatisme compliqué d'une pleurésie et d'une affection cardiaque.

L'auscultation fit, en effet, découvrir une endocardite des plus caractérisées. Cinq jours plus tard et dix jours après le début des accidents, les douleurs articulaires se montrèrent d'une façon notable. Un traitement énergique fut prescrit, mais ce ne fut qu'au bout d'un mois que se produisit une légère amélioration. Ce malade put se lever et se livrer sans fatigue à quelques légers travaux. Toutefois, dit l'auteur de l'observation, des altérations cardiaques *irrémédiables* continuèrent à subsister.

Nous ne craignons pas de nous inscrire en faux contre ce mot *irrémédiable*, parce que nous sommes convaincu que si, aussitôt après la disparition des accidents articulaires, on avait eu recours au traitement que nous préconisons et que nous décrivons plus loin, la guérison ne se serait pas fait longtemps attendre.

Qu'on efface donc ce mot irrémédiable quand on parle de l'endocardite rhumatismale, que celle-ci se présente avant ou après les symptômes articulaires. Après avoir lu nos observations, on verra que nous avons parfaitement le droit de parler ainsi.

En général, ainsi que le démontrent les chiffres donnés par Fuller (1), ce sont les rhumatismes graves qui exposent le plus à la complication dont nous par-

(1) *Dictionnaire des sciences médicales*, t. XVIIIe, 1re partie.

lons. Toutefois il n'est pas absolument nécessaire que le rhumatisme soit aigu, car un simple rhumatisme musculaire souvent peu douloureux, une sciatique ou tout autre névralgie de nature rhumatismale peut se déplacer, se porter sur le cœur et donner lieu à l'affection précitée. Dans trois cas rapportés par Bertrand et dans plusieurs des observations que nous avons citées, les choses se sont passées ainsi.

On voit encore l'endocardite se développer sous l'influence des vices herpétiques, lymphatiques et syphilitiques, de même que pendant une croissance rapide, comme nous en citerons plusieurs exemples, entre autres celui de la fille de la comtesse de Tourn..., grande et belle personne, dont la taille s'était accrue en quelques mois de 22 centimètres. Tout le monde comprend du reste qu'un cœur dont les dimensions prennent, pour ainsi dire, tout à coup, un développement considérable, puisse devenir le siége d'un rétrécissement à l'orifice aortique, et par suite d'une dilatation du ventricule correspondant qui ne disparaît qu'avec la guérison du rétrécissement.

Les affections normales en sont aussi quelquefois la cause, elles déterminent des dérangements menstruels, surtout leur disparition spontanée dans la jeunesse et leur suppression à l'âge de retour. La cessation brusque des hémorrhoïdes et de toutes les métastases peuvent encore y donner lieu. Il en est de même des affections scarlatineuses, puerpuérales, typhiques de la grossesse, etc.

Ajoutons, toutefois, qu'on n'a cité de ces causes que des exemples peu nombreux.

Quand l'endocardite rhumatismale se termine, et cela arrive assez souvent, par résolution, elle laisse assez fréquemment à sa suite une induration des valvules cardiaques, avec ou sans *dépôts crétacés*. Il en résulte un rétrécissement plus ou moins fort des orifices, avec ou sans insuffisance de ces valvules. Cette induration et le rétrécissement qui en est la conséquence, s'accompagnent toujours d'une dilatation de la cavité qui précède le rétrécissement, sans que les parties de cette cavité soient nécessairement malades, et par suite, uniquement, du surcroît des efforts permanents que cette cavité est obligé de faire pour que le sang nécessaire à la circulation puisse passer à travers un orifice plus étroit qu'à l'état normal.

Cette dilatation de la cavité ventriculaire s'accompagne toujours d'une augmentation plus ou moins grande du volume du cœur facile à diagnostiquer par la percussion. Un fait remarquable est celui-ci : on pourrait croire que cette dilatation a pour conséquence un amincissement des tissus, mais c'est le contraire qui a lieu. Tous les auteurs qui ont eu l'occasion de faire des autopsies, ont constaté un certain épaississement des parois du cœur qu'ils ont désigné sous le nom *d'hypertrophie*. Est-ce bien là l'hypertrophie concentrique ordinaire ? Nous n'avons pas la prétention de résoudre cette question, toutefois notre opinion est que cette hypertrophie est analogue à celle qui se développe pendant la grossesse et qui cesse avec elle.

En un mot, on constatera la plupart de ces états morbides relatés plus haut et que l'on regarde comme constituant l'anévrisme vrai, ce qui est loin d'être la vérité, car ils peuvent être arrêtés dans leur marche et dans leur développement, quoiqu'en ait pu dire le professeur Bouillaud, qui prétend « qu'une « fois développés ils persistent, s'aggravent de plus « en plus, se jouent de tous les moyens de l'art et « conduisent à une mort inévitable au milieu des « angoisses d'une éternelle dyspenée les malheureux « qui en sont affectés. (1). »

Quand le savant professeur de clinique, quand un homme de la trempe de M. Bouillaud, quand le célèbre médecin, qui a fondé en grande partie sa réputation sur ses études touchant les maladies du cœur, et qui, à lui seul, a dû voir autant de malades atteints de ces affections, que tous les autres médecins de Paris ensemble, a fait l'aveu de son impuissance, un aveu si décourageant, et a prononcé une sentence si terrible, de quel effroi doivent être saisis ceux qui sont frappés d'une de ces *lésions organiques contre lesquelles viennent échouer tous les moyens qui sont à la disposition de la médecine ?* Faudra-t-il donc qu'ils se résignent à traîner une misérable existence, empoisonnée par des souffrances

(1) Bouillaud, *Clinique médicale*, t. 3, page 109.

perpétuelles qui, loin de cesser, ne feront que s'accroître jusqu'au dernier soupir ? Faudra-t-il qu'ils renoncent aux joies de la jeunesse, à toutes les émotions et à toutes les illusions de la vie ordinaire ?

Oh ! non ! non ! qu'ils se rassurent et qu'ils renaissent à l'espérance. Dieu a mis le remède à côté du mal., et aujourd'hui, le traitement curatif de cette maladie est trouvé.

C'est, du reste, ce que j'espère pouvoir démontrer plus loin.

THÉRAPEUTIQUE

La thérapeutique de l'anévrisme du cœur, tel est l'objet principal de notre livre. Aussi ne devra-t-on pas être étonné de l'étendue que nous donnons à ce chapitre, et des nombreuses observations que nous publions pour démontrer jusqu'à la plus parfaite évidence, qu'il y a aujourd'hui certitude de guérir, dans presque tous les cas, une maladie qui, jusqu'à nous, avait été considérée par tous les médecins, comme une des plus graves de la pathologie et regardée même comme incurable.

Avons-nous besoin de rappeler les nombreuses méthodes de traitement qui ont été employées tour à tour contre les anévrismes du cœur? Les saignées générales et locales, les diurétiques (*uva ursi*, queues de cerise, nitrate de potasse), puis la scille parce qu'elle exerce une action spéciale sur le cœur, n'ont jamais donné des résultats bien satisfaisants et aujourd'hui les praticiens n'y ont recours que rarement, et même avec la certitude qu'ils n'en retireront aucun avantage.

De tous les agents de la thérapeutique, la digitale est encore celui qui est le plus fréquemment conseillé.

On suppose qu'en diminuant le nombre des contractions du cœur dans un temps donné et partant le travail de ce viscère, la digitale doit agir sur sa nutrition, la rendre moins active et produire le commencement d'une sorte d'atrophie, mais ce ne sont là que des théories dont l'expérience a depuis bien longtemps démontré le peu de valeur.

Dans le traitement de l'anévrisme, Morgagni a proposé, comme propre à déterminer un soulagement immmédiat, passager il est vrai, l'immersion souvent et longtemps répétée, des mains et des pieds, dans l'eau très-chaude. Ce moyen peut être bon pour soulager le malade ; ce n'est point un moyen curatif.

Tels sont, depuis un demi-siècle, les principaux remèdes que l'on oppose, en y comprenant le repos et le régime, à tous les anévrismes du cœur, « maladies, disent tous les auteurs, dont il est souvent difficile d'adoucir les symptômes et qu'il est *toujours impossible de guérir...* » Il faut bien avouer, en présence d'une pareille pauvreté médicatrice, et malgré les connaissances acquises depuis cinquante ans sur

l'anatomie et la physiologie du cœur, que la médecine
n'a pas fait relativement aux affections de cet organe
de bien grands progrès ! Qu'importe, en effet, que l'on
sache mieux aujourd'hui qu'on ne le savait avant
Laënnec, comment fonctionne l'organe central de la
circulation ? Qu'importe que l'on puisse diagnostiquer
le point où siége la lésion dont cet organe peut être
affecté, si on n'est pas plus avancé sur les moyens à
opposer à ses divers états morbides ?

M. le professeur Bouillaud, dont le nom revient
sans cesse sous la plume quand on écrit sur les maladies du cœur, a certes fait faire un pas à la science
sous le rapport du diagnostic, mais thérapeutiquement
la médecine n'est pas plus avancée aujourd'hui qu'elle
ne l'était avant lui. Les travaux de l'éminent professeur peuvent être comparés à un beau palais, à colonnes de marbre et orné de splendides sculptures, mais
dont les fondements reposent sur du sable mou-
vant.

Nous devons tout d'abord poser ce fait, — et personne après avoir lu les observations que nous publions plus loin ne contredira certainement nos asser-
tions, — que l'anévrisme rhumatismal du cœur est
curable, et qu'il est plusieurs eaux minérales douées
de la merveilleuse propriété qui les guérit. Nous citerons les eaux de Chaudesaigues dans le Cantal et de
Bagnols dans la Lozère, sur lesquelles ont plus
particulièrement porté nos études, puis Saint-Nectaire, le Mont d'Ore, etc. Ch. Petit a dit quelque part,

que les Eaux de Vichy étaient hyposthénisantes et qu'elles ralentissaient la circulation, V. Gerdy a attribué aux Thermes d'Uriage une action analogue, mais tout cela est vague, mal déterminé, manquant du développement et de l'interprétation que nous donnons aux faits déjà rapportés et à ceux qui le sont à la fin de ce travail.

Toutefois, Bertrand père (1) a relaté, il y a déjà longtemps, des observations très-curieuses de guérisons bien avérées de maladies de cœur. Il ne sera peut-être pas sans intérêt pour le lecteur de lire un résumé de ces observations qui datent de plus d'un demi-siècle, qui, peut-être, étaient alors passées inaperçues et qui, dans tous les cas, sont aujourd'hui complétement oubliées.

PREMIÈRE OBSERVATION

M. M..., 27 ans, blond pâle, yeux bleus, tempérament lymphatico-nerveux, taille élancée, était sujet depuis plusieurs années, à des récidives de douleurs rhumatismales musculaires vagues qui le faisaient beaucoup souffrir. Il avait eu aussi des hémorrhoïdes fluentes, en petite quantité, et il lui restait deux boutons hémorrhoïdaires à la marge de l'anus. Depuis sept mois, il se plaignait d'un embarras dans le côté gauche de la poitrine, d'une très-grande facilité à s'essouffler, et d'une petite toux sèche plutôt incommode que fatigante. Mais ce qui l'inquiétait bien plus, c'étaient des battements de cœur constamment beaucoup plus forts et plus

(1) *Recherches sur les eaux minérales du Mont d'Ore* (Clermont, 1828, p. 332 et suivantes).

fréquents que dans l'état naturel, visibles à travers ses vêtements, et acquérant bien plus d'intensité encore si le malade
marchait un peu vite et s'il montait un escalier. Il avait remarqué que les douleurs rhumatismales ne s'étaient plus fait sentir
depuis ce nouvel état.

Le repos, l'éloignement de tout ce qui pouvait occasionner
des émotions, un régime sévère, des saignées générales, l'application de sangsues à la marge de l'anus, des boissons tantôt
adoucissantes, tantôt légèrement anti-spasmodiques, etc.,
n'avaient apporté aucun soulagement.

Ce malade fut envoyé aux eaux du Mont-d'Ore, en 1812. A
un peu de fréquence près, le pouls paraissait dans l'état
naturel. Les battements du cœur, même après un long repos,
et pendant l'état de calme le plus complet, étaient tels que je
l'ai dit. M. N... ne pouvait rester couché horizontalement; il
fallait que sa tête fût très-élevée. D'ailleurs, il dormait bien et
ne manquait pas d'appétit. Je pensai que les eaux prises à
faible dose, des pédiluves et des demi-bains seraient sans
inconvénients, pourraient rappeler les hémorrhoïdes et produire
une révulsion favorable.

Les hémorrhoïdes ne reparurent point, mais peu de temps
après avoir quitté les eaux et sans autre phénomène critique
apparent que celui de l'augmentation de la transpiration pendant le traitement, les battements du cœur diminuèrent sensiblement et finirent par revenir à leur état naturel.

L'hiver suivant, M. N... éprouva de nouveau des douleurs
rhumatismales, mais peu intenses. Il revint au Mont-d'Ore
en 1813, et y fut traité de la même manière que l'année précédente. Depuis cette époque jusqu'en 1823, c'est-à-dire depuis
10 ans, les mouvements du cœur ont été réguliers.

DEUXIÈME OBSERVATION

M. V..., militaire retraité, âgé de 36 ans, d'un tempérament bilieux et nerveux, d'une petite taille, mais bien prise, ayant la figure peu colorée et des cheveux noirs, vint au Mont-Dore en 1820, pour y prendre les douches et les bains, contre une névralgie fémoro-tibiale qui le faisait souvent et cruellement souffrir.

Ce malade avait le pouls très-irrégulier, et je reconnus que les battements du cœur étaient plus étendus, plus forts et plus fréquents que dans l'état naturel. J'appris que ce désordre de circulation existait depuis plus d'une année ; qu'il augmentait surtout quand le temps se mettait à l'orage, que le malade respirait avec peine, s'essoufflait très-facilement, qu'il ne dormait que très-peu, et encore fallait-il qu'il se tînt assis plutôt que couché dans son lit ; qu'il éprouvait des éblouissements pour peu qu'il se courbât, et qu'il ressentait habituellement une douleur obtuse dans la région épigastrique. M. V... ajouta qu'il avait fait sans succès beaucoup de remèdes contre cette maladie ; qu'il avait pris longtemps de la digitale en pilules et en infusion ; que les sangsues itérativement appliquées sur la région du cœur et à l'anus, avaient plutôt augmenté que diminué cette affection dont il n'avait point parlé, parce que, disait-il, il la regardait comme incurable, et qu'il vivrait tant bien que mal dans cet état, s'il pouvait guérir de la sciatique qui le faisait horriblement souffrir, et le réduisait souvent à l'impossibilité de faire un pas.

Je dissuadai M. V... de prendre les bains entiers et les douches, et lui conseillai le même traitement qu'au malade dont je viens de parler dans l'observation précédente.

Les demi-bains, comme les pédiluves, rougissaient fortement les surfaces plongées dans l'eau et occasionnaient des sueurs générales et abondantes.

Le huitième jour, la névralgie très faible quand M. V... vint au Mont-d'Ore, augmenta d'intensité et se calma au bout de quatre jours. *L'état du cœur me parut sensiblement amélioré* pendant l'exaspération des douleurs névralgiques, et je présume qu'il en avait été de même dans les autres attaques. Mais le malade cruellement éprouvé par ses douleurs ne s'occupait plus alors des battements de cœur. Son attention n'y était ramenée que quand les déchirements occasionnés par la névralgie avaient cessé, probablement encore, le cœur était à peu près tranquille pendant que la névralgie sévissait.

M. V..., partit du mont d'Ore, après un traitement qui dura vingt jours. Il allait beaucoup mieux.

En 1821, il revint aux eaux, et me dit que les sueurs avaient continué longtemps après son départ ; que depuis neuf mois les battements du cœur avaient cessé, et qu'il n'avait éprouvé que de légers ressentiments de la sciatique. Il fit le même traitement que l'année précédente, sua beaucoup de tout le corps, ne ressentit ni palpitations ni douleurs névralgiques, partit très-content de son état et n'est pas revenu en 1822, ce qui me fait croire à l'entier rétablissement de sa santé.

TROISIÈME OBSERVATION

Un homme des environs du mont d'Ore, âgé de 29 ans, d'une bonne constitution et d'un tempérament plutôt sanguin que lymphatique, vint au mont d'Ore en 1811, pour y être traité d'une maladie de poitrine. Il était, dit-il, très-sujet à s'enrhumer, il toussait doucement, éprouvait une gêne constante dans le côté gauche de la poitrine, et avait habituellement de la difficulté à respirer, difficulté beaucoup plus grande quand le temps était au froid et humide.

En examinant la poitrine, je reconnus que les battements du cœur étaient très-étendus, tumultueux, désordonnés et qu'ils soulevaient la région précordiale et l'épigastre. Je revis le malade à plusieurs reprises dans son lit, et trouvai le cœur dans le même état. Le pouls était beaucoup moins irrégulier que les mouvements du cœur ; ni la figure, ni les lèvres ne paraissaient plus colorées que dans l'état naturel, aucune partie du corps n'était œdématiée.

Antérieurement à cet état, le malade avait éprouvé des douleurs rhumatismales dont il se disait guéri, je lui conseillai les eaux à faibles doses, des bains de pied et des demi-bains. Ce ne fut pas sans peine que je pus obtenir qu'il ne prît ni des bains entiers, ni des douches sur la poitrine, moyen dont il attendait sa guérison.

Cet homme passa une huitaine de jours au mont d'Or, après quoi il en repartit sans aucun soulagement.

Il y revint l'année suivante pour y être traité d'un gonflement au genou gauche, sans rougeur, peu douloureux, mais qui le faisait boîter, et l'obligeait de s'appuyer sur un bâton. D'ailleurs, la respiration était très-libre et les mouvements du cœur dans l'état naturel.

Je lui fis différentes questions sur ce qu'il avait éprouvé depuis que je ne l'avais vu ; il me dit que l'année précédente, son état étant toujours le même, il était revenu au mont d'Ore vers les premiers jours du mois d'octobre ; qu'il y avait prit une dizaine de bains entiers dans le grand bain, ce qui l'avait beaucoup affaibli, qu'il avait eu des sueurs abondantes ; qu'une vingtaine de jours après le traitement, il s'était trouvé beaucoup mieux ; qu'il n'avait pas tardé à se rétablir tout à fait, qu'il avait passé un très-bon hiver ; que depuis quatre mois ses douleurs d'abord très-vives, s'étaient manifestées dans le genou encore malade ; que ces douleurs étaient actuellement très-supportables, mais que le gonflement restant à peu près le même, il s'était décidé à venir reprendre les bains ; il le prit, mais sans douches, et le gonflement se dissipa.

QUATRIÈME OBSERVATION

Une dame âgée de plus de 50 ans, douée de beaucoup d'es-

prit et de beaucoup de courage, d'une forte constitution, et
sujette à des affections catarrhales peu graves, se plaignait,
depuis plusieurs mois, d'un peu d'embarras dans la poitrine, de
gêne dans la région du cœur, et d'étouffement, surtout si elle
marchait vite ou montait un escalier.

Cette dame dormait bien, ne manquait pas d'appétit, et présentait les apparences d'une bonne santé. Depuis sept ou huit
mois, elle avait le pouls faible, petit et irrégulier, les mouvements du cœur occupaient une grande étendue; ils étaient
mous, obscurs et irréguliers.

Depuis douze jours, cette dame était au mont d'Ore, où elle
prenait les eaux et des bains de pied, qui n'avaient encore produit aucun effet apparent. Elle forma le projet d'aller au Puy-
de-Sancy, mais à peine avait-elle fait le quart du trajet que la
litière qui la transportait se brisa. Cet accident ne la décon-
certa point, elle prit le parti de continuer son voyage à pied, le
temps était beau, la chaleur forte, et la côte à gravir très-
longue et très-roide. Cette dame marcha au moins pendant six
heures par des chemins très-difficiles, et sans éprouver, à beaucoup près, autant de difficulté à respirer qu'elle s'y attendait.

La nuit suivante fut très-bonne, le lendemain matin, il n'y
eut point d'embarras dans le côté gauche de la poitrine. Le
pouls avait repris sa régularité, et la conservait encore au départ, cinq jours après sa longue et salutaire promenade.

A la suite de ces observations, Bertrand fait les
réflexions suivantes :

« J'ai vu bien des personnes venir au mont d'Ore, pour y
être traitées d'affections chroniques des poumons, atteintes en
même temps de maladies du cœur ou présentant tous les signes
de cette dernière maladie. Des états semblables s'enveloppent
toujours d'une grande obscurité : l'affection du cœur est-elle

essentielle ou symptômatique? et dans le premier cas est-elle cause des complications de la maladie du poumon? Dans ces états douteux, constamment, j'ai déconseillé les bains entiers et souvent même les demi-bains. Je n'ai permis ceux-ci que quand la figure ne présentait point de coloration veineuse; qu'elle était également éloignée d'une grande pâleur et d'une rougeur très-prononcée, et que les antécédents de la maladie me portaient à soupçonner qu'au lieu d'une altération organique, il pouvait bien n'y avoir qu'une excitation du cœur par rétrocession d'un stimulus morbide.

C'est évidemment le cas dans lequel se trouvaient les trois malades dont il est question dans les trois premières observations, mais on ne pouvait que le conjecturer, rien ne venait révéler le véritable état du cœur, et manifester la cause de l'irrégularité des mouvements.

En supposant qu'un état du cœur, analogue à celui dont il s'agit, dépende de la rétrocession d'un principe irritatif, que l'on en soit bien convaincu, qu'il n'y ait pas le moindre doute à cet égard, ira-t-on pour cela, si surtout cet état existe depuis plusieurs mois, conseiller un traitement tel que celui qui a si bien réussi au sujet de la troisième observation? pour donner un pareil conseil, il faudrait encore la certitude qu'il n'est survenu aucune altération organique, altération toujours à redouter, quand depuis longtemps le cœur est en proie à une fatigue assez violente. Que s'il existait réellement une dilatation anévrismatique, soit essentielle, soit consécutive, on conçoit l'imminence du danger que le malade courrait dans des bains qui accélèrent autant la circulation que le font ceux du mont d'Ore.

Les trois premières observations décrites par Bertrand, se rapportent évidemment à des cas d'affections du cœur de cause rhumatismale, car dans les trois cas, des douleurs rhumatismales musculaires ou névralgiques, avaient précédé les troubles du cœur. Dans ces trois cas aussi, la maladie rhumatismale n'était ni aiguë ni articulaire, et cependant, il est évident qu'elle avait produit sur l'endocarde de graves lésions; elle s'y était établie par métastase et non concurremment avec le rhumatisme, car elle avait cessé sur les membres, son siège primitif, une fois transportée sur l'endocarde. L'endocardite rhumatismale peut donc exister sans rhumatisme articulaire aigu et si la loi de coïncidence existe fréquemment, elle n'est pas absolue, comme nous le verrons fréquemment dans la suite de ce travail.

Ces affections étaient donc bien semblables à celles que nous sommes le premier à décrire, c'est-à-dire déterminées par le rétrécissement d'un orifice cardiaque suivi de la dilatation de la cavité qui précède l'orifice. Il est vrai que les signes stéthoscopiques manquent, mais Bertrand a constaté l'augmentation du volume du cœur dans les quatre cas, ainsi qu'une irrégularité dans les bruits et dans les battements cardiaques. L'augmentation de volume du cœur et l'irrégularité de ses battements ont disparu après la cure.

Les réflexions de Bertrand se ressentent évidemment du vague qui régnait dans la science à cette époque, et disons-le franchement, de l'ignorance dans laquelle nous étions sur les diverses états morbides du cœur qu'on englobait alors sous le nom général *d'anévrisme*.

Quoique les signes stéthoscopiques manquent, ces trois faits n'en présentent pas moins une grande importance; et si l'on veut bien se reporter à l'époque où Bertrand écrivait, ou cessera d'être surpris de l'absence de ces signes; ils n'avaient pas encore été appliqués au diagnostic des maladies du cœur.

L'histoire de toute chose est toujours la même; elle se compose d'abord de faits primordiaux, incomplets, qui restent épars çà et là, et ne peuvent être utilisés que lorsque de nouveaux moyens d'investigations plus étendus permettent de recueillir des faits de même nature, de plus en plus complets et assez nombreux pour les réunir en corps de doctrine.

Aussi, voit-on, en lisant les observations de Bertrand, qu'il a été surpris par un résultat auquel il ne s'attendait pas, parce qu'il traitait une autre maladie que celle du cœur, laquelle n'était pour lui qu'une complication embarrassante, nécessitant une modification dans le traitement. Il invoque bien la rétrocession d'un stimus morbide, d'un principe goutteux et rhumatismal, d'un état nerveux, mais il n'ose admettre une lésion organique, il s'en défend même, comme si le vice rhumatismal ne pouvait aussi bien laisser une lésion sur le cœur que sur les articulations. Du reste, nous comprenons très-bien l'hésitation de Bertrand; M. Bouillaud, n'avait pas encore érigé en loi la coïncidence du rhumatisme avec l'endocardite, ni démontré la facilité avec laquelle ce rhumatisme se transporte sur l'endocardite. Ces faits, faciles à expli-

quer aujourd'hui, ne pouvaient l'être alors d'une manière satisfaisante, pour un esprit aussi sévère que
celui de Bertrand. Ce qui prouve que la lumière ne
s'était pas faite chez lui, c'est le peu d'importance
qu'il semble avoir attaché à ces guérisons obtenues
pour ainsi dire par hasard, et dont il ne pouvait se
rendre un compte satisfaisant, puisqu'il n'en a point
reparlé dans ses rapports annuels à l'Académie, depuis
l'année 1823, époque de la publication de son livre.
Cependant le sujet en valait bien la peine, et nous sommes grandement étonné qu'un homme qui attachait
tant d'importance à la sureté de son diagnostic, n'ait
pas cherché, soit à l'aide des moyens investigateurs
déjà connus depuis longtemps, soit avec ceux qui ont
été découverts postérieurement et de son vivant à
éclairer la question. Ce ne doivent pourtant pas être
les occasions qui ont manqué au médecin du Mont-
d'Ore, de voir des malades atteints de ces graves affections si intéressantes et si dignes de ses méditations.
Nous devons cependant avouer que lorsque pour la
première fois, nous observâmes un fait semblable,
comme nous ne connaissaions point les observations
de Bertrand, nous fûmes aussi surpris que notre véné-
rable collègue.

C'était en 1849, nous étions alors inspecteur à Chaudesaigues, où nous débutions dans la carrière. Voici
le fait qui se présenta à notre observation et qui nous
frappa très-vivement.

Le 7 juillet 1849, un jeune homme d'une vingtaine d'années, conducteur de voiture, vint me consulter ; il désirait prendre les eaux pour se guérir de raideurs restées dans les pieds, les jambes, les genoux, les mains et les poignets, à la suite d'un rhumatisme articulaire aigu, dont il avait été atteint quelques mois auparavant. Le pouls était intermittent et irrégulier, le cœur avait un volume plus considérable que dans l'état ordinaire pouvant être apprécié à un tiers en plus ; enfin, ses battements étaient non-seulement irréguliers et tumultueux, mais encore séparés par un bruit de frottement très-marqué, que je notai ainsi: *tic-fre-tac*. Ce jeune homme n'avait point d'enflure aux jambes, son visage était pâle comme celui des rhumatisants, mais ne présentait pas le moindre signe de cyanose ; il était essoufflé facilement, surtout lorsqu'il voulait marcher vite ou monter un escalier. Enfin, il ne pouvait faire de longues courses sans être fatigué.

Je diagnostiquai un rétrécissement simple de l'orifice aortique, accompagné d'une dilalation assez prononcée du ventricule gauche, conséquence du rétrécissement aortique. Cette maladie, encore inconnue, était alors comme toutes les autres maladies organiques du cœur, désignée sous le nom vague d'anévrisme ; je portai donc un diagnostic fort grave et ne lui conseillai point l'usage des eaux.

Cependant, comme ce malade désirait utiliser son voyage, je l'engageai, d'après les principes admis à cette époque, à en user avec modération, et lui prescrivis, en conséquence, des demi-bains à 32 ou 33 degrés centigrades, des pédiluves d'un quart d'heure, et de l'eau en boisson, à la dose de deux verres par jour, un le matin, l'autre le soir. Je crus devoir lui faire envisager que la maladie était infiniment plus sérieuse qu'il ne croyait, et que ce ne serait qu'à la condition de suivre un traitement très-sévère, qu'il pourrait en retirer de l'amélioration. Il me promit de suivre exactement mes prescriptions. Cette docilité dura quelques jours, mais dans des thermes où il

n'y avait pour règle que l'habitude, et où chaque malade faisait à peu près ce qu'il voulait, au lieu de continuer à suivre
modérément son traitement, il fit comme les autres, il voulut
suer abondamment, et dans ce but, il prit des bains entiers,
de 38 à 40 degrés centigrades, des douches à la même température et des étuves. Il en fut d'abord très-vivement impressionné et très-essoufflé ; le poumon se congestionna, il eut des
menaces de suffocation, mais enfin, il s'y habitua, finit par les
supporter et par transpirer beaucoup. Au bout de quinze à
vingt jours de ce traitement exagéré, il se trouva très-soulagé,
non-seulement de ses raideurs, mais encore de son affection
cardiaque et de ses conséquences. C'est alors que ce malade
vint me faire part du résultat, ne me laissant point ignorer
qu'il avait pris les eaux sous toutes les formes, et à une forte
température.

Ce jeune homme pouvait alors faire de longues courses,
qui duraient deux à trois heures presque toujours en montant,
sans être fatigué et sans être essoufflé à beaucoup près autant
qu'auparavant ; il dormait bien dans la position horizontale, la
nuit, tandis qu'avant de prendre les eaux, il se réveillait souvent
en sursaut, sous l'influence de cauchemar, de visions ou d'hallu-
cinations ; il n'y avait presque plus d'intermittences dans le
pouls, lequel était presque régulier. Je constatai, en outre,
qu'il n'existait presque plus de bruit étranger entre les deux
bruits du cœur. Au lieu d'être un bruit de frottement, *fre*,
très-accentué et très-distinct, ce n'était plus qu'un bruit doux,
à peine sensible, comme *tic-fa-tac*. Enfin, la dilatation du
ventricule gauche avait cessé, cet organe était revenu sur
lui-même et avait repris son volume et sa position ordinaires.

Trois mois après, lorsque je revis ce jeune homme, en passant à Murat, il était complétement guéri ; il n'avait plus rien
de son ancienne maladie et pouvait se livrer à tous les exercices de corps sans la moindre gêne et sans douleur.

Évidemment, ici, les eaux de Chaudesaigues avaient produit en vingt jours, une guérison merveilleuse, guérison qui ne serait assurément pas advenue, si la maladie avait été abandonnée à elle-même. Le diagnostic avait été déterminé aussi bien que possible, et nous croyons pouvoir affirmer qu'il n'était pas contestable. Au reste, ce diagnostic n'offrait aucune difficulté, car c'était un cas simple et récent, sans complication, et parfaitement caractérisé, de rétrécissement de l'orifice aortique, accompagné d'un bruit de frottement intermédiaire aux deux bruits du cœur et d'une dilatation déjà considérable du ventricule gauche. En un mot, il appartenait à l'un des groupes de symptômes désignés encore sous le nom d'anévrisme du cœur, et que nous, nous appelons anévrisme rhumatismal du cœur, c'est-à-dire à cette affection dont M. Bouillaud *dit qu'elle se joue de tous les moyens de l'art, ne guérit jamais et fait périr les malades au milieu des angoisses d'une éternelle dyspnée.*

Or, dans ce cas, sur lequel le maître n'aurait pas hésité à porter un diagnostic fatal, la guérison a été à peu près complète en vingt jours et complète en moins de trois mois. Ce fait ne peut être contestable.

Ce fait nous frappa vivement, il fut pour nous comme un trait de lumière, et il nous revenait sans cesse à la pensée. Ce qui nous surprenait le plus, c'était la diminution rapide du volume du cœur que nous ne pouvions nous expliquer. Nous nous promîmes donc bien de ne pas laisser échapper les occasions qui se présenteraient de nous éclairer à ce sujet. Au fait, nous disions-nous, les douleurs rhumatismales, les rhumatismes articulaires, et quelques lésions organiques qui les accompagnent, guérissent bien aux eaux, pourquoi l'endocardite rhumatismale qui résulte de la même cause, et quelques-unes des lésions qu'elle laisse sur la membrane interne du cœur, ne guériraient-elles pas aussi ? Le bruit de frottement qu'on observe souvent, ne peut être déterminé que par l'endurcissement des valvules et le rétrécissement des orifices cardiaques; la dilatation de ces cavités et leur augmentation de volume ne sont pas toujours des lésions organiques réelles, mais seulement apparentes. Elles sont occasionnées par les rétrécissements des orifices que le sang ne peut traverser, sans que les cavités qui le contiennent se contractent avec plus de force et perdent, au bout d'un certain temps, une partie de leur ressort; et la preuve, qu'il en est ainsi, c'est que, lorsque le rétrécissement a disparu, la cavité dilatée revient sur elle-même et reprend à peu près son volume et son élasticité ordinaires, tandis que lorsqu'il y a véritable anévrisme, c'est-à-dire désorganisation des tissus et impossibilité de les ramener à leur état naturel, la dilatation persiste même après la guérison du rétrecissement aortique, et le malade meurt par assystolie ou défaut de contraction du cœur.

Eh bien, les occasions n'ont pas été rares, surtout

à des thermes où la moitié au moins des malades sont atteints de rhumatismes chroniques ; et des faits nombreux sont venus plus tard sanctionner le raisonnement et la théorie.

Ce qu'il y a de curieux, c'est que quelques années plus tard, notre honorable confrère et collègue, M. le docteur Vernières, alors inspecteur des eaux de Saint-Nectaire, publiait en même temps que nous, un travail sur l'efficacité de ces thermes dans le traitement des affections cardiaques, et cependant nous n'avions pas l'honneur de connaître M. le docteur Vernières, et n'avions jamais eu avec lui aucune relation directe ou indirecte.

Pendant que nous étions inspecteur à Chaudesaigues, c'est-à-dire de 1849 à 1853, nous avons pu recueillir un grand nombre d'observations, et quelques-unes d'entre elles ont été publiées dans le travail que nous avons adressé sur ce sujet, en 1851, à l'Académie de médecine, travail que cette savante compagnie a couronné en 1852. Ayant remarqué que dans son rapport paru en 1851, sur le service médical des établissements thermaux, à l'article Chaudesaigues, le savant docteur Patissier, chargé depuis longues années de ce travail, avait passé sous silence ces observations, nous lui en fîmes part, et au mois d'avril 1854, nous lui remîmes un nouveau mémoire renfermant huit observations *d'endocardites rhumatismales guéries par les eaux de Chaudesaigues.*

Dans le rapport fait à l'Académie par M. Patissier,

sur ce travail et sur un autre portant à peu près le même titre, adressé par M. Vernières, et dont nous avons parlé plus haut, M. Patissier s'exprimait ainsi :

« Des faits exposés dans ces deux Mémoires, concluons, qu'il est évident que les eaux thermales de Chaudesaigues et de Saint-Nectaire, généralement efficaces contre les rhumatismes chroniques, se montrent également appropriées à la curation de l'endocardite chronique, lorsque cette lésion est un des effets de la diathèse rhumatismale ; ce résultat thérapeutique n'a rien qui doive surprendre : En effet, lorsque les manifestations pathologiques sont de même nature, leur médication ne doit pas différer pour le dedans ou le dehors, pour les organes profonds ou les organes superficiels, mais toutes les eaux minérales, réputées souveraines contre le rhumatisme, conviennent-elles également bien dans les cas d'endocardite chronique ? C'est un point de thérapeutique que nous présentons à l'étude et à l'expérimentation des médecins attachés aux différents établissements thermaux. »

Depuis cet appel, excepté les mémoires que nous avons publiés en 1856, 1857 et 1858, il n'a été, croyons-nous, rien écrit sur cette importante question. Quant à nous, nous n'avons cessé de nous occuper de ce sujet qui intéresse l'humanité à un si haut degré.

En 1857, nous avons adressé à l'Académie de médecine une partie de nos travaux auxquels nous avons ajouté un supplément (janvier 1858). M. le professeur Bouillaud avait été nommé rapporteur ; mais voyant qu'il ne faisait point son rapport et quelque grande que fût l'importance que nous attachions au jugement de ce corps savant, qui nous a témoigné tant de bienveillance, nous nous décidâmes à le publier, non-seulement dans l'intérêt des malades, mais encore dans celui de nos confrères.

Nous ajouterons, et on nous permettra de nous répéter plusieurs fois, sous ce rapport, que pendant les onze années que nous avons passées soit à Chaudesaigues, soit à Bagnols, nous avons pu revoir le plus grand nombre des malades que nous avons soumis au traitement que nous préconisons. Eh bien ! ces nouvelles observations sont venues et corroborer et confirmer entièrement les premières.

Ainsi les Eaux minérales de Chaudesaigues comme celles de Bagnols peuvent exercer une influence heureuse contre certaines affections cardiaques et notamment contre l'anévrisme rhumatismal du cœur, mais ici se pose la très- importante question suivante :

EST-IL POSSIBLE DE DISTINGUER LES CAS DANS LESQUELS LES EAUX POURRONT ETRE ADMINISTRÉES AVEC SUCCÈS, DE CEUX DANS LESQUELS ELLES SERONT CONTRE-INDIQUÉES ?

Rigoureusement ces eaux pourraient être appliquées à tous les cas, en mesurant leur emploi à l'état plus ou moins avancé de la maladie. En général, cependant, pour qu'elles réussissent bien, il ne faut pas que l'affection soit trop ancienne, que l'induration des valvules soit arrivée à l'état cartilagineux, état qui se reconnaît, comme nous l'avons déjà dit, en ce qu'on obtient un bruit de râpe au lieu d'un bruit de souffle); il ne faut pas non plus que les rétrécissements soient trop multipliés, trop anciens et tapissés de végétations et qu'il y ait complication d'anévrisme réel. Nous ne voyons pas pourtant pourquoi on reculerait devant l'administration de l'Eau thermale en boisson seulement, dans le cas de valvules cartilagineuses, car, si l'on a reconnu que plusieurs eaux minérales pouvaient ramollir le cal des os dans les fractures récemment consolidées et qu'il fallait attendre que le cal eût acquis assez de consistance pour éviter pendant le traitement la reproduction de la fracture, nous ne voyons pas pourquoi, disons-nous, elles ne produiraient pas le même résultat sur les valvules indurées du cœur ! La chose, à ce qu'il me semble, vaut bien la peine d'être essayée, d'autant plus que la boisson de l'eau minérale administrée avec mesure ne peut être nuisible.

Nous pourrions, à ce point de vue, rapporter plusieurs observations, mais nous nous bornerons à la suivante :

Mme X..., d'Aurillac, âgée de 50 ans, tempérament lymphatico-sanguin, constitution assez robuste, vint à Chaudesaigues en 1849, prendre les eaux pour guérir de douleurs rhumatismales ; un médecin de la localité la soumit d'emblée aux bains chauds à 40 et quelques degrés centigrades, aux étuves et à la boisson..., bien qu'elle les supportât très-difficilement, elle continua pendant huit à neuf jours ; mais alors étant tombée sérieusement malade, elle me fit appeler. Je constatai une congestion pulmonaire, de la toux, de l'oppression et un pouls fébrile, irrégulier et intermittent, qui me porta à examiner les battements du cœur. En appliquant l'oreille sur la région précordiale, je reconnus un bruit de râpe accompagnant le premier bruit, et se prolongeant jusqu'après le second bruit, ce qui indiquait un rétrécissement très-prononcé de l'orifice aortique et une induration avec une légère insuffisance des valvules sygmoïdes. Peut-être aussi y avait-il insuffisance de la valvule mitrale ! Par diverses questions que je lui adressai, je reconnus que l'affection cardiaque pouvait remonter à sept ou huit ans et avait succédé à une affection rhumatismale.

Après avoir arrêté l'affection pulmonaire par une saignée et calmé la trop vive excitation du cœur par des frictions avec la teinture éthérée de digitale et les opiacés, j'engageai cette dame à ne pas continuer l'usage des eaux et à retourner chez elle, ce qu'elle se hâta de faire.

Deux mois après, je la revis à Aurillac, sa santé s'était améliorée étonnamment, elle se plaignait à peine de ses douleurs rhumatisles et de ses battements de cœur ; il y avait bien toujours un bruit de râpe à l'orifice aortique, mais il était beaucoup moins fort, le bruit de souffle était plus doux et le cœur était moins volumineux. La maladie était donc en voie de décroissance, si bien que la malade avait pu reprendre ses occupations de ménage, qu'elle avait été obligée d'abandonner quelques mois avant de venir à Chaudesaigues, tant elle était fatiguée par ses palpitations et ses douleurs rhumatismales. Quatre ans plus tard, l'amélioration persistait encore.

Ainsi, voilà une malade atteinte d'un anévrisme

rhumatismal du cœur, très-fatiguée depuis plusieurs mois par cette affection, puisqu'elle avait été obligée d'abandonner ses occupations, et qui, au bout de huit à neuf jours de l'usage des eaux de Chaudesaigues, se trouve obligée d'en cesser l'emploi, parce qu'elle les avait prises à trop forte dose, trop chaudes et d'une manière inconsidérée. Et cependant, l'état de cette malade se trouve très-amélioré sous l'influence de leur action consécutive. Cette action ne peut vraiment pas être méconnue dans ce cas, car, avant, l'affection marchait et faisait des progrès très-inquiétants ; tandis que malgré l'usage inconsidéré et trop peu prolongé des eaux, le mieux s'est manifesté très-rapidement et s'est soutenu. Dans la suite, parmi les observations que nous rapporterons, il y en aura quelques-unes qui viendront corroborer celle-ci et démontrer clairement que c'est bien à l'usage des eaux seules qu'a été due l'amélioration ou la guérison, et à nul autre remède.

Nous avons consigné l'observation qui précède dans le mémoire que nous avons présenté à l'Académie en 1852, et dont il est parlé plus haut.

Nous venons maintenant de décrire les caractères à l'aide desquels on pourrait se guider pour distinguer les cas dans lesquels les eaux sont indiquées de ceux dans lesquels elles sont contre-indiquées.

Lorsque le bruit de souffle et les battements du cœur sont très-distincts, il n'y a pas lieu de craindre que la surexcitation produite par l'action des eaux, provoque d'accidents, tandis que si le bruit de souffle et les battements du cœur, au lieu d'être distincts et forts, sont remplacés par des bruits confus, et qu'on ne distingue plus à l'oreille qu'un bruit de *ou-ou ou-ou* perpétuel, on peut redouter que l'administration des eaux, autrement qu'en boisson, n'amène une rupture pendant, ou peu de temps après le traitement. Le signe diagnostic que nous venons d'indiquer, mérite donc une très-sérieuse attention.

Deux malades que, nous conformant à l'opinion que nous venons d'émettre, nous avions dissuadés de prendre les eaux, succombèrent, en effet, peu de temps après, quoique n'ayant pris ces eaux sous aucune forme.

Qu'on nous permette, à propos de ce bruit, de dire un mot d'un instrument que nous avons inventé, il y a plus de vingt ans, et qui, depuis, a été heureusement modifié par M. Kœnig. A l'aide de cet instrument, auquel nous avons donné le nom d'*auto-stéthoscope*, le bruit dont nous parlons plus haut se perçoit très-distinctement et il permet au malade lui-même de distinguer les battements de son cœur et d'en apprécier l'état.

Pour s'en servir, il suffit d'appliquer le diaphragme en caoutchouc sur la région du cœur, et l'extrémité du tube dans l'oreille. L'air préalablement insufflé par le robinet pénètre dans une cavité demi-sphérique, constituée par une calotte en cuivre et dans son intérieur par deux membranes en caoutchouc. Ainsi,

se trouve formé une sorte de tambour qui a la propriété
de renforcer les bruits du cœur et de les rendre plus
sensibles à l'oreille. A ce point de vue, cet instrument
présente une certaine analogie avec le cardiographe
applicable à l'homme, de MM. Chauveau et Marey,
dont nous avons donné la description dans le chapitre
consacré à l'etiologie.

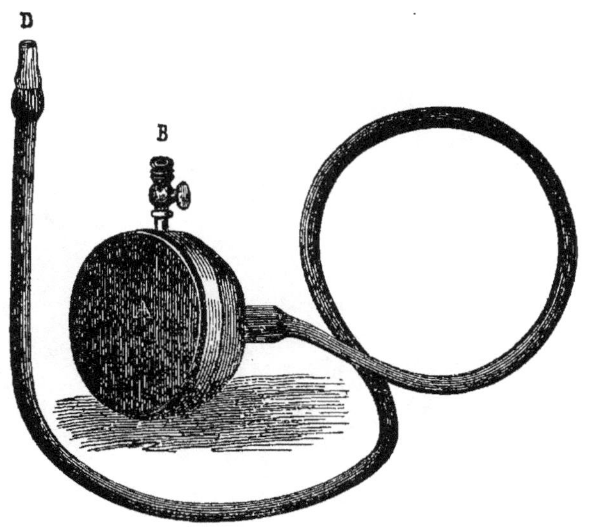

AUTO-STÉTHOSCOPE.

A. Diaphragme en caoutchouc que l'on distend modérément en soufflant
de l'air par le robinet B. — C. Tube. — D. Extrémité du tube que
l'on place dans l'oreille.

MODE D'ADMINISTRATION DES EAUX

Au début de notre carrière médicale, nous partageons les idées généralement reçues, et nous pensions qu'il ne fallait pas administrer les Eaux à une température élevée, dans les maladies du cœur; mais depuis, l'expérience que nous avons acquise, nous a rendu beaucoup moins timide et nous a conduit à modifier considérablement notre première manière de voir, et cela dans des cas très-complexes.

Ainsi, dans tous les cas d'endocardite rhumatismale bien manifeste, on peut et on doit, si l'on veut obtenir un résultat plus avantageux et plus rapide, employer les eaux en boisson, en bains et en étuves. Quant à la douche, elle ne doit être administrée que lorsque la maladie s'accompagne de douleurs et de raideurs articulaires. Il ne faut toucher que les parties

ou les articulations malades, et jamais la région du
cœur. Sur cette région, la douche serait sinon nuisible, du moins inutile, car elle ne peut agir directement sur cet organe, à cause des parois épaisses de la
poitrine qui le protégent.

En administrant les étuves dans ces sortes de cas,
nous nous trouvons en opposition avec beaucoup de
médecins, cependant moins aujourd'hui qu'il y a
quelques années. Ces médecins les regardent comme
nuisibles, parce qu'ils craignent de leur voir produire une excitation trop grande. Ainsi, Bertrand
recommande expressément de s'en tenir aux demi-
bains et à la boisson ; il défend les bains de piscine,
les étuves et les hautes températures. Évidemment,
si les malades guérissaient aussi bien et aussi sûrement sous l'influence d'un traitement pour ainsi dire
bénin, que par un traitement plus énergique, nous
n'hésiterions pas à nous ranger du côté de nos honorables collègues, mais nous ne le pouvons pas.

En lisant, en effet, attentivement les observations
de Bertrand, on est frappé de voir que les malades
dont il a rélaté les observations, n'ont été soulagés
qu'après d'abondantes transpirations.

La troisième observation, surtout, est caractéristique (1). On se souvient qu'il s'agit d'un paysan
qui n'ayant point été soulagé par les demi-bains et la
boisson, parcequ'il n'avait pas sué, revint après le
départ du médecin, et prit de sa propre autorité dix

(1) Page 135.

bains à 45° degrés centigrades, lesquels l'excitèrent beaucoup et le firent suer abondamment. Alors il fut guéri. Nous comprîmes bien que cet homme s'exposait beaucoup en prenant ainsi des bains sans direction et d'emblée à 45°, au lieu d'y être arrivé peu à peu et graduellement, comme nous avons coutume de le faire avec nos malades; mais pour nous, les bains et les étuves surtout, constituent une partie très-essentielle du traitement, parce qu'elles excitent moins que les bains seuls et qu'elles produisent rapidement des sueurs abondantes auxquelles revient une part considérable dans la guérison. Toutefois, nous n'agissons qu'avec une extrême réserve et nous n'allons, pour ainsi dire de l'avant, que par gradation. Autrefois, nous ne soumettions jamais les malades aux étuves qu'après le huitième jour du traitement. Pendant ces huit jours, ils prenaient des demi-bains tempérés, de demi-heure à une heure, et à une température de 33 à 36 degrés; des bains de pieds à eau courante, et ils buvaient l'eau thermale. Ce n'était qu'au neuvième jour qu'ils commençaient à user des bains de piscine ou des étuves.

Aujourd'hui, le traitement que nous avons coutume de mettre en usage consiste :

1° En bains entiers de 30 à 50 minutes de durée. Nous en faisons administrer de 4 à 8 au début, suivant la gravité de la maladie et la manière dont ils sont supportés; le premier est à 34 degrés centigrades. Chaque jour, nous faisons augmenter la chaleur d'un degré, jusqu'à ce qu'elle soit arrivée à 38 degrés, et nous faisons continuer, à ce degré, les jours suivants. Si ces bains sont mal supportés, ce qui arrive rarement, nous en faisons interrompre l'usage pendant deux jours pour recommencer le troisième, mais s'ils sont bien supportés, nous faisons réduire la durée des bains à 30 ou 40 minutes.

2° Après le bain, nous faisons passer le malade à l'étuve qui est à 40 degrés, température très-rapprochée de celle du bain. La première fois, il y reste cinq minutes ; si elle est bien supportée, nous faisons augmenter tous les jours la durée de quatre à cinq minutes jusqu'à un quart d'heure. Si, au contraire, le malade est fatigué, il n'y reste que pendant qu'il s'y trouve bien. A la sortie de l'étuve, le malade est enveloppé d'un peignoir et d'un caleçon de laine et transporté dans son lit où une douce transpiration ne tarde pas à s'établir.

Cette transpiration est entretenue pendant trois quarts d'heure, en faisant boire au malade un bouillon chaud et un verre d'eau minérale. Puis on le change de linge et on le laisse se reposer une demi-heure.

3° Dans le courant de la matinée, le malade doit boire deux à trois verres d'eau thermale, n° 41 ou 36 (1), suivant les cas, à un quart d'heure d'intervalle

(1) Au chapitre consacré à l'étude des eaux de Bagnols, et qu'on trouvera plus loin, nous expliquons ce que nous entendons par sources n° 36, 41, etc.

l'un de l'autre, et quelquefois un à deux verres dans l'après-midi, entre le déjeuner et le dîner.

4° Nous avions coutume de faire ajouter une cuillerée à soupe de sirop de *digitale* dans le premier verre d'eau du matin, et dans un autre verre, le soir, en se couchant, mais nous avons dû abandonner cette pratique, dont nous n'avons bien souvent retiré d'autre effet, que de déranger l'estomac de nos malades, alors qu'il est bien important de garder les fonctions digestives en bon état. Nous croyons aussi que le ralentissement des battements du cœur produit par la digitale, est plus nuisible qu'utile, dans des cas où le cœur est obligé, pour maintenir l'équilibre de la circulation, de redoubler d'efforts pour faire passer une quantité toujours égale de sang à travers un orifice rétréci du tiers ou de la moitié.

5° Enfin, chaque jour, à quatre heures du soir, nous faisons prendre un bain de pieds à eau courante, d'un quart d'heure, à 40 degrés centigrades. Nous devons avouer, cependant, que cette pratique est peut-être inutile et qu'elle ne fait que compliquer le traitement, car nous avons vu beaucoup de malades qui s'en dispensaient et ne s'en trouvaient pas plus mal. Avec les bains, les étuves et la boisson, la maladie n'en marche pas moins vite vers la guérison.

En allant ainsi par gradation, tous les malades supportent on ne peut mieux le traitement ; la fièvre thermale passe presque inaperçue chez un grand nombre, tandis que chez quelques-uns, ce pas est difficile à franchir, ce qui nécessite de la part du médecin traitant, une grande surveillance, et de fréquentes visites, quelquefois même la nuit, pour observer s'il y a du sommeil, si ce sommeil est calme ou agité, et s'il n'y aurait pas quelques indications à remplir. Assez souvent, un léger purgatif salin, en débarrassant les voies digestives, en ouvrant l'appétit et en favorisant les digestions', ramène le calme et facilite l'action des eaux.

Nous avons très-rarement besoin d'avoir recours aux évacuations sanguines, soit par la lancette, soit par les sangsues, excepté dans le cas où il y a complication d'hypertrophie concentrique très-prononcée, car les eaux agissent comme nous l'avons dit ailleurs (1), en modifiant profondément le sang et en le dépouillant d'une partie de sa matière colorante.

DURÉE DU TRAITEMENT

La durée maximum du traitement est de dix-huit à vingt jours, et encore la plupart des malades ne le suivent-ils que pendant douze à quinze jours. Ce temps suffit pour mettre la maladie en voie de guérison, et voici pourquoi : si l'eau minérale a la propriété de ramollir les parties indurées par l'agent

(1) *Guide des malades aux eaux de Bagnols*, p. 208.

morbide, il ne faut pas perdre de vue qu'elle ramollit aussi les parties restées saines; partant, leur force de résistance, et peut être même de cohésion, se trouvent également diminués. C'est là la raison qui fait que les eaux de Bagnols ont une action si bienfaisante sur l'hypertrophie concentrique du cœur ; elles abaissent cette force de résistance et d'impulsion, et tendent à rétablir l'équilibre entre les organes, en modérant la contractilité exagérée du cœur.

ACTION IMMÉDIATE DES EAUX ET EFFETS PRIMITIFS QU'ELLES PRODUISENT

En général, l'action produite par les bains de baignoire est très-remarquable. En entrant dans le bain, le malade est-il agité, les battements de son cœur sont-ils précipités, le pouls est-il à 80 ou 85 pulsations et irrégulier, au bout d'un quart d'heure, l'agitation cesse, le pouls se régularise et tombe à 75, à 72 et même à 70. Dans les premiers jours, la sédation produite par le bain est passagère et ne dure que quelques heures ; les jours suivants, elle augmente de durée, mais ce n'est ordinairement que vers le dixième jour qu'elle devient définitive, acquise et permanente. Ceux qui entourent les malades, et les malades eux-mêmes s'en aperçoivent bien et témoignent par leur gaieté et leur contentement de l'amélioration qu'ils éprouvent ; l'appétit devient plus vif, et quoi que soient absorbée une plus grande quantité d'aliments plus nourrissants, les digestions se font avec facilité et plus rapidement. Aussi la santé générale ne tarde-t-elle pas à se modifier avantageusement, ce qu'on reconnaît à la nutrition qui se fait mieux, à la peau du visage qui prend une teinte rosée et perd cette couleur de cire, cette pâleur mate caractéristique de la maladie, aux muscles qui acquièrent plus de fermeté. La marche est également plus facile et plus assurée ; ceux qui, au début, n'auraient pu parcourir quelques centaines de mètres sans fatigue et sans se reposer, peuvent faire des promenades de plusieurs heures et gravir facilement les escaliers.

Le sommeil devient plus calme et plus réparateur ; on n'observe plus ces insomnies, ces agitations subites, ces réveils en sursaut, ces cauchemars fatigants, qui se montraient si fréquemment auparavant et étaient extrêmement pénibles pour les malades. Cela tient à ce que l'orifice rétréci et les valvules qui l'entourent ayant déjà repris une partie de leur laxité, la cavité tend à revenir comme elle était avant le rétrécissement ; elle reprend son élasticité, revient sur elle-même, perd une partie du volume qu'elle avait acquis sous l'influence de l'obstacle qui allait toujours en augmentant et agit sur le sang avec plus de force. Celui-ci mieux *battu* et mieux *confectionné*, si l'on peut ainsi dire, est poussé jusqu'aux extrémités, d'où il revient avec plus de facilité vers le centre circulatoire, aussi l'œdème des membres inférieurs qui se reproduisait chaque jour sous l'influence de la station debout, se dissipe-t-il et ne reparaît-il plus, ou s'il revient un peu, c'est seulement le soir sous l'influence des fatigues de la journée. Lorsqu'il y a des intermittences dans le pouls, elles diminuent aussi graduellement jusqu'à devenir presque insensibles.

Si, au lieu d'aller par gradation, on procédait brusquement, très-souvent les malades ne pourraient pas supporter les remèdes, parce que les irrégularités produites dans les fonctions du cœur par l'endurcissement des valvules et le rétrécissement des orifices cardiaques, etc., détruisant l'équilibre entre la circulation du cœur et des poumons, ceux-ci se congestionneraient, et il en résulterait des palpitations, de l'oppression, de la dyspnée, de la toux, et enfin un trouble général sérieux. Il en résulterait aussi une suspension forcée du traitement, ainsi que fut obligée de le faire la personne dont nous avons rapporté l'observation plus haut, et partant l'impossibilité de profiter des moyens curatifs, qui, à l'époque où nous avons recueilli nos observations, étaient les seuls qui pouvaient être offerts aux malades atteints des affections dont nous parlons.

Du reste les étuves, et quelquefois même les bains de piscine de courte durée, à 40 degrés centigrades, nous paraissent utiles, parce qu'ils déterminent des sueurs plus ou moins abondantes, à l'aide desquelles le sang se débarrasse de matières hétérogènes qu'il charriait et qu'il déposait, par erreur de lieu, dans un organe indispensable à la vie, comme les dépôts goutteux se fixent dans les articulations et gênent leurs fonctions. Le surcroît d'activité modérée que prennent les battements du cœur pendant les étuves et la sudation n'est pas inutile pour concourir à la guérison, le sang étant déjà pourvu par la boisson et l'aspiration de la vapeur de substances dissolvantes, qui agissent avec plus de force et plus souvent contre les valvules et les parois des ventricules, désagrègent et dissolvent plus facilement les matières plastiques, fibrineuses, calcaires ou crétacées, déposées sur ces parties, et produisent plus aisément la résolution de l'engorgement amené par l'endocarde.

Ainsi, d'après ce qui précède, il est évident que l'action immédiate des eaux est très-rapide et très-avantageuse. Elles agissent en opérant la résolution des tissus engorgés, en diminuant leur épaisseur, en leur rendant l'élasticité et la souplesse qu'ils avaient perdue et en faisant disparaître peu à peu le rétrécissement de l'orifice malade. Voilà pourquoi on voit s'amender en même temps les symptômes de la maladie, tels que le bruit de souffle, la dilatation de la cavité qui précède le rétrécissement, l'oppression, la dyspnée, la toux et les palpitations.

ACTION CONSÉCUTIVE DES EAUX

L'action primitive ou immédiate des eaux n'est pourtant pas toujours aussi rapide qu'on pourrait le croire d'après ce que nous venons de dire ; on observe des cas où il n'y a aucune amélioration apparente pendant toute la durée du traitement. Ainsi le bruit de souffle persiste aussi fort qu'à l'arrivée, le volume du cœur ne diminue point, les palpitations, l'oppression et la dyspnée persistent, et les malades partent tourmentés par l'idée qu'ils ne guériront pas, mais ils sont agréablement surpris de voir, dans les trois ou quatre mois qui suivent l'usage des eaux, se produire une diminution dans tous les symptômes de leur maladie et d'éprouver un bien-être inespéré.

C'est ce que nous avons eu l'occasion d'observer plusieurs fois. Lorsque ces malades qui semblaient, tout d'abord, n'avoir obtenu aucune amélioration, revenaient aux eaux l'année suivante, je constatais que chez eux le bruit de souffle avait considérablement diminué, que ce bruit était moins rude, que son rhythme était presque doux ; le cœur dilaté avait perdu une partie notable de son volume, les palpitations, l'oppression, la dyspnée, l'essoufflement en montant, étaient bien moins forts ; et cette atténuation de la maladie se présentait même dans les cas les plus graves.

Comme il est facile de s'en rendre compte en parcourant les observations consignées dans ce travail, la troisième, par exemple, il y a souvent une amélioration manifeste dès la première année, mais la guérison n'est consolidée qu'après le second traitement. Dans la vingt et unième, relative à M. Isidore L...., jeune homme de 21 ans, dont la maladie datait de quatre mois et avait succédé à des douleurs rhumatismales, il n'y eût aucun soulagement et aucune amélioration immédiate sous l'influence du premier traitement. Cette amélioration ne commença à se manifester que deux mois après le retour du malade chez lui, mais ce ne fut, en réalité, que pendant le second traitement, après la dixième jour environ, qu'elle se manifesta bien franchement. Le traitement fut très-énergique et se composa de bains de piscine à 42 degrés, de douches et d'étuves qui amenèrent une abondante transpiration, laquelle persista pendant douze jours.

Quel est, dans les eaux de Bagnols ou de Chaudesaigues (les seules qu'il nous ait été donné d'expérimenter) le principe ou mieux quels sont les principes qui agissent contre l'état morbide que nous venons de décrire? c'est là, on le conçoit, une question des plus importantes et dont nous avons cherché la solution. Nos recherches ont été, comme on le verra dans la deuxième partie de notre travail, couronnées de succès.

Nous voici arrivé à la partie *pratique* de notre étude, à celle des observations. Il nous aurait été facile de les multiplier, mais nous avons cru devoir ne relater que celles dont le diagnostic et la guérison ne pouvaient présenter aucun doute ; nous appelons donc sur elles toute l'attention de nos confrères. Ils y trouveront peut-être quelques redites, mais il était bien difficile de les éviter, et dans tous les cas ils nous les pardonneront en raison de l'importance du sujet.

OBSERVATIONS

Ire OBSERVATION

ANÉVRISME DE CAUSE RHUMATISMALE CONSTITUÉ : 1° PAR
UN RÉTRÉCISSEMENT DE L'ORIFICE ORICULO-VENTRICULAIRE
GAUCHE ; 2° PAR UNE DILATATION DE L'OREILLETTE GAUCHE,
SANS INSUFFISANCE DE LA VALVULE MITRALE, COMPLIQUÉ
D'ASTHME.

Le 28 juin 1854, se présenta à ma consultation, Mme Marie
Merle, marchande à Sangues (Haute-Loire), âgée de 42 ans,
d'un tempérament lymphatico-sanguin, d'une constitution délicate, ayant cessé d'avoir ses règles depuis deux ans.

Depuis un grand nombre d'années, cette dame était atteinte
d'un catarrhe chronique, passé à l'état d'asthme, de palpita-

tions, d'oppression et de dyspnée ; elle était pâle, sans appétit, sans sommeil, dès qu'elle voulait faire une petite course ou monter un escalier elle était essoufflée et fatiguée, les jambes n'étaient point enflées, excepté le soir sous l'influence de la fatigue du jour. A l'auscultation, on entendait des râles muqueux dans le tiers inférieur de la poitrine et les battements du cœur pouvaient être ainsi notés *teric-tac*, c'est-à-dire que le premier bruit était précédé d'un bruit de frottement indiquant un rétrécissement situé à l'orifice auriculo-ventriculaire gauche, rétrécissement assez considérable ; ce rétrécissement devait être accompagné d'une insuffisance notable de la valvule mitrale, quoiqu'on ne distinguât point bien clairement entre les deux bruits du cœur, de bruit de souffle annonçant le retour du sang dans l'oreillette à travers l'orifice béant laissé par la valvule malade, pendant la constriction du ventricule gauche, car si cette insuffisance n'avait pas eu lieu on se serait difficilement expliqué l'existence du catarrhe pulmonaire par la présence au rétrécissement de l'orifice auriculo-ventriculaire seul, car ce catharre est provoqué le plus souvent par le retour du sang dans l'oreillette, retour qui met obstacle à la circulation pulmonaire en retenant le sang dans les poumons. D'ailleurs, le bruit de souffle qui accompagne cette insuffisance est souvent marqué, et la toux spasmodique qui l'accompagne toujours par suite de l'irritation du poumon est le meilleur signe qui fait reconnaître son existence. L'oreillette était le siége d'une dilatation remarquable, très-appréciable à la percussion.

Je tentai donc non pas précisément la cure de cette maladie, mais sa réduction, pure et simple, parce que le rétrécissement était trop ancien, et qu'il ne paraissait pas possible, de ramener l'orifice mitrale induré et épaissi, et les colonnes charnues qui entrent dans sa structure, à leur état normal. Je conseillai donc à cette dame de l'eau de la source ferrugineuse douce seule, en boisson pendant trois jours, à la dose de trois verres par jour. A dater du quatrième jour, elle y ajouta un bain à 35° cent. de 30 minutes, et un bain de pied de 10 minutes à 4 heures du soir jusqu'au dixième jour. Comme alors elle se trouvait beaucoup mieux sous le rapport du catarrhe et de l'essoufflement, j'essayai des bains de piscine à 40° et de 15 à 20 minutes de durée, puis je conseillai quelques étuves de 10 à 15 minutes, qu'elle supporta très-bien, et qui déterminèrent tous les matins une abondante transpiration. Après 16 jours de traitement, elle se trouvait très-bien ; la toux, l'oppression, les palpitations et la dyspnée avaient diminué de moitié ou des deux tiers, les râles muqueux avaient presque disparu, ainsi que les crachats pendant le jour, excepté le matin. A mon grand étonnement, le bruit de frottement était aussi diminué, et fort adouci, et l'oreillette était en grande partie revenue sur elle-même, l'appétit et le sommeil avaient reparu. Enfin, Mme Marie Merle put quitter Bagnols dans un état fort satis-faisant.

L'amélioration se soutint une partie de l'hiver, mais un rhume contracté en mars, l'obligea à revenir à Bagnols en 1855, l'amélioration qu'elle avait obtenue s'était maintenue en grande partie, et cependant elle n'avait pas cessé de se livrer à ses occupations. Le nouveau traitement qu'elle subit pen-dant douze jours seulement consolida les résultats obtenus par le premier, et Mme Marie Merle, put désormais mener une existence très-supportable.

IIᵉ OBSERVATION

ANÉVRISME DE CAUSE RHUMATISMALE, CARACTÉRISÉ : 1º PAR LE RÉTRÉCISSEMENT DE L'ORIFICE AORTIQUE ; 2º PAR UNE DILATATION DU VENTRICULE GAUCHE.

M. Auguste Roche, négociant à Jaujac (Ardèche), vint me consulter aux eaux de Bagnols, le 1ᵉʳ juillet 1854 ; d'un tempérament nerveux et d'une constitution sèche, il avait été pris, trois ans auparavant et à la suite d'un chaud et froid, d'un rhumatisme aigu général, affectant toutes les articulations, avec fièvre et gonflement des parties malades. M. Roche garda le lit deux mois. Pendant ce temps, il ne subit aucun traitement, et lorsqu'il commença à se lever, il fut obligé de marcher d'abord avec des béquilles, puis avec des bâtons. Depuis lors, il était très-disposé à subir les impressions du temps. Le moindre froid, le moindre changement de température ramenait quelques douleurs qui occupaient tout le corps ou bien seulement quelques parties, telles que le cou, les épaules, etc. Depuis fort longtemps, M. Roche était affecté de dartres qui occupaient toutes les parties du corps, aussi attribuait-il à cette cause l'affection cardiaque dont il était atteint En 1853, il éprouvait des palpitations très-fatigantes, ses battements de cœur étaient séparés par un bruit de frottement et pouvaient être ainsi notés *tic-fre-tac*, il était très-gêné pour respirer, pour marcher et surtout pour monter, aussi le médecin qui le soignait avait-il hésité à l'envoyer à Bagnols, et lui avait-il recommandé de ne prendre que des demi-bains mitigés, tièdes, et de boire quelques verres d'eau, ce qu'il fit.

M. Roche quitta Bagnols le 1er août, après avoir suivi ce traitement pendant seize jours, traitement dont il se trouva très-bien sous le rapport des douleurs, des mouvements et de la marche. Ainsi il pouvait faire de grandes promenades, monter et descendre sans être essoufflé, manger sans en être incommodé, et dormir sans avoir de cauchemar comme avant le traitement. Ce ne fut que vers le dixième ou le onzième jour que le mieux commença à se faire sentir, mais les eaux ne produisirent pas de résultats aussi satisfaisants contre la maladie cutanée ; celle-ci présentait encore dans quelques parties du corps une certaine acuité, très-gênante, surtout dans les aînes, dans les entre-cuisses, à la marge de l'anus, aux aisselles, etc.

Ce malade avait été évidemment atteint d'une endocardite rhumatismale ayant porté sur l'orifice aortique et sur les valvules sygmoïdes, et déterminé leur épaississement, et, par suite, le rétrécissement de cet orifice. Je ne saurais dire s'il y avait alors insuffisance valvulaire, car si cette insuffisance avait existé avant le traitement suivi en 1853, elle n'existait plus lorsque je le vis en 1854, le bruit de souffle situé entre les deux bruits du cœur était lui-même fort atténué.

Je crus donc, en présence d'une aussi grande amélioration, pouvoir lui prescrire un traitement plus énergique. Pendant les quatre premiers jours, il prit des demi-bains mitigés, et but l'eau thermale de la source ferrugineuse douce, mais, à dater du cinquième jour, il prit des bains de piscine et des étuves, qui le firent beaucoup transpirer ; au bout de quinze jours, il partit débarrassé de son anévrisme, et son état était très-amélioré.

J'ai revu M. Roche..., en 1856, le 19 juillet. Non-seulement l'amélioration de la maladie du cœur avait persisté, mais encore la guérison s'était consolidée, la maladie cutanée s'était aussi fort amendée, surtout entre les cuisses et à la marge de l'anus, mais elle s'était montrée plus rebelle ; aussi revenait-il spécialement pour elle passer une troisième saison à Bagnols.

La guérison rapide de cette endocardite et la persistance de la maladie herpétique semble indiquer que l'endocardite était de nature rhumatismale et non herpétique.

IIIe OBSERVATION

ANÉVRISME DU CŒUR CARACTÉRISÉ : 1° PAR UN RÉTRÉCISSE-MENT DE L'ORIFICE AORTIQUE ; 2° PAR L'INDURATION DES VALVULES SYGMOIDES SANS INSUFFISANCE NOTABLE ; 3° PAR UNE DILATATION DU VENTRICULE GAUCHE.

M. F. Carrière, 16 ans, fils d'un propriétaire à Saumon (Gard). Tempérament lymphatique, constitution délicate. M. F. Carrière, venu pour me consulter, le 14 juillet 1854, était sujet depuis longtemps à des douleurs rhumatismales périodiques ; la dernière attaque avait eu lieu dans le mois de mai précédent, les douleurs avaient débuté par le genou gauche, puis elles s'étaient portées sur le droit et avaient successivement envahi les pieds, les mains, les épaules, le cou, etc. ; elles avaient existé sans fièvre et il avait pu continuer à se lever et même à faire quelques pas. M. Carrière était aussi sujet depuis longtemps à des palpitations ; mais dans cette dernière attaque elles avaient beaucoup augmenté, il était survenu de l'oppression, de l'essouflement et de la dyspnée, sous l'influence de la moindre course, le cœur battait fort, il soulevait la poitrine même dans l'état de repos, ses battements, étaient séparées par un bruit de frottement manifeste qu'on pouvait ainsi noter *tic-fre-tac* et son volume était d'un tiers plus gros qu'à l'état normal, par suite de la dilatation du ventricule gauche. Enfin, le pouls présentait quelques intermittences. Je diagnostiquai un rétrécissement de l'orifice aortique sans insuffisance notable des valvules symoïdes.

Je prescrivis l'eau en boisson seulement pendant deux jours à la dose de deux verres matin et soir. Le troisième jour, j'y ajoutai des bains à mi-corps à 35° centigrades, que je portai successivement à 38° en augmentant tous les jours d'un degré. Le malade débuta par des bains de baignoires d'une durée d'abord de 10 minutes, que je portai successivement à une demi-heure, le septième jour lorsque la fièvre thermale fut passée, il commença les bains de piscine à 40 degrés qui furent portés successivement de 10 à 20 minutes. Ces bains furent bien supportés et à da'er du neuvième jour, il joignit aux bains l'étuve qui fut portée successivement de 4 à 6, 8 et 15 minutes, il transpira beaucoup. Sous l'influence de cette transpiration, il alla beaucoup mieux. Après seize jours de traitement, il se trouva si satisfait de son état qu'il prit la résolution de quitter Bagnols.

Il pouvait en effet, faire d'assez longues promenades et marcher assez vite sans être essoufflé comme à son arrivée ; la dyspnée avait diminué, les battements du cœur étaient plus réguliers, et séparés par un léger bruit de frottement, il ne soulevait plus autant la poitrine et son volume était moindre.

Après avoir passé un bon hiver et une bonne année. M. C..,

revint durant quinze jours à Bagnols en 1855, ainsi que je le lui avait recommandé. L'amélioration s'était notablement accentuée après son retour, le volume du cœur était revenu à son état normal, ses battements étaient réguliers seulement un peu plus développés; il suivit le même traitement qu'en 1854, le supporta bien et partit dans un état de santé en rapport avec son tempérament.

Ainsi les effets consécutifs des eaux avaient amené la résolution des lésions organiques, et la guérison d'une maladie qui aurait certainement passé à l'état d'anévrisme vrai, si ces lésions avaient été abandonnées à elles mêmes; et cette guérison avait été consolidée par une seconde saison.

J'ai revu M. Carrière à Bagnols, le 28 juillet 1857, il s'était très-bien porté jusqu'à l'hiver de cette année; il avait pu chasser sans fatigue et se livrer à quelque travaux agricoles; mais il avait été repris de nouv elles douleurs rhumatismales dans les membres inférieurs après s'être mouillé les pieds et les jambes; sous l'influence de ces douleurs, les battements du cœur avaient de nouveau augmenté de force et de fréquence, et s'étaient accompagné d'un bruit de souffle modéré après le premier bruit. En un mot, son endocardite avait récidivé, mais à un degré beaucoup moins élevé que la première fois. Néanmoins, M. Carrière, qui avait occasion d'accompagner à Bagnols sa mère souffrante d'une fracture de la clavicule, en profita pour suivre un troisième traitement qui réussit aussi bien que les précédents, car après seize jours des eaux, il marchait et courait assez vite sans être à beaucoup près aussi essoufflé qu'auparavant. Le volume du cœur était à peu près revenu à l'état normal, ses battements étaient moins forts, plus réguliers et séparés par un très-léger bruit de souffle, ce qui annonçait évidemment que l'orifice aortique avait repris sa souplesse, son élasticité et son étendue, que le ventricule était revenu sur lui-même. En un mot, que tout était rentré dans l'ordre.

IVᵉ OBSERVATION

Anévrisme rhumatismal du cœur, caractérisé par un rétrécissement des orifices mitral et aortique, l'induration et l'insuffisance des valvules sygmoides, et par la dilatation du ventricule et de l'oreillette gauche.

Mme B..., 30 ans, femme d'un plafoneur, à Nîmes. Cette dame, d'un tempérament nerveux, d'une constitution assez robuste, se rendit à Bagnols le 7 juillet 1854, pour guérir d'un rhumatisme chronique et remédier à une stérilité qui durait depuis la même époque. Se conformant aux prescriptions de son médecin, elle prit des douches sur les jambes, des étuves, et but un verre d'eau minérale par jour. Comme elle se trouvait enceinte sans le savoir, elle fit une fausse couche. Ce fut à ce moment qu'elle me demanda conseil.

Au bout de huit jours d'un traitement approprié à la circonstance, elle m'apprit qu'elle avait éprouvé plusieurs attaques de rhumatisme articulaire aigu. La première, qui avait eu lieu six ans auparavant, avait occupé la plupart des articulations des membres et l'avait retenue cinquante jours au lit; la deuxième, qui était survenue deux ans après et s'était accompagnée d'une forte fièvre, l'avait empêchée de se lever pendant tout l'hiver. Cette fois même, la convalescence ne fut pas franche. Mme B... traîna toute l'année et garda le lit deux mois; l'hiver suivant, par suite de palpitations qui avaient succédé à

12

cette seconde attaque. A l'époque où je la vis, l'affection du cœur datait donc de quatre ans ; elle était fort compliquée : les battements étaient fréquents, irréguliers, et chacun d'eux était suivi d'un bruit de souffle très-manifeste, surtout le premier.

Ces bruits pouvaient être ainsi notés : *Tirre-tarre*. Scientifiquement interprétés, ils indiquaient un rétrécissement de l'orifice mitral, un rétrécissement très-prononcé de l'orifice aortique, accompagné d'un gonflement et d'une insuffisance très-notable des valvules sygmoïdes. Le premier bruit de souffle avait lieu au moment où le sang passait de l'oreillette dans le ventricule gauche, en traversant l'orifice mitral engorgé et rétréci ; le second, au moment où le sang passait du ventricule gauche dans l'aorte ; et le troisième, lorsqu'une certaine quantité de sang refluait de l'aorte dans le ventricule, par suite du choc en retour, et à travers un orifice resté béant au centre des valvules sygmoïdes, dont l'induration n'avait pas permis le rapprochement complet. Aux rétrécissements de l'orifice mitral et de l'orifice aortique avait succédé une dilatation considérable de l'oreillette et du ventricule gauche, car, ainsi que le démontrait la percussion, le volume du cœur avait presque doublé. Toutefois, malgré cette augmentation si considérable, la force des bruits et la facilité avec laquelle on les distinguait dans l'état de repos indiquaient assez que les parois de l'organe cardiaque étaient susceptibles, quoique altérées, de revenir à leur état normal, une fois que les obstacles au cours du sang auraient disparu. Aussi n'y avait-il point d'enflures aux jambes dans le courant de la journée, mais seulement un peu le soir.

Mme B... ne pouvait ni monter ni marcher d'un pas ordinaire sans être essoufflée et sans avoir de fortes palpitations, de la dyspnée et des étouffements qui l'obligeaient à se reposer fréquemment. Il y avait encore de la toux et des crachats opaques souvent teints de sang, surtout le matin, ce qui indiquait une forte congestion pulmonaire. Enfin on rencontrait des intermittences dans le pouls. Ajoutons à ces symptômes : manque d'appétit, mauvais sommeil, cauchemars, station horizontale difficile, nécessité d'avoir la tête haute, etc.

Le traitement consista surtout en bains de baignoire à 33 ou 34° centigrades. Pas de bains de pied, afin de ne pas attirer le sang vers la matrice déjà congestionnée. En boisson : de l'eau thermale ferrugineuse douce dite n° 41°, d'abord à la dose de deux verres le matin qui furent portés successivement à trois et quatre verres. Après le huitième jour de traitement, Mme B... commença à prendre quelques étuves dont elle augmenta sucessivement la durée ; elle les supporta bien, transpira beaucoup et partit très-soulagée, après le seizième jour de traitement.

L'appétit et le sommeil étaient revenus, le teint était rosé, il n'y avait plus de cauchemars, elle avait repris de la force, faisait des promenades assez longues sans fatigues, les battements cardiaques étaient plus modérés et plus réguliers, les bruits de frottement, quoique persistants, étaient moins forts et le volume du cœur avait sensiblement diminué. Enfin les intermittences du pouls étaient moins marquées. Somme toute, il y avait une amélioration très-manifeste. La maladie était véritablement en voie de résolution et de décroissance.

Quoique l'amélioration obtenue se manifestât surtout par l'amélioration de l'état général, tel que cessation des cauchemars pendant le sommeil, appétit, diminution de la dyspnée, disparition de l'essoufflement et de l'oppression soit en marchant soit en montant, possibilité de faire des courses ou promenades d'une demi-heure et même d'une heure sans être très-fatiguée, je n'oserais point affirmer la guérison d'une maladie aussi grave si je n'avais revu plus tard la personne qui fait l'objet de cette observation.

Mme B... a éprouvé après son départ une amélioration successive, tellement considérable qu'elle n'a pas jugé à propos de revenir à Bagnols. Ce n'est que le 20 juin 1857, trois ans après l'usage des eaux que j'ai eu occasion de la revoir et de l'examiner chez elle.

Mme B... n'avait pas eu depuis d'attaque de rhumatisme. A ce moment, les battements du cœur étaient très-distincts, et séparés seulement par un bruit de frottement remarquable ; ils pouvaient être ainsi notés : *Tic-fre-tac*, au lieu de : *Tirre, fre tarre*, ce qui indiquait :

1° Que le bruit de frottement mitral et le bruit de frottement résultant de l'insuffisance sygmoïde avaient disparu et qu'il ne restait plus qu'un peu de rétrécissement à l'orifice aortique ; ce qui démontrait aussi que les parois du ventricule et de l'oreillette gauche étaient revenues sur elles-mêmes, et avaient recouvré une grande partie de leur force et de leur élasticité normales.

2° Que le volume du cœur avait beaucoup diminué. Ainsi au lieu d'être double de celui qu'il est dans l'état ordinaire, comme avant le traitement, c'est à peine s'il avait 1/4 en sus ; ce qui annonçait une diminution considérable dans le rétrécissement de l'orifice aortique et un retrait considérable dans les parois du ventricule gauche.

3° Il faut ajouter encore que les intermittences du pouls étaient à peine appréciables.

Enfin Mme B... pouvait marcher et vaquer à toutes ses occupations sans incommodité et sans fatigue.

Cette observation est fort remarquable, en ce sens , qu'elle démontre qu'une seule saison suffit souvent pour faire disparaître, sinon en totalité, du moins en grande partie, les lésions organiques d'une gravité extrême, allant toujours en augmentant jusqu'à la mort des malades qui ne sont pas soumis au traitement que je présonise.

Vᵉ OBSERVATION

ANÉVRISME RHUMATISMAL DU CŒUR CARACTERISÉ PAR UN RÉTRÉCISSEMENT DE L'ORIFICE AURICULO-VENTRICULAIRE GAUCHE ET PAR UNE DILATATION DE L'OREILLETTE GAUCHE.

Le 30 août 1854, Mlle Berton (Rosalie), âgée de 26 ans, journalière dans le canton de Banassac (Lozère), d'un tempérament lymphatico-bilieux, d'une constitution assez robuste, vint me consulter.

Depuis trois ans elle était atteinte de douleurs rhumatismales qui, sans être accompagnées de fièvre, avaient occupé successivement d'abord, et simultanément plus tard, la tête, les épaules, les bras et les cuisses. A la suite de ces douleurs rhumatismales étaient survenues une endocardite et des palpitations fort gênantes avec oppression, toux et congestion pulmonaire. Lorsqu'elle voulait marcher vite ou monter un escalier, elle était très-essoufflée. Les bruits du cœur pouvaient être ainsi notés : *trec-tac*, ou par un simple bruit de souffle au premier temps ; ce qui indiquait un rétrécissement de l'orifice auriculo-ventriculaire gauche, ou mitral, suivi d'une dilatation de l'oreillette correspondante, donnant au cœur un développement d'un quart à un tiers en sus de l'état normal. La congestion pulmonaire était occasionnée par le rétrécissement de l'orifice mitral qui retenait le sang dans l'oreillette, et l'obligeait à refluer dans les poumons où il produisait de l'irritation et de la toux.

Traitement. — Mlle Berton prit pendant quelques jours en boisson deux verres d'eau de la source ferrugineuse douce n° 41, et des bains tempérés à 35° centigrades. A dater du troisième jour, elle entra dans la grande piscine à 43° qu'elle supporta bien pendant une demie-heure chaque matin; elle but quatre verres d'eau et transpira beaucoup vers le dixième jour.

Mlle Berton éprouva dès lors un mieux très-sensible, la toux et l'oppression diminuèrent, un sommeil calme remplaça un sommeil agité par des rêves et interrompu par des quintes de toux. L'appétit devint meilleur, elle put prendre plus de nourriture sans en être incommodée et sans exciter la toux et l'oppression, ce qui indiquait, assurément, qu'une modification avantageuse était survenue dans l'orifice mitral. Les jours suivants l'amélioration augmenta encore et si bien qu'après seize jours de traitement elle put quitter les eaux dans un état de santé très-satisfaisant : le bruit de souffle au premier temps avait beaucoup diminué, les bruits du cœur étaient presque réguliers. Le rétrécissement mitral était presque réduit ainsi que les accidents auxquels il avait donné lieu.

Après le départ de Mlle Berton, le mieux a encore augmenté ; elle a passé un bon hiver et n'a pas eu besoin de revenir l'année suivante.

VIe OBSERVATION

ANÉVRISME RHUMATISMAL DU CŒUR, CARACTÉRISÉ PAR UN RÉTRÉCISSEMENT DE L'ORIFICE AORTIQUE, PAR UNE INDURATION DES VALVULES SYGMOÏDES SANS INSUFFISANCE, PAR UNE DILATATION DU VENTRICULE GAUCHE.

M. Pierre Vessière, âgée de 52 ans, propriétaire-cultivateur en Lozère, d'un tempérament nerveux, d'une constitution sèche, était atteint de sciatique du côté gauche, depuis deux ans. La douleur s'étendait des reins où elle avait commencé jusqu'à la malléole externe. Depuis longtemps, il était sujet à des douleurs rhumatismales dans la région lombaire et à des palpitations qui le gênaient beaucoup pour travailler. Il se rendit à Bagnols et vint me consulter le 17 juin 1854. Il était atteint d'un rétrécissement assez marqué de l'orifice aortique avec augmentation notable du volume du cœur, pouvant être évaluée à un quart du volume ordinaire ; on percevait un bruit ainsi noté : *tic-fre-tac* ; il éprouvait des palpitations, de l'essoufflement et de la dyspnée en marchant et en montant un escalier ; il n'y avait ni intermittence dans le pouls, ni enflure des jambes.

Ce malade commença son traitement par des bains à mi corps à 34 ou 35° centigrades d'une demi-heure de durée et il prit trois verres d'eau thermale n° 41. Après le cinquième jour, il remplaça les bains ordinaires par des bains de piscine à 42° d'une demi-heure de durée auxquels il joignit quelques étuves, à la suite desquelles il transpira beaucoup chaque fois. Vers le dixième jour il se trouva beaucoup mieux, le sommeil devint meilleur et il cessa d'être interrompu par des rêves pénibles. L'appétit devint plus vif, la respiration se trouva plus libre, et M. Vessières put faire quelques promenades assez longues sans fatigue. Après seize jours de traitement, il partit, son état étant très-amélioré sous tous les rapports. Cependant le bruit de souffle intermédiaire aux bruits du cœur persistait jusqu'au même degré.

L'amélioration continua après le départ ; il passa un assez bon hiver, et put se livrer sans inconvénient à des travaux agricoles assez pénibles. Cependant, M. Vessière ayant vu reparaître sa sciatique sous l'influence d'un froid humide, revint à Bagnols vers le 20 juin 1855, pour faire usage des eaux contre cette maladie, car ses palpitations avaient entièrement disparu, ainsi que la toux, le bruit de souffle et la dyspnée qui les accompagnaient. Il put dès lors prendre les eaux avec moins de ménagement; il prit, en effet, dès le début, des bains de piscine à 42° centigrades, d'une demi-heure, chaque matin, une étuve, et but trois à quatre verres d'eau thermale, source n° 41. Sous l'influence de ce traitement rustique, qu'il supporta très-bien, sauf deux jours d'arrêt, il transpira beaucoup et se trouva débarrassé non-seulement de sa maladie de cœur, mais encore de sa sciatique. Au départ, il n'y avait presque plus de bruit de souffle ; la toux et la dyspnée avaient complétement disparu.

VIIe OBSERVATION

ANÉVRISME RHUMATISMAL DU CŒUR ; RÉTRÉCISSEMENT DE L'ORIFICE AORTIQUE ; GONFLEMENT DES VALVULES SYGMOIDES SANS INSUFFISANCE BIEN NOTABLE ; HYPERTROPHIE CONCENTRIQUE DU VENTRICULE GAUCHE.

M. Etienne Favier, 29 ans, tempérament sanguin, constitution très-robuste, cheveux noirs, visage rouge, fournisseur de l'armée. M. Favier fut pris, en 1855, de douleurs rhumatismales dans diverses articulations ; ces douleurs, qui s'accompagnaient d'enflure des parties malades, étaient survenues à la suite de saignées fortes et répétées, faites dans le but de guérir des tournements de tête. Depuis quelque temps, il éprouvait aussi des palpitations, de l'essoufflement et de l'oppression, lorsqu'il montait ou marchait un peu vite. Fatigué de cet état, il se rendit à Bagnols vers la fin de juillet 1855, dans le but de s'en débarrasser.

Lorsque je l'examinai, je trouvai que les battements du cœur étaient séparés par un bruit de souffle très-marqué, que le premier bruit était presque absorbé, tandis que le second était bien distinct. Ils pouvaient être ainsi notés, *te-fre-tar*, ce qui indiquait un rétrécissement assez considérable de l'orifice aortique et un gonflement des valvules sygmoïdes sans insuffisance encore notable, mais sur le point de naître.

L'oreille appliquée sur la poitrine était soulevée, et la percussion indiquait un accroissement assez grand du volume du cœur (12 centimètres de haut en bas, et 11 centimètres en travers) ; enfin il y avait des intermittences dans le pouls, lequel était fort et vibrant. Tous ces signes annonçaient une augmentation de volume avec épaississement dans les parois du ventricule gauche ; par conséquent, une hypertrophie concentrique, de là, retentissement violent vers la base du cerveau, injection du visage, vertige et tendance à l'apoplexie.

Traitement. — M. Favier prit des bains tempérés à mi-corps, de trois quarts d'heure, à 34 ou 35 degrés centigrades, but d'abord deux verres d'eau minérale de la source n° 41. Au bout de quelques jours, il en but quatre, deux le matin et deux dans l'après-midi ; il prit aussi des bains de pieds, à eau courante, le soir, d'un quart d'heure, ainsi qu'une douche sur les articulations malades. Vers le sixième jour, en sortant du bain, il commença à prendre quelques étuves de dix minutes à un quart d'heure, qu'il supporta très-bien, à part les petits accidents que développe ordinairement la fièvre thermale, et que firent cesser un purgatif salin.

Sous l'influence de ce traitement, survinrent des sueurs considérables. Déjà, vers le dixième jour, le malade se trouvait beaucoup mieux ; après quinze jours, l'amélioration était considérable, le bruit de souffle intermédiaire aux battements du cœur avait beaucoup diminué ; ceux-ci étaient plus réguliers, bien distincts et moins forts, le volume de l'organe ne présentait plus que 10 centimètres de haut en bas, et 9 centimètres en travers. Les intermittences du pouls étaient pour ainsi dire nulles ; enfin le malade avait plus de forces, marchait vite et montait un escalier sans être essoufflé.

M. Favier est revenu à Bagnols en juillet 1856 ; il avait passé un excellent hiver, sans éprouver des *tournements* de tête et des étourdissements ; il avait pu vaquer à ses occupations sans inconvénients. Les bruits du cœur étaient bien distincts et naturels, mais cependant encore séparés par un bruit de frottement manifeste ; le ventricule gauche était peu à peu rentré dans ses limites normales, et le pouls ne présentait plus d'intermittences.

M. Favier prit les eaux comme l'année précédente, seulement vers le quatrième jour, il remplaça les bains de baignoire par des bains de piscine à 42 degrés, qu'il supporta très-bien ; il transpira beaucoup chaque matin, et partit après quinze jours de traitement, dans un état de santé très-satisfaisant.

Le 16 juillet 1857, ce malade revint uniquement pour consolider sa guérison ; il n'éprouvait plus de douleurs dans les membres, et l'état du cœur s'était modifié si avantageusement pendant les deux saisons précédentes, qu'il avait passé une excellente année. Ainsi, l'amélioration, loin de se démentir, s'était accentuée, et il pouvait marcher et courir sans éprouver de palpitations et de dyspnée. Pendant son dernier séjour à Bagnols, il lui est arrivé de faire des promenades de trois heures sur les montagnes environnantes, sans être fatigué ; cependant un bruit de frottement notable persistait encore entre les deux bruits du cœur, bruits qui étaient eux-mêmes très-distincts, de sorte qu'on pouvait ainsi noter le rythme cardiaque *tic-fre-tac*, et ainsi de suite. Ce malade n'est, du reste, pas le seul chez lequel j'ai constaté la persistance d'un bruit de souffle sensible entre les deux bruits du cœur après la guérison ou l'amendement des symptômes qui accompagnent l'endocardite chronique.

Ce bruit indique-t-il qu'une partie du rétrécissement persiste ? tient-il à une insuffisance de la valvule mitrale qui existait concurremment sans qu'on s'en fût aperçu ? Se confondait-il avec celui qui avait lieu à l'orifice aortique ? C'est ce que je n'ai pu expliquer ; toujours est-il qu'il ne nuisait nullement à la santé.

VIIIe OBSERVATION

ANÉVRISME RHUMATISMAL DU CŒUR CARACTÉRISÉ : 1º PAR UN
RÉTRÉCISSEMENT TRÈS-PRONONCÉ DE L'ORIFICE AURICULO-
VENTRICULAIRE; 2º PAR UNE INSUFFISANCE DE LA VALVULE
MITRALE, ET UNE DILATATION DE L'OREILLETTE GAUCHE.

Mᵐᵉ Caroline Rauquet, 44 ans, propriétaire à Vesin, près
Milhau (Aveyron), tempérament lymphatico-sanguin, constitution assez robuste.

Quand Mᵐᵉ Rauquet vint me consulter, le 5 juillet 1856, il
y avait un an qu'elle avait été atteinte d'un rhumatisme aigu
ayant affecté la plupart des articulations, et surtout les poignets; elle était restée plus d'un mois avec la fièvre, et sans
pouvoir se remuer. Au bout du second mois, elle entra en
en convalescence; mais ayant travaillé trop tôt, vers la Tous-
saint, aussitôt que les premiers froids parurent, elle fut reprise
d'un fort rhume et de douleurs rhumatismales très-vives qui
durèrent cinq mois. Comme elle ne pouvait rester au lit, on
la levait, et on la plaçait dans un fauteuil près du feu; elle
avait un rhumatisme général qui l'empêchait de s'aider de ses
membres et nécessitait qu'on la fît manger et qu'on l'habillât.
Ce ne fut qu'en mai qu'elle commença à se remettre. Pendant
cette maladie, elle éprouva de violentes coliques et rendit du
sang par le fondement, ce qui la soulagea beaucoup; plus tard
lorsqu'elle allait déjà beaucoup mieux, son rhume persistant,
elle cracha du sang rouge à trois reprises, mais en petite

quantité. A son arrivée à Bagnols, elle toussait encore beaucoup.

En l'auscultant, je trouvai qu'elle était atteinte d'une endocardite caractérisée par un rétrécissement très-prononcé de l'orifice auriculo-ventriculaire gauche, avec insuffisance de la valvule mitrale et dilatation de l'oreillette gauche.

Le cœur avait environ 1/4 d'augmentation de volume ; ses battements pouvaient être ainsi notés *tirre, fre, tac,* et interprétés de la manière suivante : *Tirre,* premier bruit pendant le 1er temps, annonçait le passage du sang à travers l'orifice auriculo-ventriculaire retréci sous l'influence de la contraction de l'oreillette. *Fre,* deuxième bruit de frottement succédant immédiatement au 1er ou se confondant avec lui, démontrait qu'une partie du sang lancé dans le ventricule par la contraction de l'oreillette, était revenu dans cette oreillette par une partie plus ou moins grande de l'orifice auriculo-ventriculaire restée libre, par suite d'une insuffisance de la valvule mitrale, endurcie et raccourcie. Enfin, le 3me bruit, *tac* qui résulte du passage du sang du ventricule gauche dans l'aorte. et qui a lieu presque en même temps que le second, avec lequel il se confond quelquefois, était naturel et démontrait que cet orifice était intact.

En outre, la malade, d'une pâleur mâte, était oppressée et avait de la dyspnée, surtout en marchant et en montant. Elle était faible, avait peu d'appétit et dormait mal. Son sommeil était entre-coupé par des rêves pénibles ; elle toussait et rendait des crachats épais, ordinairement opaques, et assez souvent teints de sang rouge.

Traitement. — Mme Rauquet fut soumise pendant quelques jours à un traitement modéré ; bains de baignoire de 20 minutes à 34 ou 35° centig., bains de pied à eau courante, d'un quart d'heure le soir, et deux verres d'eau de la source ferrugineuse douce n° 41.

Ce traitement fut d'abord bien supporté, mais dût bientôt

être interrompu, par suite d'un crachement de sang rouge. Du reste, cela arrive assez souvent au moment de la fièvre thermale, parce que le sang qui reflue dans l'oreillette gauche, par suite de l'insuffisance de la valvule mitrale, contrarie l'arrivée de celui qui y est versé par les veines pulmonaires ; celui-ci reflue alors dans les poumons, les engoue, et teint en rouge les crachats amenés par la toux. Le repos complet, des sinapismes aux extrémités, quelques cuillerées de sirop de grande-consoude ou de digitale font promptement justice de ces accidents, en calmant les battements du cœur. On peut alors reprendre le traitement, en usant des précautions nécessaires pour empêher les crachements de sang de reparaitre. C'est ce qui eut lieu chez Mme Rauquet. Après deux jours de repos, pendant lesquels elle prit un purgatif salin, elle recommença les bains et la boisson, jusqu'au huitième jour. Il ne survint rien d'extraordinaire, si ce n'est des sueurs abondantes ; mais, à dater de ce moment, elle se sentit plus dégagée, l'oppression et la toux diminuèrent, l'appétit augmenta et le sommeil cessa d'être accompagné de cauchemars. En un mot, elle éprouva un bien-être depuis longtemps inconnu pour elle ; elle put prendre un exercice salutaire, sans fatigue. Ce mieux augmenta rapidement, si bien qu'après le seizième jour, elle put quitter Bagnols dans un état de santé très-supportable. Il y avait bien encore un bruit de frottement au premier temps, mais beaucoup moins fort qu'à son arrivée ; quant au bruit intermédiaire, au premier et au second temps, indiquant l'insuffisance mitrale, il avait presque entièrement disparu. Le second bruit était facile à percevoir.

Après le départ de cette malade, le mieux s'est continué. Mme Rauquet a pu reprendre ses occupations et n'a pas eu besoin de revenir l'année suivante.

IX· OBSERVATION

ANÉVRISME RHUMATISMAL DU CŒUR, CARACTÉRISÉ PAR UN
RÉTRÉCISSEMENT DE L'ORIFICE AORTIQUE, UNE LÉGÈRE
INSUFFISANCE DES VALVULES SYGMOIDES ET UNE HYPERTRO-
PHIE PASSIVE DU VENTRICULE GAUCHE.

Tersol (Jean), dit Allignon, 47 ans, de la commune de
Pibrac (Haute-Loire), charpentier. Tempérament lymphatico-
sanguin, constitution robuste. Ce malade se rendit à Bagnols
le 8 juillet 1856.

Depuis sept mois, Tersol éprouvait des douleurs rhumatismales dans le creux de l'estomac et autour de la ceinture; ces
douleurs s'étendirent successivement jusqu'au milieu du dos et
aux épaules. Vers la même époque, il fut pris de palpitations,
s'accompagnant d'essoufflement et de dyspnée, sous l'influence
de son travail habituel, auquel il cessa bientôt de pouvoir se
livrer.

Lorsque Tersol vint me consulter, il était pâle et dans un
état d'anémie indiquant qu'il avait souffert de grandes priva-
tions. Les battements du cœur étaient séparés par un bruit de
souffle appréciable, mais d'une force modérée; le premier
bruit était plus fort que le second, qui était presque voilé. La
percussion indiquait une augmentation sensible du volume du
cœur portant sur le ventricule gauche, dont les parois conservaient leur force et leur élasticité. Il y avait aussi des inter
mittences dans le pouls, un peu d'infiltration dans les jambes.

surtout le soir, de la bouffissure, des palpitations, de l'essoufflement et de la dyspnée pendant la marche ; il était obligé
d'aller â pas comptés, même sur un plan horizontal ; il ne
pouvait monter que très-péniblement.

J'avais donc affaire à un rétrécissement de l'orifice aortique
à un degré moyen, à une dilatation du ventricule gauche, dont
le volume pouvait être d'un quart plus fort qu'à l'état normal,
et dont les parois avaient conservé leur force et leur ressort,
du moins en grande partie. Tersol mangeait peu chaque fois,
mais il avait besoin de manger souvent ; ses digestions étaient
pénibles ; il avait des pesanteurs d'estomac et il avait des éructations aigres et nidoreuses.

Ce malade étant indigent fut obligé de débuter par des
bains de piscine à 42° centigr. ; il parvint à y rester de 5 à 10
minutes sans trop souffrir. Un peu plus tard il put y joindre
quelques douches sur les reins et les épaules et quelques étuves de 5 à 15 minutes, pour faciliter et augmenter la sudation ;
enfin il commença par deux verres d'eau n° 36, qu'il porta successivement jusqu'à six verres. Ce traitement, suivi pendant
seize jours, impressionna très-vivement, au début, son organisme ; mais, enfin, il arriva au terme sans encombre ; pendant
sa durée, il transpira beaucoup chaque matin. Comme ce malheureux n'avait pu, faute de ressources suffisantes, prendre
une nourriture assez abondante et suivre un régime assez for-
tifiant pour résister aux pertes qu'il faisait journellement, il
me parut, au moment du départ, n'avoir éprouvé aucune amélioration, si bien que je considérai ce cas comme négatif. Par
suite de complications que je n'avais pu prévoir et déterminer,
j'étais même persuadé que Tersol ne survivrait pas longtemps
à son affection et que je ne le reverrais plus. Quel ne fut donc
pas mon étonnement lorsque, le 3 juillet 1857, je le vis ap-
paraître dans mon cabinet dans un état bien différent de celui
dans lequel il était lorsqu'il avait quitté Bagnols l'année précédente ! Les battements du cœur s'étaient régularisés ; le

premier battement était bien encore un peu plus fort que le
deuxième, mais la différence était moins marquée, le bruit de
souffle intermédiaire n'existait presque plus , il était réduit à
l'état d'ondulation. Le cœur était encore un peu plus gros qu'à
l'état ordinaire , mais il n'y avait plus d'intermittence dans le
pouls et les jambes n'étaient plus enflées, le soir ; il marchait
assez vite et pouvait monter sans essoufflement et sans dyspnée notables ; enfin, depuis quelques mois, Tersol avait pu se
livrer à quelques travaux de son état, sans en être incommodé.

Que s'était-il passé entre les deux saisons, pour qu'un changement aussi avantageux se fut manifesté dans son état ? Sur
la recommandation que je lui avais faite de ne se livrer à
aucun travail manuel, que, du reste , il n'aurait pu exécuter
après son retour chez lui, Tersol passa huit mois à l'hôpital
de Langeac. Là, sans autre traitement que le repos et une
nourriture convenable, l'effet consécutif des eaux se produisit
et tous les symptômes de sa grave maladie s'amendèrent ; il
put entreprendre quelques travaux de charpenterie et revenir
à Bagnols où personne ne s'attendait à le revoir, du moins
dans un état aussi satisfaisant.

Le pauvre Tersol m'inspira un vif intérêt, car il était père
d'une nombreuse famille en bas âge, que sa maladie privait des
ressources de son travail et réduisait à la plus profonde mi-
sère. Je le plaçai donc chez un hôtelier à qui je recommandai
de lui fournir une nourriture saine et substantielle. Je lui fis
administrer le traitement thermal progressif et suivant les
règles de l'art pour éviter toute espèce d'accidents, et une
abondante quête le mit en état de se donner les soins consécutifs nécessaires.

A son départ, qui eut lieu le 18 juillet, Tersol pouvait être
considéré comme guéri ; les battements étaient bien régularisés, sans bruit de souffle intermédiaire ; le rétrécissement
aortique avait disparu ainsi que l'hypertrophie passive du ventricule ; son teint était rose et fleuri, l'anémie avait cessé. Il

13.

agitait ses bras, levait et portait des fardeaux sans difficulté, il marchait et courait assez vite, enfin, il sautait et montait un escalier de deux étages sans être plus essoufflé qu'une personne bien portante. Avec la santé était revenue la gaîté.

Immédiatement après son retour chez lui, il se mit à travailler de son état de charpentier, jusqu'au 20 octobre, sans en être incommodé, quoique prenant beaucoup de peine. Ce jour là, sans signe précurseur, il fut pris tout à coup d'un vomissement de sang liquide et noir, il en rendit environ un litre, garda le lit trois semaines et se fit admettre à l'hospice de Langeac où il resta jusqu'au mois d'août. Pendant son séjour dans cet hospice, il vomit encore beaucoup de sang noir et coagulé ; il en fut très-affaibli, néanmoins il se rétablit et revint à Bagnols le 17 août. Malgré cet accident, l'état du cœur était très-satisfaisant, ses battements étaient réguliers, très-distincts, sans bruit de souffle intermédiaire. Les quelques palpitations qu'il éprouvait encore en montant tenaient à l'anémie, résultant de la grande quantité de sang qu'il avait perdue. Au départ, qui eut lieu le 1er septembre, l'état de santé de Tersol était revenu à son état normal.

Xᵉ OBSERVATION

AVÉVRISME DU CŒUR CARACTÉRISÉ PAR LE RÉTRÉCISSEMENT
DE L'ORIFICE AORTIQUE, UNE LÉGÈRE INSUFFISANCE DES
VALVULES SYGMOIDES AVEC DILATATION DU VENTRICULE
GAUCHE.

Arsier (Jean), mineur à la Grand'Combe (Gard), 27 ans.
Tempérament bilioso-sanguin, constitution robuste. Ce malade
vient à Bagnols le 15 juillet 1856.

Un an et demi avant son arrivée à Bagnols, Arsier avait été
atteint d'un rhumatisme articulaire aigu qui l'avait retenu
deux mois au lit. Après sa guérison, il était resté longtemps
sans pouvoir travailler ; il éprouvait alors des palpitations qui
le fatiguaient beaucoup. Depuis quatre mois, de nouvelles
douleurs s'étaient développées dans le poignet gauche, qui
était devenu très-gonflé et douloureux. Sous l'influence d'un
traitement approprié, l'enflure disparut, mais les douleurs
persistèrent assez fortes pour l'empêcher de se livrer à tout
travail. En outre, les palpitations avaient toujours été en augmentant.

Les battements du cœur étaient séparés par un bruit de
souffle ; le second battement, moins fort que le premier,
était presque voilé, parceque le ventricule gauche se trouvait
forcé de faire plus d'efforts pour pousser le sang dans l'aorte à

travers son orifice rétréci. De plus, ce ventricule était plus développé et dilaté passivement ; néanmoins, il conservait beaucoup de forces et d'élasticité. Il y avait un peu d'irrégularité dans le pouls. Enfin, lorsque Arsier montait, marchait vite ou voulait travailler, il s'essoufflait facilement, était oppressé et avait des battements plus intenses.

C'est en cet état qu'il se présenta à mon examen. Je lui fis d'abord prendre trois bains de baignoire à mi-corps, à 35, 36 et 37 degrés, de 30 à 40 minutes, puis après le quatrième jour, il commença les bains de piscine, de 15 à 20 minutes, et les étuves progressives. J'y joignis un bain de jambes le soir. Dès le principe, il but de deux à quatre verres d'eau thermale de la source ferrugineuse douce, le matin à jeûn. Il transpira beaucoup après chaque bain, et supporta très bien son traitement.

Le 24 juillet, il allait déjà beaucoup mieux, et il partit le 28, après quatorze jours de l'usage des eaux, très-amélioré de l'endocardite dont il était atteint ainsi que de ses douleurs.

Les deux battements du cœur étaient bien réguliers ; ils n'étaient plus séparés par un bruit de souffle ; on entendait très-distinctement le *tic-tac* ; il pouvait marcher et courir sans être essoufflé et sans avoir des palpitations incommodes. Enfin, la dilatation du ventricule gauche avait en partie disparu.

En un mot, le malade se trouvait très-bien et très-satisfait.

Je n'ai point revu ce malade depuis, mais j'ai appris par d'autres ouvriers travaillant avec lui, que la guérison avait persisté et qu'il avait pu reprendre son travail l'année même de sa cure aux Eaux de Bagnols.

X   O   ERVATION

ANÉVRISME RHUMATISMAL DU CŒUR, CARACTÉRISÉ PAR UN
RÉTRÉCISSEMENT TRÈS-PRONONCÉ DE L'ORIFICE AORTIQUE,
PAR UNE INDURATION ET UNE INSUFFISANCE DES VALVULES
SYGMOIDES ET PAR UNE DILATATION CONSIDÉRABLE DU VEN-
TRICULE GAUCHE.

Antoine Bayle, 19 ans, journalier à Arsène-de-Randon, près
Châteauneuf-Randon (Lozère). Tempérament lymphatico-nerveux, constitution en apparence délicate.

Bayle se rendit à Bagnols le 16 juillet 1856.

Trois mois auparavant, s'étant mouillé en exerçant la profession de berger dans le Languedoc, il fut pris, peu de jours
après, de douleurs rhumatismales dans toutes les parties du
corps. Peu de temps après, il survint des palpitations, de
l'essoufflement et de la dyspnée, qui le forcèrent à quitter son
métier et à revenir dans son pays. Le 9 juin, il entra à
l'hôpital de Mende, où il fut traité par le docteur Monteil, qui
me l'adressa après la guérison de ses douleurs, pour le traiter
de son anévrisme rhumatismal.

Lorsqu'il se présenta à ma consultation, Bayle avait le visage
pâle, avec des plaques d'un jaune terreux ; il était maigre et
anémique. Voici quel était à ce moment l'état du malade :

Les deux battements du cœur étaient séparés par un bruit
de souffle très-fort. Le premier était retentissant, et le second
à peine perceptible ; on entendait seulement *tic-frre-trac.*

Ces battements étaient perceptibles dans une grande étendue ; l'oreille et la paroi antérieure de la poitrine étaient soulevées chaque fois. Le soulèvement de la poitrine était très-facile à voir, même à travers ses vêtements ; elle était douloureuse au toucher et présentait une voussure très-manifeste dans la région précordiale. La percussion indiquait que le ventricule gauche avait subi une grande dilatation ; le volume du cœur pouvait être estimé au moins à une fois et demi son volume ordinaire, mais la dilatation existait sans perte d'élasticité des parois de l'organe, comme l'indiquait la force d'impulsion du premier battement ; il y avait aussi quelques intermittences dans le pouls, qui était fréquent. Par conséquent, le pronostic n'était pas défavorable.

La respiration était courte, la parole brève et entrecoupée, les jambes n'enflaient que vers le soir ; il ne pouvait marcher que lentement et avec des repos fréquents. Les autres organes de la poitrine étaient sains.

La nuit, le sommeil était mauvais et fréquemment interrompu par des cauchemars qui l'obligeaient à s'asseoir sur son lit pour chasser les visions qui l'obsédaient ; puis survenaient des sueurs froides.

L'appétit n'était pas bon ; son estomac était, aussitôt après la première ingestion, plein et chargé.

Pendant les cinq premiers jours, je prescrivis à Bayle des bains d'une durée progressive de 15 à 40 minutes, et dont la température devait être d'abord de 33, puis 34, 35 jusqu'à 38 degrés. Mais, comme malgré toutes les réclamations que j'ai pu faire à ce sujet, ces bains ne sont jamais accordés aux indigents ; il n'y fut pas reçu et introduit d'emblée dans la piscine à 42 degrés, où l'air ne se renouvelle pas. Aussi fut-il tellement impressionné par cette chaleur vive et subite, qu'au bout de quatre ou cinq minutes, il fut obligé d'en sortir presque suffoqué ; il fut même forcé d'y renoncer et de se contenter de l'étuve, qui se compose de trois salles où la

température augmente graduellement. Il y resta, progressivement, de cinq à quinze minutes chaque fois; il transpira beaucoup pendant une heure au moins. En outre, Bayle but tous
les matins de deux à quatre verres d'eau de la source ferrugineuse douce, et dans l'après-midi, il prit un bain de jambe
à eau courante, d'un quart d'heure.

Bayle finit par bien supporter son traitement, après avoir
éprouvé, dès le début, une grande excitation, de l'insomnie,
des cauchemars, etc. A dater du onzième jour, un mieux très-
sensible se déclara; l'appétit, le sommeil et les forces revinrent et augmentèrent successivement et avec rapidité.

Après seize jours de ce traitement, il quitta Bagnols dans
l'état suivant :

Les battements du cœur étaient bien plus distincts et le
bruit de souffle moins fort ; on pouvait les noter ainsi: *tic-fre-
tre;* les intermittences du pouls étaient presque nulles, et le
volume du cœur avait beaucoup diminué ; il était plus
fort, faisait des courses assez longues, sans être fatigué ni
essoufflé ; sa parole n'était plus brève et entrecoupée ; son
teint était rosé et il avait repris un peu d'embonpoint.

Bayle revint à Bagnols le 19 août 1857. L'action consécutive des Eaux avait été merveilleuse pour lui. L'amélioration déjà obtenue avait augmenté considérablement,
mais seulement après le premier mois, de sorte que dès
le 10 septembre 1856, il put retourner dans le Languedoc pour
y reprendre la profession de berger ; il passa un excellent
hiver et put exécuter des travaux pénibles, tels que piocher,
les vignes et le jardin de la maison où il était loué, pendant
plusieurs heures par jour, sans en ressentir la moindre fatigue
et la moindre incommodité, et cela si bien qu'il se croyait entièrement guéri.

Cependant, il n'en était pas ainsi, car après avoir pris
un bain froid dans une rivière, en juin 1857, les mouvements,
sans être très-douloureux, devinrent plus difficiles et le travail

plus fatigant, et il fut repris de palpitations et d'essoufflements qui le mirent dans la nécessité de cesser tout travail pénible et surtout de piocher et de faucher ; il dut se borner à labourer et à ramasser le foin.

Lorsqu'il arriva à Bagnols, le repos qu'il avait pris depuis quelque temps et la cessation de travaux manuels, avaient déjà produit une modification très avantageuse dans la réapparition de l'endocardite déterminée par les bains froids du mois de juin. Ainsi, les bruits du cœur étaient très-distincts et le bruit de souffle intermédiaire à peine perceptible ; son volume était à peu près normal et le pouls très-régulier ; il n'y avait plus d'essoufflement et de dyspnée en marchant et à peine en courant. Cette fois, il prit sans inconvénient des bains de piscine à 42 degrés centigrades, de 30 minutes, chaque matin, une étuve de quinze minutes, et il but trois à quatre verres d'eau nº 36. Il continua ce traitement jusqu'au 31 août, transpira beaucoup, et partit le 1er septembre, entièrement guéri, comme le constata M. le docteur Monteil (de Mende), ainsi que M. le docteur Casimir Rouvière, de L'Argentière (Ardèche), qui était venu prendre les Eaux de Bagnols pour une cause analogue. L'observation de cet honorable confrère est relatée plus loin.

XIIe OBSERVATION

ANÉVRISME RHUMATISMAL DU CŒUR, CARACTÉRISÉ PAR UN RÉTRÉCISSEMENT TRÈS-PRONONCÉ DE L'ORIFICE AORTIQUE, UNE INDURATION ET UNE INSUFFISANCE DES VALVULES SYGMOÏDES, UNE DILATATION DU VENTRICULE GAUCHE ET ENFIN UN RÉTRÉCISSEMENT DE L'ORIFICE DE L'ARTÈRE PULMONAIRE.

M. Doré, 56 ans, négociant à Nîmes, tempérament lymphatico-nerveux, constitution assez robuste.

M. Doré était sujet depuis dix ans à des accès de rhumatisme goutteux, caractérisés par des douleurs dans les pieds, les tarses, les métatarses et surtout dans les gros orteils. Ces douleurs avaient successivement gagné les jambes, les genoux et les épaules. Les premiers accès furent légers et assez éloignés les uns des autres, mais peu à peu ils se rapprochèrent et durèrent; de huit jours à trois semaines. La douleur s'accompagnait de rougeur et d'enflure ; le dernier accès était à peine terminé lorsqu'il arriva à Bagnols, le 17 juillet 1856.

Lorsque M. Doré se présenta dans mon cabinet, ce qui me frappa tout d'abord, fut l'essoufflement, puis la bouffissure et l'aspect un peu cyanosé de la face.

M. Doré ne pensait qu'à ses douleurs et ne se doutait pas de l'affection qu'il portait au cœur. Après avoir écouté son récit, je trouvai des intermittences très-marquées dans le pouls et, entre les deux battements du cœur qui n'étaient pas très-distincts, un bruit de frottement très-fort tirant sur le bruit de râpe et donnant à peu près la sensation suivante : *tirre-tarr.*

En ce moment, les jambes étaient très-enflées, parce qu'il avait passé la nuit en voiture, mais ordinairement l'enflure ne se manifestait que le soir, et s'élevait seulement jusqu'au-dessus des malléoles. M. Doré toussait fréquemment, rendait, le matin, des crachats opaques qui étaient parfois teints de sang; il s'essoufflait aisément pour peu qu'il marchât un peu vite, ou qu'il montât. Du reste, il ne pouvait faire plus d'une centaine de pas sans être obligé de s'arrêter et de se reposer.

Je reconnus chez lui un rétrécissement de l'orifice aortique, accompagné d'induration des valvules sygmoïdes et d'une insuffisance notable de ces valvules; il y avait aussi probablement, insuffisance de la valvule mitrale, à cause de la congestion pulmonaire qui n'existe que lorsque se montrent seuls le rétrécissement de l'orifice aortique et l'insuffisance des valvules sygmoïdes. C'est le bruit produit par le retour du sang dans l'oreillette qui rendait les deux bruits du cœur confus et peu distincts ; de plus, il y avait une dilatation du ventricule gauche. Je pensai aussi, vu l'aspect cyanosé de la face, qu'il existait un peu de rétrécissement à l'orifice de l'artère pulmonaire.

D'après la force du bruit de souffle, la maladie du cœur devait être assez ancienne, dater de cinq ou six ans, par exemple. Cependant les parois des ventricules me parurent pouvoir revenir à leur état normal une fois l'obstacle disparu.

Après 24 heures de repos, M. Doré commença son traitement : il prit pendant cinq jours un bain de 15 à 40 minutes et d'une température variant de 33 à 38° centig. à mi-corps, un bain de pied le soir à 4 heures, d'un quart d'heure, et il but de deux à quatre verres d'eau thermale, n° 36, additionné, dans le premier, d'une cuillerée de sirop de digitale. A dater du cinquième jour, il fut soumis à une douche de dix à douze minutes, sur les articulations douloureuses ; enfin, à une étuve progressive, de 5 à 10 minutes.

Une transpiration abondante ne tarda pas à s'établir, mais il survint aussi des symptômes assez actifs de fièvre thermale, tels que soif ardente, excitation, insomnie, inappétence, constipation, etc., qui se dissipèrent assez facilement sous l'influence d'une purgation saline, des opiacés et d'un jour de repos.

Vers les premiers jours du mois d'août, M. Doré se trouvait déjà beaucoup mieux ; ses jambes étaient plus fortes et l'enflure moins prononcée ; il souffrait très-peu, marchait plus vite et plus longtemps ; enfin l'appétit et le sommeil étaient revenus.

Au départ, qui eut lieu le 7 août, M. Doré ne souffrait plus du tout; les battements du cœur, encore séparés par un bruit de souffle beaucoup moins fort qu'à l'arrivée, étaient distincts et les intermittences du pouls à peine sensibles ; enfin, lui-même reconnut une amélioration très-grande dans son état.

L'année 1857 fut très-bonne ; il n'éprouva ni douleurs ni accès goutteux, et se porta bien ; il revint à Bagnols du 9 juin au 1er juillet, pour y suivre le même traitement qu'en 1856. Alors, il n'y avait plus ni toux, ni dyspnée; il pouvait marcher trois heures sans se fatiguer, soit en plaine, soit en montant, les jambes ne s'enflaient plus, le soir, il n'y avait plus d'intermittences dans le pouls, son teint était rose et clair et les battements du cœur étaient bien distincts, mais seulement séparés par un léger bruit de souffle.

M. Doré est encore revenu en 1858, le 6 août, pour de légères douleurs dans les pieds. Quant à sa maladie de cœur, il est resté à peu près guéri, ou du moins cette affection s'était si avantageusement modifiée, qu'il n'éprouvait aucun des accidents qui accompagnent l'endocardite ; il n'y avait plus d'intermittences dans le pouls, le rétrécissement de l'orifice aortique avait complétement disparu, le cœur avait repris son volume normal, et comme conséquence, il n'existait plus d'essoufflement, plus de dyspnée, la marche était facile, le sommeil bon et les digestions excellentes. Les nouveaux accès de rhumatisme goutteux qu'il avait éprouvés pendant l'hiver, n'avaient pas du tout porté leur action sur le cœur.

XIII* OBSERVATION

ANÉVRISME RHUMATISMAL DU CŒUR CARACTÉRISÉ PAR UN RÉTRÉCISSEMENT DE L'ORIFICE AORTIQUE, UNE INSUFFISANCE LÉGÈRE DES VALVULES SYGMOIDES ET UNE DILATATION DU VENTRICULE GAUCHE.

Fénéra (Jean), cocher à Riom, chez M. de Romeuf, 41 ans. Tempérament lymphatico-bilieux, constitution moyenne. Ce malade arriva à Bagnols, le 20 août 1856.

Cet homme éprouvait depuis quatre ou cinq ans, une douleur assez vive dans le voisinage de l'articulation coxo-fémorale droite. Cette douleur était plus forte l'été que l'hiver ; elle augmentait beaucoup sous l'influence des temps d'orage ; c'était une sciatique de nature rhumatismale. Depuis trois ans, il se plaignait de palpitations qui avaient toujours été en augmentant, et étaient surtout devenues très-fatigantes depuis l'hiver précédent. Les battements du cœur étaient séparés par un bruit de souffle ; le premier était très-fort et le second presque nul. Ces signes indiquaient un rétrécissement de l'orifice aortique, accompagné d'un peu d'insuffisance des valvules sygmoïdes. En outre, il y avait dilatation du ventricule gauche, irrégularité du pouls, enflure des jambes jusqu'au dessus des malléoles.

Le soir, ce malade avait des palpitations, et enfin, dans la journée, de l'essoufflement et de la dyspnée quand il marchait un peu vite.

Fénéra envoyé par erreur à la piscine dès le début, en sortit presque asphyxié au bout de cinq minutes ; les battements du cœur devinrent si forts et si violents qu'il ne pût résister à la chaleur et à l'air concentré qu'on y respirait ; heureusement pour lui que les parois du ventricule dilaté n'avaient pas encore perdu de leur élasticité, car le cœur aurait pu se rompre et le malade succomber sur place.

Je lui prescrivis trois bains particuliers à 33, 34 et 35° centig., d'une demi-heure chacun et à mi-corps, un bain de jambes dans l'après-midi et trois à quatre verres d'eau minérale nº 36.

Après le quatrième jour, il prit le bain de piscine, et le jour suivant, l'étuve et la douche où il resta progressivement de dix à vingt minutes. A partir de ce moment, il supporta bien l'eau thermale, transpira beaucoup chaque fois et commença à éprouver un mieux très·sensible.

Le onzième jour, le 4 septembre, il quitta Bagnols très-soulagé de ses palpitations et de sa douleur.

Les deux battements du cœur étaient très-distincts et séparés par un bruit de souffle à peine perceptible ; le premier battement était encore plus fort que le deuxième. Le volume du cœur avait sensiblement diminué ; enfin, il faisait de longues promenades sur la route et sur les montagnes sans en être incommodé.

Fénéra n'a pas eu besoin de revenir ; les restes de l'endocardite ont complétement disparu avec le temps, malgré le peu de durée de son traitement.

XIVᵉ OBSERVATION

ANÉVRISME RHUMATISMAL DU CŒUR, CARACTÉRISÉ PAR UN RÉTRÉCISSEMENT TRÈS-PRONONCÉ DE L'ORIFICE AORTIQUE, UN ENDURCISSEMENT ET UNE INSUFFISANCE TRÈS-NOTABLE DES VALVULES SYGMOIDES ET, PROBABLEMENT AUSSI, DE LA VALVULE MITRALE, AVEC COMPLICATION DE CONGESTION ET DE CATARRHE PULMONAIRES PÉRIODIQUES, DEVENUS PRESQUE PERMANENTS.

M. Greilsamer, âgé de 56 ans, négociant en soieries à Lyon, tempérament lymphatico-sanguin, d'une constitution très-robuste et ayant beaucoup d'embonpoint, me fut adressé à Bagnols par M. Brachet, professeur à l'École de médecine de Lyon ; il y arriva le 4 juillet 1856.

M. Greilsamer me raconta qu'il avait été atteint de rhumatisme dans le bras gauche, et que les douleurs avaient disparu depuis quatre ans. A peu près vers la même époque, il devint sujet à s'enrhumer périodiquement, et il éprouva des palpitations. Peu à peu, ses rhumes dégénérèrent en une affection catarrhale s'accompagnant de congestion pulmonaire, d'oppression, de toux et de crachats abondants. Cet état se prolongeait pendant environ un mois, et se renouvelait jusqu'à quatre fois par an. Depuis quatre à cinq mois, les accès se rapprochaient, duraient plus longtemps, et semblaient vouloir devenir permanents. Les palpitations avaient aussi beaucoup augmenté, il ne pouvait marcher, ni vite, ni longtemps, ni prendre la moin-

dre peine sans les voir augmenter. En montant un escalier surtout, il était pris d'essoufflement, de dyspnée et de toux, qui l'obligeaient à s'arrêter ; sa respiration s'accompagnait de râles muqueux, qui la rendaient très-bruyante ; il ne pouvait garder la position horizontale dans son lit ; pour dormir, il fallait qu'il eût la tête et le tronc élevés et soutenus par plusieurs oreillers. L'appétit était très-grand.

A son arrivée à Bagnols, M. G... se trouva très-fatigué par le voyage, et il fut obligé de garder le lit pendant quelques jours. Lorsque je l'examinai, je trouvai plus du tiers inférieur des poumons congestionné ; la respiration était bruyante et mêlée de râles muqueux. La figure animée ne présentait point de couleur violacée.

En auscultant les battements du cœur, je trouvai qu'ils étaient forts, quoique peu distincts ; ils se terminaient l'un et l'autre par un bruit de frottement et pouvaient être ainsi notés : *tirre-tarre tirre-tarre*, ce qui indiquait clairement un rétré-cissement de l'orifice aortique avec endurcissement et insuffisance des valvules sygmoïdes, occasionnant le reflux d'une certaine quantité de sang dans le ventricule gauche. Il est probable qu'il y avait aussi insuffisance de la valvule mitrale, ce que je n'ai pas constaté physiquement, parceque le bruit produit par le retour du sang dans l'oreillette était masqué par celui produit pendant la contraction du ventricule gauche ; mais son existence était suffisamment démontrée par la congestion pulmonaire qui ne se manifeste point lorsque l'insuffisance mitrale n'a pas lieu. Le volume du cœur était au moins un tiers plus grand qu'à l'état normal, et la force de ses battements annonçait que ses parois avaient acquis plus d'épaisseur. Le pouls était fréquent, à 80, et vibrant ; il présentait quelques intermittences. Enfin les jambes étaient enflées, le soir jusqu'au dessus du mollet.

La congestion pulmonaire me parut avoir coïncidé avec l'endocardite et avoir augmenté, avec elle, en intensité et en fréquence. Je fus donc porté à penser que la congestion irait en décroissant, à mesure que l'affection du cœur diminuerait. Le pronostic se trouvait ainsi assez favorable.

Comme j'avais affaire à un sujet vigoureux, je pratiquai à M. Guilsamer une assez forte saignée du bras, pour dégager le système circulatoire et respiratoire, et je lui administrai ensuite un émétique qui lui fit rendre beaucoup de bile.

Deux jours après, il fut en état de commencer le traitement thermal, qui consista pendant les premiers jours, en bains à mi-corps, à température successivement croissante depuis 34 jusqu'à 38° degrés centigrades, en bains de pieds à 40°, et en trois ou quatre verres d'eau de la source ferrugineuse douce, chaque matin. La durée du bain fut successivement portée de dix à vingt minutes. La transpiration s'établit facilement et sans accidents ; elle devint très-abondante pendant une heure chaque matin.

A dater du douzième jour, M. Greilsamer éprouva une grande amélioration ; la marche était plus facile, plus assurée et moins fatigante, la toux était fort diminuée, ainsi que l'oppression et la dyspnée. Enfin, le sommeil était plus calme, sans cauchemars, et il n'avait plus besoin d'avoir la tête aussi élevée. L'amélioration augmenta encore jusqu'au départ, qui eut lieu le 22 juillet, après seize jours de l'usage des Eaux.

Voici la note prise le 21, au moment du départ : l'oppression n'existe plus, les râles muqueux qui accompagnaient la respiration ont disparu. M. Greilsamer tousse seulement le matin et rend quelques crachats ; les battements du cœur sont régularisés et distincts ; on n'entend plus qu'un léger bruit de souffle entre le *tic-tac*, ce qui annonce une résolution presque complète de l'endocardite et du catarrhe pulmonaire qui en était la conséquence.

M. Greilsamer est revenu à Bagnols le 30 juin 1857 ; il avait passé un excellent hiver, et n'avait pour ainsi dire ni toussé, ni craché ; il n'était plus essoufflé, la respiration était pure et sans mélange de râles ; les battements du cœur étaient réguliers et séparés par un bruit de frottement à peine perceptible.

A son arrivée, il pouvait facilement monter un escalier et marcher assez vite, sans être essoufflé, malgré sa corpulence ; enfin, il mangeait bien, dormait bien et pouvait se coucher horizontalement sans être pris de dyspnée ; il y avait, en un mot, une amélioration tellement remarquable, qu'elle équivalait presque à une guérison.

M. Greilsamer, après deux bains de baignoire à 35 et 36 degrés, put supporter les bains de piscine et les étuves à 40 degrés. Néanmoins, vers le septième jour, il fut pris d'une épistaxis très-abondante qui nécessita, pour pouvoir être arrêtée, le tamponnement des fausses nasales. J'attribuai cette hémorrhagie aux bains très-chauds. A dater de ce moment, M. Greilsamer ne prit plus rien jusqu'à son départ, si ce n'est quelques verres d'eau de la source ferrugineuse douce, deux à trois verres chaque matin.

En 1858, dans une visite que je fis à mon excellent confrère, M. Beuchet, si érudit et si modeste, trop tôt ravi à la science et à ses amis, et qui était une des gloires de la savante école de médecine de Lyon, il m'apprit avec bonheur que notre malade, dont il désespérait avant qu'il eût fait usage des eaux de Bagnols, continuait à se porter très-bien, et qu'il considérait sa guérison comme complète et définitive. « Persévérez, mon cher collègue, ajouta-t-il, persévérez dans vos études, car votre découverte présente un haut intérêt au point de vue scientifique et thérapeutique. »

XV⁵ OBSERVATION

ANÉVRISME RHUMATISMAL DU COEUR CARACTÉRISÉ PAR UN RÉTRÉCISSEMENT DE L'ORIFICE AORTIQUE ET UNE DILATATION DU VENTRICULE GAUCHE.

M. Jayard, 55 ans, propriétaire-cultivateur, à Saint-Didier (Haute-Loire), d'un tempérament lymphatico-nerveux, d'une constitution assez forte, avait éprouvé, vingt-cinq ans environ avant que je ne lui donnasse des soins, une forte maladie à la suite de laquelle il fut atteint d'endocardite. Son affection première avait été un rhumatisme général aigu.

Aujourd'hui, 28 juin 1857, il y a chez M. Jayard, un rétrécissement de l'orifice aortique, caractérisé par un bruit de souffle entre les deux bruits du cœur, lesquels sont plus forts qu'à l'état normal et peuvent être ainsi notés : *tic-fre-tac*. De plus, le ventricule gauche est dilaté et son volume est augmenté d'environ un quart. Il y a, en outre, une dyspnée très-pénible, surtout à chaque changement de temps ; il y a aussi des battements de cœur fréquents et de l'essoufflement, qui augmentent beaucoup quand le malade marche ou monte; l'appétit est faible et le sommeil troublé par des rêves pénibles.

Le traitement fut divisé en deux parties. La première consista en six bains à mi-corps, à température graduée de 33 à 36 degrés centigrades, en un bain de pieds tous les soirs, à 40 degrés, d'un quart d'heure, et en trois à quatre verres d'eau n° 41, le matin. Le septième jour, il y fut ajouté une étuve de cinq à dix minutes. Le malade a transpiré dès lors abondamment une heure chaque matin. Vers le dixième jour, une amélioration nette et franche se déclara, les cauchemars qui troublaient le sommeil cessèrent, celui-ci devint bon ; l'appétit augmenta, les palpitations diminuèrent et le malade put marcher une demi-heure sans être fatigué, et prendre un exercice salutaire.

A partir de ce moment, je crus pouvoir lui conseiller des bains de piscine à 42 degrés des étuves, et cela sans inconvénient.

Le 15 juillet, veille de son départ, le bruit de souffle intermédiaire aux bruits du cœur était presque nul, et le volume du cœur en grande partie réduit. Les forces étaient revenues, l'appétit et le sommeil étaient bons; il pouvait monter et descendre les escaliers assez facilement et faire des courses de trois heures sans en être incommodé ; avec la santé était revenue la gaîté.

Voilà donc une maladie qui durait depuis vingt-cinq ans, et qui, au lieu de s'amender, ne faisait que s'aggraver, en dépit des moyens dont dispose la médecine ordinaire, et cependant, en seize jours, sous l'influence des eaux, elle disparaît à peu près complétement.

Non-seulement, par la suite, l'amélioration acquise en si peu de temps s'est maintenue, mais encore, elle s'est accentuée à tel point, que le malade n'a pas eu besoin de retourner aux eaux.

XVIe OBSERVATION

ANÉVRISME RHUMATISMAL DU CŒUR CARACTÉRISÉ PAR UN RÉTRÉCISSEMENT DE L'ORIFICE AURICULO-VENTRICULAIRE GAUCHE ; PAR UNE INSUFFISANCE DE LA VALVULE MITRALE ET PAR UNE DILATATION DE L'OREILLETTE CORRESPONDANTE.

Mme Louise Marie, âgée de 49 ans, sœur à Saint-Poldeman, canton de Saint-Didier (Haute-Loire), d'un tempérament lymphatico-nerveux, d'une constitution délicate, vint me consulter le 29 juin 1857. A ce moment, il y avait dix-huit mois environ qu'elle avait été prise de douleurs rhumatismales dans la hanche gauche. Ces douleurs, qui s'étendaient jusqu'au pied, en suivant la partie postérieure de la jambe, prirent bientôt le caractère d'une sciatique.

A la suite de cette maladie, elle fut atteinte d'une endocardite, qui passa à l'état chronique. Lorsque je la vis, son affection était caractérisée par un rétrécissement de l'orifice auriculo-ventriculaire gauche, et par une dilatation de l'oreillette correspondante.

Le premier bruit du cœur, plus fort et plus retentissant que le second, s'accompagnait d'un bruit de souffle lors du passage du sang dans le ventricule ; ces bruits pouvaient être ainsi notés : *teric-terac*. Il y avait, en outre, des palpitations, de la dyspnée et de l'essoufflement en marchant ou en montant.

Notre malade toussait et rendait, surtout le matin, des crachats ordinairement opaques, et quelquefois teints de sang, comme cela arrive presque toujours, lorsqu'il existe un rétré- cissement de l'orifice auriculo-ventriculaire gauche et une insuffisance mitrale.

Mme Louise Marie fut soumise au traitement progressif ; elle prit cinq à six bains à mi-corps, augmentant successive- ment d'un degré chaque jour jusqu'au 37e ; elle prit quelques étuves de huit à dix minutes, et but de deux à quatre verres d'eau. Elle transpira beaucoup. Vers le dixième jour, elle put pénétrer sans danger dans les piscines, qu'elle supporta bien. Dès lors, un mieux très-sensible se dessina. Ainsi, le sommeil devint plus calme, l'appétit meilleur, la marche moins fati- gante, les palpitations, la dyspnée, le bruit du souffle, la toux diminuèrent beaucoup, et de jour en jour les crachats cessè- rent d'être sanguinolents.

Enfin, après dix-sept jours de traitement, elle put partir, assurée de sa guérison qui, en effet, se consolida dans le cou- rant de l'année suivante, et si bien que la malade ne fut pas obligée de revenir à Bagnols.

XVIIe OBSERVATION

ANÉVRISME RHUMATISMAL DU CŒUR CARACTÉRISÉ PAR UN RÉ-
TRÉCISSEMENT DE L'ORIFICE AORTIQUE ET UNE DILATATION DU
VENTRICULE GAUCHE.

M. Pierre Robert, 30 ans, journalier à Saint-Pol-le-Froid
(Lozère). Tempérament lymphatico - nerveux , constitution
moyenne.

Ce malade vint me consulter le 29 juin 1857.

« Il y a dix mois environ, me dit-il, que j'ai été atteint de
douleurs rhumatismales dans diverses parties du corps, notamment au genou gauche et au bras droit. Ces douleurs ne se
sont jamais complétement dissipées. » Depuis quelques mois,
il éprouvait, en outre, des douleurs dans la région précordiale,
des palpitations et de la dyspnée. Par l'auscultation, je
reconnus que les battements du cœur étaient plus forts que
dans l'état normal, qu'ils étaient séparés par un bruit de
souffle très-appréciable, que le ventricule gauche était plus
gros d'un quart que dans l'état ordinaire. L'hiver précédent, M. Robert étant enrhumé, avait craché un peu de sang ;
son sommeil était mauvais, troublé par des rêves ; l'appétit
allait mal ; enfin la marche était pénible, surtout en montant.

M. Robert fut soumis au traitement progressif et à la boisson
de l'eau thermale. Au bout de quelques jours, la transpiration
s'établit. Vers le septième jour, il prit des bains de piscine
qu'il supporta très-bien, et il continua à transpirer. Vers le

dixième jour, l'amélioration commença ; le sommeil devint calme et durait quatre ou cinq heures chaque fois ; l'appétit se modifia avantageusement, la marche fut plus facile, et il put bientôt prendre un exercice salutaire, en faisant des promenades de plusieurs heures dans la journée. Les palpitations, la dyspnée et le bruit de souffle diminuèrent sensiblement, son teint devint plus vif et plus coloré ; enfin, M. Robert put partir le 15 juillet, dans un état de santé très-satisfaisant.

L'amélioration se continua pendant l'hiver, de manière qu'il n'eut pas besoin de retourner à Bagnols.

XVIIIe OBSERVATION

ANÉVRISME RHUMATISMAL DU CŒUR CARACTÉRISÉ PAR UN RÉTRÉCISSEMENT CONSIDÉRABLE DE L'ORIFICE AORTIQUE, ET PAR L'INDURATION ET L'INSUFFISANCE DES VALVULES SYGMOIDES.

Le 30 juin 1857, je fus consulté par M. Hippolyte Vassal, âgé de 24 ans, commis en rubans, à Joussière (Loire), doué d'un tempérament lymphatico-nerveux, d'une constitution moyenne.

Ce malade m'était adressé par M. le docteur Labruyère médecin à Montfaucon.

Le 15 janvier 1857, il avait été pris de douleurs rhumatis-males, presque générales, et d'un rhumatisme articulaire aigu, qui avait atteint toutes les grandes articulations, et l'avait retenu au lit pendant trois mois et demi. Au bout de deux mois et demi, sous l'influence d'un traitement approprié, les douleurs disparurent, et les articulations commençaient à devenir libres, lorsqu'il éprouva des douleurs au cœur, et qu'il lui survint une endocardite et probablement aussi une péricardite, qu'on traita par l'application d'un vésicatoire sur la région précor-diale, et par des sangsues et des ventouses autour du vésica-toire.

Enfin, après trois mois et demi, M. Vassal put se lever en conservant des raideurs dans les articulations et des palpitations très-fatigantes. Depuis lors, jusqu'au 30 juin, les douleurs et les raideurs articulaires diminuèrent peu à peu, mais les batte-ments de cœur augmentèrent.

Voici l'état dans lequel je trouvai ce malade lorsque je l'exa-minai pour la première fois :

Pâleur du visage, respiration courte, palpitations très-fortes, visibles à l'œil nu à travers ses vêtements, soulèvement de la poitrine à chaque contraction du cœur, douleur très-forte et voussure très-manifeste de la poitrine dans la région précor-diale. La marche, même très-lente et à pas comptés, augmen-tait beaucoup les palpitations ; il s'arrêtait souvent, et partant, ne pouvait que difficilement monter un escalier ; il avait, en outre, des éblouissements lorsqu'il se baissait. Le voyage l'a-vait beaucoup fatigué.

M. Vassal n'avait pas d'appétit; cependant, ce qu'il mangeait passait bien ; le sommeil était troublé par des cauchemars affreux, il se réveillait en sursaut et ne pouvait rester couché horizontalement ; il fallait que sa tête fût très-élevée.

État du cœur. — Augmentation considérable du volume de l'organe, qui était au moins une fois et demi plus gros qu'à l'état ordinaire ; cette augmentation portait sur le ventricule

gauche. Bruit de souffle très-marqué et très-prononcé entre les
deux battements. Le premier était faible et peu distinct ; le
second se confondait presque entièrement avec le bruit de
souffle ; je notai ces bruits de la manière suivante : *ti-fre-
tarre, ti-fre-tarre,* ce qui indiquait un obstacle difficile à
surmonter, siégeant à l'orifice aortique, plus une induration et
une insuffisance très-prononcée des valvules sygmoïdes qui
laissaient refluer le sang dans le ventricule, dont elles ne fer-
maient pas entièrement la communication, puis enfin une perte
de ressort déjà très-notable des parois du ventricule gauche.
En conséquence, je portai un pronostic très-grave. Tel était,
du reste, l'avis du docteur Labruyère.

Traitement. — Pendant quatre jours, deux à trois verres
seulement d'eau de la source ferrugineuse douce ; bains de
jambes à eau courante, afin de donner au malade le temps de
s'acclimater, de se reposer, et aussi dans le but de mêler au
sang les matériaux dissolvants de l'eau. A dater du cinquième
jour, bains à mi-corps, d'une durée et d'une température
successivement croissantes, ainsi de vingt à quarante-cinq
minutes, et de 33 à 38 degrés centigrades. Ces bains furent
très-bien supportés. Après le troisième bain, la transpiration
s'établit et elle se continua les jours suivants pendant une
heure. Le onzième jour, il commença les étuves, où il resta peu
à peu de cinq à quinze minutes. Après chaque étuve, il eut des
sueurs abondantes, à la suite desquelles il éprouva un soulagement très-grand. Ainsi, vers le quinzième jour, la douleur de
la région précordiale et le bruit de souffle diminuèrent, les
battements du cœur devinrent plus réguliers et plus distincts,
l'appétit augmenta, le sommeil fut moins agité et plus réparateur. M. Vassal put marcher avec plus de facilité et plus longtemps sans se fatiguer.

Au départ, qui eut lieu le 21 juillet, le volume du cœur
de ce malade avait beaucoup diminué, les bruits de souffle
étaient réduits à un frôlement et les battements étaient distincts

et réguliers, ce qui indiquait que l'obstacle situé à l'orifice aortique avait en partie disparu, et que les parois du ventricule gauche, revenues sur elles-mêmes, avaient repris une partie de leur force et de leur élasticité. Enfin, l'appétit et le sommeil étaient bons, et le malade pouvait faire de longues promenades sans se fatiguer.

Le 24 juin 1858, M. Vassal revint passer une saison à Bagnols. Il me dit que deux mois après son départ, l'amélioration s'était encore plus accentuée, qu'il avait pu alors faire des courses de plus d'une heure, sans être fatigué, quoique marchant assez vite, que l'appétit était excellent et le sommeil très-bon, que la voussure et les douleurs de la région précordiale avaient complétement disparu, et enfin qu'il se regardait comme entièrement guéri, lorsqu'au mois de mars, à la suite d'un violent chagrin, il eut une récidive. De nouveaux troubles se manifestèrent dans les battements du cœur ; ceux-ci furent, il est vrai, bien moins forts que la première fois, mais depuis ce temps-là, M. Vassal se trouvait moins bien.

M. Vassal, en effet, était infiniment mieux que l'année précédente, aussi put-il suivre un traitement plus actif, augmenter la boisson de l'eau thermale et prendre des bains de piscine à 42 degrés, et des étuves qui le firent transpirer abondamment, et cette fois, sans inconvénient. Ce traitement dura vingt-un jours. A la fin, il n'éprouvait plus de douleurs dans la région précordiale, les battements du cœur étaient distincts et faciles à percevoir. On ne distinguait plus entre les deux battements qu'un léger bruit de souffle paraissant tenir, soit à la persistance d'une partie du rétrécissement de l'orifice aortique, soit à un peu d'insuffisance de la valvule mitrale, et masqué jusque-là par le bruit qui avait lieu à l'orifice aortique. Le volume du cœur avait beaucoup diminué; il n'était pourtant pas encore revenu tout à fait á son état normal. Le premier bruit conservait encore une force assez grande, mais tout cela n'était rien en comparaison de l'état dans lequel il était à son arrivée à

Bagnols, la première fois. Il n'y avait plus aucun danger, par suite de l'état de son cœur ; sa santé générale était très-bonne, l'appétit et le sommeil étaient excellents et les forces parfaitement revenues.

Enfin, sous l'influence consécutive des eaux pendant cette seconde saison, cet intéressant malade reprit une santé aussi solide et aussi parfaite que possible.

Lorsque M. Vassal, s'était présenté à ma consultation, pour la première fois, son état m'avait paru si grave que j'hésitais à le soumettre à l'action des eaux. Son médecin, M. Labruyère, jugeait sa position tellement désespérée, qu'il me disait dans une lettre :

« Mon cher confrère,

« Si vous guérissez le malade que je vous adresse, vous ferez un miracle. Pour moi, je ne conserve aucun espoir ; Vassal est un malade perdu qui n'a pas deux mois à vivre. »

En présence d'un pareil pronostic, j'avais dû user des plus grands ménagements ; j'avais commencé à ne lui permettre que l'usage de l'eau en boisson, et je ne le soumis aux bains qu'après m'être assuré par plusieurs examens, que les parois du cœur conservaient encore assez de résistance pour ne pas se rompre sous l'influence d'une excitation, même légère. Je lui avais alors fait comprendre que la moindre imprudence pouvait le tuer, et que je ne prenais sous ma responsabilité de le traiter, qu'à la condition qu'il suivrait exactement mes prescriptions. Il est évident que si ce malade avait pris des bains de piscine d'emblée, il n'en serait pas sorti vivant.

XIXe OBSERVATION

ANÉVRISME RHUMATISMAL DU CŒUR CARACTÉRISÉ PAR UN RÉTRÉCISSEMENT DE L'ORIFICE VENTRICULAIRE GAUCHE: UNE INSUFFISANCE MITRALE ET UNE DILATATION AVEC AUGMENTATION DE VOLUME DE L'OREILLETTE GAUCHE. VOUSSURE TRÈS-MARQUÉE DE LA PAROI ANTÉRIEURE DE LA POITRINE.

M. Beaulieu Lambert, 23 ans, fabricant de passementerie à Saint-Just-sur-Loire. Tempérament lymphatico-nerveux, constitution moyenne.

Ce malade arriva à Bagnols le 7 juillet 1857. Trois ans auparavant il avait été pris de douleurs rhumatismales autour de la ceinture et dans les jambes. Trois ou quatre mois après, ces douleurs cessèrent, mais alors il se trouva atteint de palpitations qu'il n'avait pas éprouvées jusque là. Depuis lors, ces palpitations nécessitèrent la cessation de tout travail. Pour s'en débarrasser, il subit des traitements trés-variés sans aucun avantage ; ainsi, il fut saigné plusieurs fois ; on lui appliqua des sangsues à l'anus à diverses reprises, des vésicatoires et des cautères sur la région du cœur, et on fit sur cette région des frictions avec la teinture éthérée de digitale, substance qui lui fut administrée à l'intérieur, le tout sans succès.

Lorsque je l'examinai, les battements du cœur pouvaient être ainsi notés : *trec-tac*. Le bruit de souffle existait donc au premier temps, ce qui indiquait un rétrécissement de l'orifice auriculo-ventriculaire gauche. Il y avait, en outre, une insuffisance mitrale plus appréciable aux signes concomittants qu'au stéthoscope ; puis une dilatation et une augmentation très-notable du volume de l'oreillette gauche. Enfin, la respiration était courte, la dyspnée forte et quelquefois la toux s'accompagnait de crachats teints de sang rouge. Il lui était indispensable d'avoir la tête haute lorsqu'il était couché. La poitrine présentait en avant et en dehors jusque vers l'aisselle une voussure remarquable. Le pouls était intermittent; pas d'infiltration aux jambes, peu d'appétit, sommeil troublé par des rêves. Les battements du cœur étaient assez fermes et indiquaient que les parois de l'organe étaient élastiques et solides.

Traitement — M. Beaulieu commença par prendre cinq bains à mi-corps à température et à durée successivement croissantes ; des bains de pieds d'un quart d'heure, le soir, et trois verres d'eau n° 41. Il supporta bien ce traitement et pût y joindre les jours suivants une étuve de cinq à quinze minutes. La transpiration s'établit et augmenta de jour en jour.

Vers le dixième jour, il éprouva un mieux sensible. Le sommeil cessa d'être troublé par des rêves, l'appétit devint plus vif, les palpitations et la dyspnée diminuèrent, la marche fut plus facile, plus assurée, surtout en montant ; il put faire des promenades d'un quart d'heure sans fatigue,

L'amélioration augmenta successivement. Après une saison de vingt jours, il était permis de le considérer comme guéri. En effet, au bout de ce temps, M. Baulieu pouvait faire des promenades très-longues, de deux ou trois heures, même sur les montagnes, sans être trop essoufflé ni trop fatigué. Les battements du cœur s'étaient bien régularisés. Toutefois, un peu de bruit de souffle, au premier temps, persistait encore. Enfin le volume de l'oreillette était diminué ainsi que la voussure de la poitrine et il n'y avait plus, lorsqu'il toussait, de sang mêlé aux crachats.

Après son retour dans sa famille, cette amélioration s'aug
menta encore ; quelques mois après, il pût reprendre ses tra
vaux sans inconvénients. Il n'a pas eu besoin de retourner,
l'année suivante, à Bagnols.

Ainsi, voilà une affection ayant résisté durant depuis trois
ans, aux traitements les plus variés, allant sans cesse en
s'aggravant, qui avait mis ce malade dans l'impossibilité de
travailler et qui cependant guérit en vingt jours sous l'influence des eaux thermales de Bagnols. Un pareil résultat n'a
pas besoin de commentaires.

⸺⸺⸺

XXe OBSERVATION

ANÉVRISME RHUMATISMAL DU CŒUR CARACTÉRISÉ PAR UN
RÉTRÉCISSEMENT DE L'ORIFICE MITRAL, UN RÉTRÉCISSEMENT
DE L'ORIFICE AORTIQUE ET UNE DILATATION DE L'OREIL-
LETTE ET DU VENTRICULE GAUCHES, AVEC INDURATION ET
INSUFFISANCE DES VALVULES MITRALE ET SYGMOIDES.

Mme Marie Mouchot, 46 ans, demeurant à la Grand-Combe,
d'un tempérament lymphatico-nerveux, d'une constitution
faible, fut atteinte, il y a quinze ans, de douleurs rhumatismales dans toutes les jointures. Elle est allée plusieurs fois

à Bagnols et chaque fois son état s'est amélioré. Mais depuis un an, elle a été reprise de quelques douleurs et surtout d'un fourmillement dans tout le côté gauche qui est plus faible que le droit. A la suite de ces dernières douleurs, elle a été atteinte de palpitations et d'endocardite et consécutivement de deux rétrécissements, l'un siégeant à l'orifice mitral et l'autre à l'orifice aortique, avec insuffisance des valvules mitrale et sygmoïdes et dilatation de l'oreillette et du ventricule gauche; il n'y avait pas aux jambes d'enflure bien notable. Les battements du cœur pouvaient être ainsi notés: *tirre-tarre*, accompagnés chacun d'un bruit de souffle indiquant un rétrécissement à chacun des orifices, avec dilatation de chacune des cavités qui précèdent le rétrécissement. Essoufflement, dyspnée, toux, crachats parfois sanguinolents, marche difficile, surtout en montant, pas d'appétit, sommeil entrecoupé de rêves sinistres. Pâleur caractéristique.

Je soumis tout d'abord Mme Marie Mouchot à l'usage de la boisson, à raison de trois verres d'eau, pendant trois jours. A dater du quatrième jour, j'y joignis des bains à mi-corps à température graduée et des bains de pieds; puis, le huitième jour, je prescrivis une étuve de cinq minutes qui fut successivement portée à dix et à quinze. La transpiration s'établit sans difficulté, augmenta peu à peu sans amener rien de contraire à l'état de la malade. A dater du onzième jour, un mieux sensible se déclara et alla tous les jours en augmentant. Ainsi le sommeil devint plus calme et plus long, l'appétit se déclara. Sous l'influence de ce traitement, les forces revinrent, les palpitations ainsi que la dyspnée diminuèrent. Les bruits du cœur se régularisèrent et la marche devint plus facile, même sur un plan incliné.

Enfin, après dix-huit jours de l'usage des eaux, Mme Mouchot partit, son état étant très-amélioré. L'amélioration augmenta encore après son départ, et elle passa un bon hiver.

Mme Mouchot revint en 1858 suivre le même traitement que

l'année précédente. A son arrivée, je remarquai que les deux bruits de souffle étaient moins forts, et que le volume du cœur était moins gros ; elle n'avait pas craché de sang de toute l'année, et avait pu se livrer à ses occupations sans difficulté. Après seize jours de l'usage des eaux, cette dame partit dans un état très-satisfaisant et fort contente.

La personne qui fait le sujet de cette observation était atteinte de lésions nombreuses et complexes ; une seule de ces lésions eut suffi pour amener la mort.

Malgré cela, il est à remarquer qu'un séjour de quelques semaines aux eaux de Bagnols, ayant produit les plus heureux effets, peut-être une seule saison, aurait-t-elle suffi pour amener la guérison complète de cette maladie.

Je crois devoir faire remarquer, à propos de cette observation, que les récidives sont assez rares. Un certain nombre de malades avec lesquels j'ai continué a être en relation n'ont plus vu reparaître, après leur traitement, les symptômes de la maladie qui les avaient amenés à Bagnols. Plus loin, on en retrouvera relatés plusieurs cas.

XXI° OBSERVATION

ANÉVRISME RHUMATISMAL DU CŒUR, CARACTÉRISÉ PAR UN RÉTRÉCISSEMENT AORTIQUE ET UNE DILATATION CONSÉCUTIVE DU VENTRICULE GAUCHE.

M. Isidore Laval, 14 ans, demeurant à Nîmes (Gard), d'un tempérament lymphatique, d'une constitution assez robuste, fut atteint, en 1857, au mois d'avril, d'un rhumatisme articulaire aigu qui l'obligea de garder le lit pendant quinze jours. A la suite de ce rhumatisme, il lui survint des palpitations qui s'opposèrent à ce qu'il pût reprendre ses études et il vint à Bagnols le 15 juillet de la même année. Lorsque je l'examinai, je trouvai les battements du cœur séparés par un bruit de souffle prolongé ; le premier bruit était plus fort et plus marqué que le second, lequel était presque absorbé par le bruit de souffle. On pouvait les noter ainsi : *tic-fre-taf*. Le ventricule gauche avait subi une dilatation notable, qui augmentait très-sensiblement le volume de l'organe. Le jeune Laval était donc atteint d'un rétrécissement moyen de l'orifice aortique ; de plus, il était très-pâle, s'essoufflait facilement, soit en marchant, soit en montant et avait de l'oppression et de la dyspnée. Enfin, le pouls était fréquent, de 90 à 92.

Ce malade but d'abord les eaux de la source ferrugineuse douce pendant deux jours, et prit des bains de pieds très-chauds. A dater du troisième jour, il commença le traitement progressif qu'il supporta très-bien. Après le quatrième bain, il commença à transpirer et continua chaque jour à suer beaucoup.

Au départ, qui eût lieu le 1er août, M. Laval n'avait pas encore éprouvé d'amélioration sensible. Ce ne fut que deux mois après son retour chez lui que l'amélioration commença à se manifester, encore ne fut-elle que minime, car lorsqu'il revint, le 14 juillet 1858, le premier bruit du cœur était encore bien supérieur au deuxième et le bruit de souffle qui les séparait très-manifeste ; le rétrécissement de l'orifice aortique et l'augmentation de volume du ventricule gauche persistaient donc, quoique à un moindre degré que l'année précédente.

M. Laval suivit un traitement un peu plus actif qu'en 1857 ; il prit des bains de piscine, des douches et des étuves. Une transpiration abondante se déclara bientôt et elle persista pendant quinze jours. Cette fois, il en ressentit bientôt les bons effets. Dès le dixième jour, il éprouvait déjà beaucoup d'amélioration. Après le seizième jour, les deux battements du cœur, devenus distincts, s'étaient régularisés, ils étaient moins fréquents ; on n'en comptait plus que 75 à 78. L'excès de volume du cœur avait en partie disparu; le ventricule était revenu sur lui-même. La santé générale était également meilleure; le teint était rosé, l'appétit et le sommeil étaient bons, il marchait vite et longtemps et pouvait monter sans être essoufflé.

Tout porte à croire que l'amélioration se sera accentuée beaucoup plus sous l'influence consécutive des eaux.

C'est le seul cas dans lequel cette amélioration se soit manifestée avec tant de lenteur. Bien que la maladie ne se soit pas présentée de prime à bord avec les apparences d'une grande gravité, ce fait prouve qu'il faut, quelquefois, persévérer dans le même traitement, quoiqu'il n'ait pas, dès le début, produit des effets satisfaisants.

XXIIe OBSERVATION

ANÉVRISME RHUMATISMAL DU CŒUR ; RÉTRÉCISSEMENT TRÈS-PRONONCÉ DE L'ORIFICE AORTIQUE , ENDURCISSEMENT ET INSUFFISANCE DES VALVULES SYGMOIDES, INSUFFISANCE DE LA VALVULE MITRALE.

M. Casimir Rouvière, docteur en médecine à L'Argentière (Ardèche), 54 ans, d'un tempérament nervoso-sanguin , de taille haute et bien prise, d'une constitution robuste, arriva à Bagnols, le 7 août 1857.

Sept ou huit ans auparavant, mon honorable confrère avait été atteint de douleurs rhumatismales qui s'étaient portées sur les intestins, d'une sciatique gauche très-douloureuse et de quelques accès de rhumatisme goutteux qui s'étaient dissipés sous l'influence de l'hydrothérapie. Il n'avait jamais eu de rhumatisme articulaire. Depuis trois ou quatre années seulement, il avait commencé à ressentir des palpitations et des troubles dans la circulation du cœur. Ces troubles, loin de se dissiper sous l'influence de l'hydrothérapie, n'avaient fait que s'accroître successivement, au point qu'il avait été obligé d'abandonner l'exercice actif de la médecine et de se restreindre à la consultation dans son cabinet.

M. Rouvière, ayant eu connaissance de quelques-unes des cures d'endocardite rhumatismale qui avaient été opérées aux eaux de Bagnols, vint me voir ; son état lui inspirait des inquiétudes d'autant plus vives qu'il en connaissait la gravité et les conséquences.

Sa maladie avait débuté par une douleur assez vive dans la région précordiale, douleur qui avait été promptement suivie de palpitations, d'essoufflement et de dyspnée, surtout lorsqu'il gravissait un escalier, ce qui l'obligeait à s'arrêter pour *reprendre haleine*. Depuis trois ans, il était sujet au printemps à des saignements de nez.

En étudiant les battements du cœur, je trouvai qu'ils étaient séparés par un bruit de souffle très-fort et très-prolongé, que le premier battement était énergique, et par conséquent, avait à vaincre un obstacle très-résistant situé à l'orifice de l'aorte, tandis que le second était masqué par le bruit de souffle ; ce qui donnait à peu près le résultat suivant : *tiretarre*. Le bruit de souffle très-prolongé, se composait de deux bruits : celui déterminé par le passage du sang du ventricule dans l'aorte, et celui produit par le retour d'une partie du sang de l'aorte dans le ventricule, par l'orifice, résultant de l'insuffisance des valvules sygmoïdes. Ces bruits, se succédant immédiatement, se confondaient et n'en faisaient qu'un. La percussion indiquait que le volume du cœur était égal à une fois et demi celui qu'il a dans l'état normal.

Je constatai, enfin, que ce malade portait une voussure très-prononcée à la région précordiale. J'avais donc affaire à un rétrécissement très-prononcé de l'orifice aortique, à une insuffisance des valvules sygmoïdes et à une forte dilatation du ventricule gauche. Ces divers signes rendaient le pronostic assez favorable.

Je dois dire aussi que M. Rouvière avait une insuffisance de la valvule mitrale, qui ne put être constatée que plus tard. Enfin, mon confrère présentait des intermittences dans le pouls ; il avait peu d'appétit et un sommeil agité par des rêves et par des cauchemars affreux ; les jambes n'étaient point enflées dans la journée, mais seulement un peu le soir. Le visage était d'une pâleur mate.

M. Rouvière se borna à prendre pendant deux jours 2 à

3 verres d'eau thermale n° 41, dont il augmenta plus tard la dose, et un bain de jambes. Le troisième jour, il commença les bains de baignoire à mi-corps à 33° centigrades, et d'un quart d'heure, dont j'élevai successivement la température jusqu'à 38° et la durée jusqu'à trois quarts d'heure ; il supporta très-bien ces bains, et traversa la période de la fièvre thermale sans encombre. A dater du sixième jour, il y joignit une étuve, de 5 à 15 minutes. Bientôt, une abondante transpiration eut lieu chaque matin. Vers le dizième jour, un mieux sensible se déclara, l'appétit devint meilleur, le sommeil plus calme ; les palpitations et la dyspnée diminuèrent ; enfin la marche devint plus facile et il put prendre un exercice salutaire. Cette amélioration augmenta de jour en jour.

Après dix-sept jours de l'usage des eaux, M. Rouvière put partir dans un état d'amélioration notable sous le rapport de la santé générale et de la force, ce qui indiquait bien que la maladie était arrivée à une période décroissante. Toutefois, le bruit de souffle avait peu diminué, le second battement cardiaque, quoique plus sensible, était encore en partie voilé et le volume du cœur était sensiblement le même, ce qui indiquait que le rétrécissement de l'orifice aortique persistait et que l'action immédiate des eaux n'avait pas été très-puissante.

Malgré le peu de succès apparent de cette cure, l'amélioration commencée ne s'arrêta point ; après le départ, elle augmenta peu à peu, et trois mois après, M. Rouvière put recommencer à exercer sa profession à la ville et à la campagne, comme avant sa maladie.

Le 16 juillet 1858, ce malade revint à Bagnols pour terminer sa guérison.

M. Rouvière mangeait bien et dormait bien, même dans la position horizontale, les battements du cœur s'étaient bien régularisés, et ils étaient très-distincts ; le bruit de frottement qui les séparait était considérablement diminué, surtout après le repos ; du reste, ce bruit n'était plus du tout pareil à celui que j'avais observé l'année précédente. Le premier bruit ayant beaucoup diminué de force ne masquait plus bruit de frottement, lequel était déterminé par l'insuffisance mitrale.

Le rétrécissement aortique ayant en grande partie disparu par le ramollissement des valvules sygmoïdes, le bruit de souffle déterminé par le passage du sang à travers cet orifice, et par l'insuffisance de ces valvules sygmoïdes s'était considérablement adouci, et pouvait être noté tout autrement et ainsi qu'il suit : *tif-taf-tif-taf*. Le bruit ayant lieu plus bas, et à gauche, me parut tenir à l'insuffisance de la valvule mitrale et au reflux d'un peu de sang du ventricule dans l'oreillette gauche. Le volume du cœur était à peu près réduit à son état normal et les intermittences du pouls avaient disparu ; enfin l'orifice aortique avait en grande partie repris son calibre et son élasticité.

M. Rouvière reprit les Eaux pendant quinze à dix-huit jours comme l'année précédente ; il transpira beaucoup, eut une forte sortie de boutons au visage et sur diverses parties du corps, et partit le 4 août, bien portant et très-satisfait.

A la date du 4 septembre suivant, M. Rouvière m'écrivait :

« Je ne veux point vous laisser partir de Bagnols, mon bien
« cher confrère, sans vous dire tout le bien que j'ai obtenu de
« vos eaux, cette année, et vous remercier encore une fois de
« vos bons soins et de toutes vos bontés pour moi et pour
« mon fils.

« Voilà déjà un mois que je vous ai quitté, et dès le lende-
« main de mon arrivée à Largentière, j'ai repris ma vie de
« labeur, mes visites en ville et mes courses à la campagne, la
« nuit et le jour, et je n'en ai nullement été fatigué.

« Le 26 août, j'ai fait une partie de chasse de cinq heures du
« matin à midi, et le lendemain, je me serais senti la force et le
« courage de recommencer. »

Malgré de violents chagrins éprouvés par M. Rouvière, par suite de la perte de son fils unique qu'il chérissait, de nouvelles lettres de sa part sont venues me confirmer sa guérison complète.

Cette observation peut se passer de tout commentaire ; elle parle assez d'elle-même. C'est un médecin très-capable qui en est le sujet, un médecin connaissant bien la gravité de sa maladie dont il étudiait chaque jour les progrès, et qui ne se faisait aucune illusion sur l'issue funeste qu'elle pouvait avoir.

Au rétablissement de plus en plus complet de ses forces et de sa santé, M. Rouvière reconnut que sa guérison était solide et devait être attribuée entièrement et uniquement à l'usage des Eaux de Bagnols, car elles seules avaient produit le résultat désiré, tandis que tous les autres remèdes essayés antérieurement avaient échoué. Ce n'étaient pourtant pas les complications qui manquaient à cette maladie, car l'endocardite dont M. Rouvière était affecté, constituait une des plus compliquées que j'ai observées : rétrécissement de l'orifice mitral, rétrécissement de l'orifice aortique, insuffisance de la valvule mitrale, insuffisance des valvules sygmoïdes, dilatation du ventricule gauche et de l'oreillette gauche. En un mot, rien n'y manquait et il fallait être aussi exercé que je l'étais dans le diagnostic des affections du cœur, pour reconnaître et noter toutes les lésions de la maladie.

XXIIIe OBSERVATION

ANÉVRISME RHUMATISMAL DU CŒUR CARACTÉRISÉ PAR UN RETRÉCISSEMENT CONSIDÉRABLE DE L'ORIFICE AORTIQUE, L'INDURATION DES VALVULES SYGMOIDES, ET UNE FORTE DILATATION DU VENTRICULE GAUCHE.

M. Félix Mongini, propriétaire à Lyon, d'un tempérament lymphatico-sanguin, d'une constitution robuste, me fut adressé à Bagnols, par M. Richard, de Nancy, directeur de l'Ecole de médecine de Lyon, et par M. le professeur Pétrequin. Ce jeune homme avait été atteint, six ans auparavant, d'un rhumatisme articulaire aigu qui avait affecté diverses articulations et principalement l'articulation tibio-tarsienne gauche et les deux genoux. Ce rhumatisme s'accompagna de fièvre, de douleurs vives et d'un gonflement assez considérable des jointures. Le malade fut obligé de garder le lit pendant trois mois, sans pouvoir se lever un instant.

Peu de temps après sa guérison, M. Mongini, éprouva des palpitations qui augmentèrent insensiblement. La marche devint pénible, surtout en montant ; il survint de l'essoufflement et de la dyspnée, et les choses en arrivèrent au point qu'il fut obligé d'abandonner l'escrime, l'équitation, la danse et tous les arts d'agrément auxquels peut se livrer un jeune homme très-riche, et en position de satisfaire ses goûts. Tout travail assidu ayant fini par devenir impossible, il dut même renoncer à ses études de collége.

Les traitements les plus variés furent mis en usage non-seulement par les deux habiles et savants professeurs de l'école de médecine de Lyon que je viens de nommer, mais encore par des médecins de Paris et de bien d'autres villes. Les bains, la digitale, les calmants de toute nature, les saignées, les ferrugineux, la diète, les eaux minérales d'Aix en Savoie et plusieurs autres eaux avaient été, tour à tour, essayées sans succès. M. Mongini était même à Evian, lors d'une visite que je fis à mes deux honorables confrères de Lyon. Lorsqu'ils eurent pris connaissance de mon premier mémoire et des guérisons qui y étaient relatées, ils s'empressèrent de rappeler M. Mongini pour l'envoyer à Bagnols où il arriva le 8 août.

Après avoir interrogé ce malade sur ses antécédents morbides, je procédai à l'examen du cœur. Les battements de cet organe étaient visibles à l'œil nu à travers les vêtements et soulevaient à chaque fois la poitrine qui était un peu voûtée dans la région précordiale. L'oreille, appliquée sur cette région, distinguait un premier battement très-fort et très-marqué, suivi d'un bruit de souffle très-prononcé qui masquait presque entièrement le second battement, et on obtenait à peu près la notation suivante : *tic-frec-te, tic-frec-te.*

M. Mongini était donc atteint d'un rétrécissement considérable de l'orifice aortique, accompagné d'induration des valvules sygmoïdes sans insuffisance bien appréciable de ces valvules. Il se joignait à ces phénomènes une dilitation du ventricule gauche qui augmentait le volume normal du cœur d'un tiers environ, puis de l'essoufflement, de la dyspnée et des palpitations surtout en montant; il n'y avait pas d'intermittences bien manifestes dans le pouls et les jambes présentaient le soir, seulement, un peu d'œdématie.

La force du premier battement du cœur annonçait que les parois du ventricule gauche avaient conservé une grande partie de leur élasticité, et qu'elles étaient hypertrophiées.

En conséquence, je crus pouvoir porter un pronostic

assez favorable, et je ne craignis pas de soumettre tout d'a-
bord ce malade à un traitement assez actif.

Après un repos de vingt-quatre heures, M. Mongini commença le traitement progressif : boisson et bains de pieds pendant deux jours, et les quatre jours suivants un bain, à
durée et à température successivement croissantes, enfin une
étuve de cinq à quinze minutes. Bientôt, il s'établit une transpiration abondante qui continua jusqu'à la fin du traitement.

Dès le dixième jour, M. Mongini commença à ressentir les
bons effets des eaux. Le sommeil, précédemment agité
par des rêves pénibles, devint calme et l'appétit meilleur ; les
palpitations diminuèrent, ainsi que la dyspnée ; la marche,
plus facile, permit au malade de faire des promenades assez
longues, sans en être incommodé.

Au départ. qui eut lieu le 26 août, après vingt jours de traitement, les battements du cœur s'étaient déjà bien régularisés.
Le premier était moins fort, le bruit de souffle était moins
marqué, et le second battement facile à percevoir, de sorte
qu'on obtenait à peu près le rythme suivant : *tic-fre-tac*, *tic-
fre-tac*. Le ventricule gauche était en partie revenu sur lui-
même et le volume du cœur était fort diminué, ce qui indiquait que les valvules sygmoïdes avaient repris une grande
partie de leur souplesse, et que l'orifice aortique s'était
agrandi. Enfin, les palpitations, l'essoufflement et la dyspnée
ne se faisaient sentir que pendant la course.

L'amélioration obtenue sur place augmenta tellement après
le retour du malade à Lyon, qu'au mois de novembre suivant,
M. Mongini put reprendre ses études, et un peu plus tard et
successivement, la danse, l'escrime et l'équitation, comme me
l'apprirent l'année suivante, à mon passage à Lyon, MM. Richard
et Pétrequin. Notre jeune homme était alors à Paris, il n'a
pas eu besoin de revenir à Bagnols pour y compléter sa guérison qui s'est trouvée consolidée dès la première année.

Ainsi voilà une maladie datant de six ans, augmentant tou-

jours , nécessitant de la part d'un jeune homme de 21 ans,
fort et bien constitué, l'abandon successif des exercices du
corps, et de l'étude des arts et des sciences, maladie résistant
à l'emploi le plus rationnel de tous les remèdes et défiant le
savoir des plus habiles médecins , guérissant, néanmoins, en
vingt jours, sous l'influence d'eaux minérales presque igno-
rées.

XXIVe OBSERVATION

ANÉVRISME RHUMATISMAL DU CŒUR CARACTÉRISÉ PAR UN
RÉTRÉCISSEMENT DE L'ORIFICE AURICULO-VENTRICULAIRE
GAUCHE ET PAR LA DILATATION DE L'OREILLETTE CORRES-
PONDANTE.

M. Jean-François Fabre, 57 ans, propriétaire à Gaillac
(Aveyron), d'un tempérament lymphatico-sanguin, à constitution robuste, fut atteint, en 1847, de douleurs rhumatismales
dans la région lombaire. Ces douleurs s'étendirent au siége
aux cuisses. Il éprouvait beaucoup de peine pour se courber
et pour se redresser. Il se rendit à cette époque à Bagnols et
il fut soulagé à la suite de ce traitement. En 1851, il lui survint des palpitations et tous les symptômes d'une endocardite
très-manifeste. Cette endocardite existait encore le 17 juillet

1857 ; elle était caractérisée par un rétrécissement de l'orifice auriculo-ventriculaire gauche, une insuffisance de la valvule mitrale et une dilatation de l'oreillette correspondante. Les bruits du cœur étaient ainsi notés : *tirre-fre-tac*. Le premier bruit *tic*, était altéré par le passage du sang de l'oreillette dans le ventricule, par suite de rétrécissement de l'orifice auriculo-ventriculaire gauche, et donnait le son de *tirre* au lieu de *tic*, et le second bruit par celui qui avait lieu lors du retour du sang du ventricule dans l'oreillette, lequel résultait de l'insuffisance mitrale. Ce dernier était en partie masqué par le second bruit *tac* qui venait presque en même temps ; aussi était-il très-faible. A ces symptômes se joignaient encore une dilatation de l'oreillette gauche, et une augmentation de volume du cœur pouvant être évaluée, du quart au tiers de celui de cet organe. Il y avait aussi des intermittences dans le pouls, de l'essoufflement à la suite d'une marche rapide et ascendante, enfin de la toux avec crachats quelquefois teints de sang rouge.

Sept mois environ avant son arrivée à Bagnols, M. Fabre avait éprouvé des nouvelles douleurs rhumatismales dans les épaules et dans les articulations des mains et des doigts.

Le traitement consista : en boisson de l'eau thermale n° 41, en deux bains de baignoires à mi-corps et en deux bains de pieds. Le troisième jour, il prit des bains dont la durée et la chaleur augmentèrent successivement et furent portés jusqu'à 38° cent., puis une étuve de 5 à 15 minutes. Le cinquième jour, le malade se reposa 24 heures par suite de la fatigue de la fièvre thermale et il reprit son traitement les jours suivants.

La transpiration devint dès lors très-forte. Vers le onzième jour, M. Fabre éprouva un grand soulagement. Tous les symptômes s'amendèrent, et le dix-huitième jour il put quitter Bagnols assez soulagé. Le sommeil et l'appétit étaient bons, les battements du cœur étaient plus réguliers, les intermittences presque nulles; il pouvait marcher une heure sans être incommodé. Arrivé chez lui, au bout de trois mois il allait beaucoup mieux, et l'amélioration augmenta tellement qu'il n'eut pas besoin de revenir à Bagnols l'année suivante.

XXV' OBSERVATION

ANÉVRISME RHUMATISMAL DU CŒUR ; RÉTRÉCISSEMENT DE L'ORIFICE AURICULO-VENTRICULAIRE GAUCHE ; INSUFFISANCE DE LA VALVULE MITRALE ET DILATATION DE L'OREILLETTE CORRESPONDANTE.

Mme Rosa Foul, 28 ans, ménagère, à Anduze (Gard). Tempérament lymphatique, constitution moyenne.

Mme Foul a été atteinte de douleurs rhumatismales générales à trois reprises différentes ; elle a gardé le lit pendant deux à trois mois chaque fois. Pendant ce temps elle ne pouvait exercer aucun mouvement; toutes les articulations étaient enflées, raides et douloureuses. La maladie n'avait pas une marche très-aigue ; toutefois, il y avait un peu de fièvre. Aujourd'hui, elle ne souffre point lorsqu'elle est en repos, mais lorsqu'elle marche, le poids de son corps rend les articulations douloureuses.

Depuis deux ans, elle a commencé à éprouver des palpitations qui ont augmenté peu à peu. Aujourd'hui, il s'y joint de l'oppression et de la dyspnée qui rendent la marche difficile, surtout en montant. Elle tousse, et rend des crachats, opaques le plus souvent, mais parfois, aussi, ils sont mêlés de sang rouge.

Le 26 juillet 1857, j'examinai l'état du cœur, et je trouvai que les bruits de cet organe étaient altérés et pouvaient être notés ainsi : *tirre-fre-te*. Le premier bruit de souffle *tirre* indiquait le passage du sang de l'oreillette dans le ventricule à travers un orifice rétréci ; le second bruit de souffle, *fre*, provenait du reflux du sang du ventricule gauche dans l'oreillette correspondante par suite de l'insuffisance de la valvule mitrale et le bruit *te* représentait le second bruit du cœur *tac*, en partie masqué par le précédent, mais il n'était accompagné d'aucun frottement, ce qui paraissait indiquer que l'orifice de l'aorte était intact. Enfin, je constatai encore une dilatation de l'oreillette gauche, qui donnait au cœur environ un quart d'augmentation de volume. Les digestions étaient difficiles et le sommeil entrecoupé par des rêves pénibles.

Mme Foul, en raison de la faiblesse de sa constitution, fut soumise à un traitement modéré et progressif. Ainsi, pendant deux jours, elle but deux à trois verres d'eau de la source n° 41, et elle prit des bains à 33° centig. Pendant les cinq à six jours suivants, elle y joignit un bain à mi-corps de 33 à 38°, et de 20 à 45 minutes. Ces bains furent très-bien supportés par la malade. A causée de la fatigue thermale, elle s'arrêta un jour. Le dixième jour et après le bain, elle passa à une étuve d'une durée de 5 à 15 minutes, ce qui produisit chez elle une transpiration abondante. Vers le douzième jour, le sommeil et l'appétit devinrent meilleurs, ainsi que la santé générale, et vers le dix-huitième jour, au moment de son départ, elle était presque dans son état normal. L'oppression et la dyspnée avaient cessé ; elle mangeait avec appétit et avait un sommeil calme et réparateur ; elle faisait de longues promenades sans être fatiguée. Les bruits du cœur s'étaient adoucis et donnaient la sensation de *tir-te tac* ; le bruit *tac* était beaucoup plus perceptible, et le bruit de souffle résultant de l'insuffisance de la valvule mitrale s'était avantageusement modifié. Après son arrivée chez elle, l'amélioration augmenta encore et l'année suivante, elle put se dispenser de revenir à Bagnols.

XXVIe OBSERVATION

ANÉVRISME RHUMATISMAL DU CŒUR : RÉTRÉCISSEMENT DE L'ORIFICE AURICULO-VENTRICULAIRE GAUCHE, DILATATION DE L'OREILLETTE GAUCHE.

Mme Marie Itier, ouvrière employée au gaz, à Montpellier (Hérault). Tempérament lymphatique, constitution moyenne.

Mme Itier arriva le 27 juillet 1857 à Bagnols; elle me raconta qu'elle avait eu, depuis quelques années, plusieurs attaques de rhumatisme articulaire aigu, que la dernière 'avait retenue au lit pendant vingt deux jours, que l'épaule gauche et que les genoux avaient été principalement atteints. Le rhumatisme s'était aussi jeté sur le cœur et avait donné lieu à des palpitations, à de l'oppression et à de la dyspnée, pendant la marche, surtout en montant. En outre , l'appétit était mauvais et le sommeil entrecoupé par des rêves péni-bles. L'auscultation me révéla des battements de cœur, ainsi notés : *tirre-tac*, ce qui indiquait un rétrécissement de l'ori-fice auriculo-ventriculaire gauche. Par la percussion, je recon-nus une augmentation de volume du cœur d'un quart en plus du volume ordinaire, portant sur l'oreillette gauche. Les batte-ments du cœur étaient forts et précipités, ce qui dénotait que les parois du cœur et de l'oreillette avaient conservé toute leur force.

Le traitement fut le même que pour les malades dont je viens de relater l'observation : boisson, de deux à quatre verres par jour, bains de 15 à 45 minutes à température variant de 33 à 38° centig., étuves vers le huitième jour de 5 à 15 minutes. Ce traitement amena des sueurs abondantes. Vers le onzième jour, l'amélioration se prononça, l'appétit revint, le sommeil cessa d'être troublé par des rêves, l'oppression et la dyspnée cessèrent. La marche devint plus facile et la malade put faire des promenades assez longues. L'amélioration augmenta ainsi successivement. Le départ de madame Itier eut lieu le 10 aout, les battements de cœur s'étaient alors régularisés et le bruit de *tirre* était moins prononcé ; pourtant ce bruit existait encore, mais la dilatation de l'oreillette avait disparu en grande partie.

Dans le courant de l'année, l'amélioration s'accentua et Mme Itier n'eut pas besoin de revenir se soumettre à un nou-veau traitement par les eaux.

XXVII° OBSERVATION

Anévrisme rhumatismal du cœur : rétrécissement de l'orifice auriculo-ventriculaire; dilatation de l'oreillette, sans insuffisance.

M. Augustin Regis, 30 ans, roulier, à Saint-Cyprien (Aveyron), tempérament lymphatique, constitution moyenne.

Arrivé le 27 juillet 1857, M. Regis me dit avoir eu, deux ans et demi auparavant, des douleurs rhumatismales dans la plupart des grandes articulations, douleurs survenues à la suite de l'impression vive d'un froid humide. M. Regis avait gardé le lit pendant une quinzaine de jours; mais depuis deux ans, il ne souffrait plus. Peu de temps après, il éprouva des palpitations, de l'oppression et de la dyspnée qui allèrent sans cesse en augmentant. La marche devint difficile, surtout en montant, l'appétit diminua, le sommeil, mauvais, fut entrecoupé de rêves sinistres. Enfin, le malade s'enrhuma et rendit des crachats d'abord opaques, puis mêlés de sang rouge.

A l'auscultation, je notai ainsi les battements du cœur : *tirre-tac*, et, à la percussion, je constatai une dilatation de l'oreillette gauche lui donnant un volume d'un quart plus considérable qu'elle ne l'est à l'état normal. J'avais donc affaire à un rétrécissement de l'orifice auriculo-ventriculaire gauche, sans insuffisance de la valvule mitrale et sans maladie de l'orifice aortique.

16.

Le traitement consista en l'usage de l'eau thermale en boisson, en bains à mi-corps, à durée et à température successivement croissantes, puis en étuves à durée progressive. La sueur s'établit et fut très abondante vers le douzième jour ; alors ce malade éprouva une grande amélioration, l'appétit et le sommeil devinrent bons, la marche beaucoup plus facile ; il pouvait alors faire 3 à 4 kilomètres sans être incommodé. L'amélioration, une fois établie, augmenta. Au départ, l'oppression et la dyspnée n'existaient presque plus, la toux avait cessé et les battements du cœur, presque régularisés, ne donnaient lieu qu'à un simple *tirre-tac*. L'*r* de *tirre* était très-adouci, ce qui indiquait que le sang, en passant dans le ventricule, n'éprouvait pas une résistance aussi grande, et que l'oreillette était en grande partie revenue sur elle-même.

XXVIII° OBSERVATION

ANÉVRISME RHUMATISMAL DU CŒUR ; RÉTRÉCISSEMENT DE
L'ORIFICE AORTIQUE ; RÉTRÉCISSEMENT DE L'ORIFICE AURI-
CULO-VENTRICULAIRE GAUCHE ; INSUFFISANCE DE LA VAL-
VULE MITRALE ; RÉTRÉCISSEMENT DE L'ORIFICE PULMONAIRE ;
HYPERTROPHIE CONSIDÉRABLE DU CŒUR.

Le révérend Hamilton, demeurant à Londres, âgé de 55 ans, d'un tempérament bilioso-nerveux, d'une constitution moyenne, arriva à Bagnols le 23 juin 1858.

Il y avait onze ans que ce malade, à la suite de douleurs rhumatismales vagues, avait été atteint de palpitations, qui avaient été sans cesse en augmentant depuis ce temps-là. A ces palpitations s'étaient jointes de l'oppression, de la dyspnée et une toux qu'il prenait pour de l'asthme. Cette toux, qui était devenue presque habituelle, s'accompagnait de crachats souvent opaques, mais aussi parfois mêlés de sang rouge. Lorsqu'il voulait marcher et surtout monter, il était très-essoufflé ; l'appétit était mauvais, et le sommeil accompagné de cauchemars. Souvent le malade se réveillait en sursaut et s'asseyait sur son lit, le visage couvert d'une sueur froide et en proie à de violents battements de cœur. Enfin, ce malade ne pouvait se tenir dans une position horizontale, et il fallait lui tenir la tête relevée par plusieurs oreillers.

Lorsque je l'auscultai, j'eus beaucoup de peine à reconnaître et à analyser l'état du cœur. Je ne distinguai que des bruits confus, tels que *ou-ou, ou-ou,* mais en y revenant à plusieurs re-prises et avec beaucoup d'attention, je reconnus, principalement le matin, après le repos de la nuit, un premier bruit avec souffle prolongé, qui indiquait que le sang était gêné pour passer de l'oreillette dans le ventricule gauche, et refluait dans l'oreillette, lorsque le ventricule se contractait. A la suite de ce premier bruit de souffle, un autre bruit de souffle avait lieu lorsque le sang passait du ventricule dans l'aorte, dont l'orifice était rétréci. Enfin, si l'on étudiait les battements du cœur à droite, on trouvait à peu près au même niveau qu'à gauche, un bruit de souffle très-marqué existant évidemment à l'orifice pulmonaire. Ce qui me permit de lever tous mes doutes, c'est qu'il existait une coloration violacée de la face et des lèvres, par suite de la rétention du sang dans les veines caves ascen-dante et descendante, phénomène qui n'a pas lieu lorsque les lésions organiques n'existent qu'à gauche. On observait, en outre, des intermittences très-marquées dans le pouls, et une ampleur considérable du cœur, dont le volume était augmenté de plus de moitié. Enfin, il y avait de l'enflure aux jambes, surtout le soir.

La maladie de M. Hamilton se trouvait donc fort compli-quée ; le pronostic ne pouvait pas être favorable, surtout parce qu'une partie des lésions portait sur le côté droit du cœur, et qu'il est reconnu que dans ces cas, les eaux ne sont pas aussi favorables que lorsqu'elles existent à gauche, parce que le sang n'ayant pas encore subi l'action de l'air, est moins propre à l'entretien de la vie que lorsqu'il est hématosé.

Je ne dus pas laisser ignorer à Mme Hamilton, qui accom-pagnait son mari, que je redoutais pour lui, non-seulement un mauvais résultat des eaux, mais encore des accidents. Ils insistèrent l'un et l'autre pour en suivre le traitement.

Du 23 au 26 juin, M. Hamilton prit chaque jour deux à trois verres d'eau seulement, et un bain de pieds à eau courante. Les jours suivants, il y joignit un bain à mi-corps, de quinze à quarante minutes. A dater du sixième jour, la transpiration s'établit. Le 1er juillet, il se trouvait déjà mieux; son appétit et son sommeil étaient meilleurs, il pouvait faire quelques promenades, de 1 à 2 kilomètres, sans être fatigué. Le 2 juillet, il continuait à aller mieux, la couleur violacée du visage diminuait, il respirait mieux, les palpitations étaient moins fortes et les battements du cœur tendaient à se régulariser. Le 3 juillet, après avoir suivi son traitement sans accident, et après dîner, il voulut faire sa promenade habituelle, malgré un vent de nord piquant. Se sentant froid, il rentra vers les 4 heures. Quelques instants après, il fut pris d'un accès de toux suffocante et mourut subitement. Certes, on ne peut pas attribuer cette mort aux eaux qui, malgré la gravité du cas, avaient déjà produit une amélioration si prononcée.

XXIXᵉ OBSERVATION

ANÉVRISME RHUMATISMAL GOUTTEUX DU CŒUR ; RÉTRÉCISSE-
MENT DE L'ORIFICE PULMONAIRE ; RÉTRÉCISSEMENT DE
L'ORIFICE MITRAL AVEC INSUFFISANCE DE LA VALVULE
MITRALE ; DILATATION DU VENTRICULE ET DE L'OREILLETTE
DU COTÉ DROIT.

M. X..., d'Avignon, vint à Bagnols dans le mois de juil-
et 1858, pour y prendre les eaux.

D'après l'ordonnance d'un médecin de cette ville, il crut
pouvoir se passer de mes avis, et prit d'emblée des bains à
40 degrés. Dès le premier bain, il éprouva un accès de suffocation tellement fort, qu'il pensa succomber, et je fus appelé.
Il me fallut le saigner, lui prescrire la teinture éthérée de
digitale, quelques gouttes de laudanum en potion et le repos
pour le calmer. Le second jour, je pus l'examiner convenablement ; il avait des palpitations, de l'essoufflement et de la
dyspnée. L'auscultation m'apprit qu'il avait à droite des battements de cœur très-irréguliers qu'on pouvait noter ainsi :
tirre-tarre-fre tirre-tarre fre. Le premier bruit de souffle au
premier temps, *tirre,* indiquait que l'orifice auriculo-ventriculaire droit était rétréci, et que l'oreillette était obligée de
battre plus fort pour y faire passer le sang ; et le bruit de
souffle au second temps, *tarre-fre,* annonçait que l'orifice pulmonaire était plus dur et plus étroit qu'à l'état normal, et sa
terminaison par *fre* que le sang refluait dans l'oreillette droite,

par suite d'une insuffisance de la valvule mitrale. Enfin, le volume du cœur, d'un tiers plus grand qu'à l'état sain, démontrait que l'oreillette et le ventricule avaient subi un développement remarquable. Pensant que les eaux ne pouvaient être favorables dans ce cas, je conseillai au malade de regagner ses foyers. M. X... désira, néanmoins, suivre un traitement thermal sous ma direction : il but les eaux pendant trois jours; le quatrième jour, il y joignit un bain à mi-corps de dix minutes, et continua ainsi pendant quelques jours sans accident, mais le dixième jour, ne trouvant point de soulagement et éprouvant quelques accès de toux presque suffocants provenant de congestion pulmonaire, et craignant de succomber dans un de ces accès, il prit le parti de repartir pour Avignon.

J'ai rapporté ce fait ainsi que le précédent, parce qu'ils présentent une grande analogie et parceque le second vient corroborer le premier, à savoir que les eaux thermales ont infiniment moins d'action sur les altérations du côté droit que sur celles du côté gauche.

XXX· OBSERVATION

ANÉVRISME RHUMATISMAL DU CŒUR : RÉTRÉCISSEMENT DE L'ORI
FICE AORTIQUE; INSUFFISANCE DES VALVULES SYGMOIDES
DILATATION PRONONCÉE DU VENTRICULE GAUCHE.

Mme Hamilton, 45 ans, domiciliée à Belleuvath Mellingar (Angleterre), d'un tempérament lymphatico-sanguin, d'une constitution assez robuste, avait été atteinte, quelques mois avant son arrivée à Bagnols, d'un rhumatisme général. Quand je fus appelé à la voir, elle éprouvait encore des douleurs dans les jambes en marchant, et elle boitait. Le rhumatisme avait atteint le cœur ; elle se plaignait de palpitations, d'essoufflement et de dyspnée.

Depuis deux mois environ, les palpitations étaient fortes et soulevaient la poitrine ; ces soulèvements étaient visibles à l'œil nu. En l'auscultant, les bruits du cœur pouvaient être notés ainsi: *tic fre-tarre*. Le bruit de souffle au second temps indiquait que le sang, poussé par le ventricule dans l'aorte, éprouvait une assez grande difficulté pour traverser l'orifice de ce vaisseau, et le bruit *tarre* qui lui succédait immédiatement était produit par le passage du sang qui revenait de l'aorte dans le ventricule par suite de l'insuffisance des valvules sygmoïdes. La percussion démontrait une augmentation de volume du ventricule gauche d'au moins un quart à un tiers.

Ce diagnostic et la force des battements du cœur me permirent de porter un pronostic favorable.

Le traitement consista en boisson de l'eau de la source
n° 41, en bains à mi-corps de 15 à 45 minutes et de 33 à 38°
centigr. Au sixième jour, Mme Hamilton prit des étuves de
5 à 15 minutes. Toute cette médication fut bien supportée.
Vers la fin de juin, l'amélioration se prononça, l'appétit et le
sommeil devinrent meilleurs, les palpitations, l'oppression et
la dyspnée diminuèrent beaucoup. La marche, plus facile,
permit à la malade de prendre un exercice salutaire. Les deux
époux se félicitaient de la bonne étoile qui les avait conduits à
Bagnols et ne tarissaient pas de remercîments pour mes bons
soins et mon heureuse découverte qui me permettait de leur
rendre si rapidement une santé dont ils déploraient la perte
depuis si longtemps.

L'amélioration continuait et augmentait chaque jour, lorsque
la mort subite de son mari, qui fait l'objet d'une des observations précédentes, arriva. Mme Hamilton en ressentit une douleur très-grande qui aurait pu influer beaucoup sur sa santé
il n'en fut rien. Elle supporta avec un courage héroïque ce
funeste contre-coup. Elle fit embaumer le corps de son mari
et partit avec lui pour l'Angleterre deux jours après.

Cette dame m'a écrit, dès son arrivée chez elle, qu'elle
continuait à aller bien et, cependant, il importe de faire remarquer que le traitement n'avait pas été complet.

XXXIe OBSERVATION

ANÉVRISME RHUMATISMAL DU CŒUR : RÉTRÉCISSEMENT DE L'ORIFICE AURICULO-VENTRICULAIRE GAUCHE ; RÉTRÉCISSEMENT DE L'ORIFICE AORTIQUE ; DILATATION DE L'OREILLETTE ET DU VENTRICULE GAUCHE.

Mlle Catherine Bonnet, 31 ans, ourdisseuse à Saint-Étienne (Loire). Tempérament lymphatico-nerveux, constitution assez frêle.

Quand Mlle Bonnet arriva à Bagnols, le 7 juillet 1858, il y avait environ douze ans qu'elle avait été atteinte d'un rhumatisme articulaire aigu. Ce rhumatisme avait aussi affecté la membrane interne du cœur gauche. Après la cessation des symptômes articulaires, elle avait conservé au cœur des lésions qui donnaient lieu à divers accidents, tels que palpitations, oppression, dyspnée, toux avec crachats, opaques le plus souvent, et quelquefois mêlés de sang rouge. La marche était difficile, surtout en montant ; l'appétit était presque nul et le sommeil troublé par des rêves pénibles.

La première fois que j'auscultai cette malade dans mon cabinet, comme elle était fatiguée d'avoir monté, je ne pus distinguer que deux battements de cœur confus et une espèce de *ou-ou* perpétuel. Je remis mon examen au lendemain matin avant qu'elle ne fût levée. Alors, je pus percevoir des battements que je notai ainsi : *tirre-fre tac*. Le bruit de souffle, au premier temps, indiquait un rétrécissement de l'orifice mitral, et le bruit de souffle, au second temps, un rétrécissement de l'orifice aortique sans insuffisance des valvules mitrale ou sygmoïdes, mais ce qui indiquait que ces rétrécissements étaient forts, c'est que le cœur à force d'avoir fait des efforts pour les vaincre s'était dilaté dans le ventricule et l'oreillette au point d'être une fois et demi plus gros qu'à l'état normal. Tous ces signes rendaient le pronostic peu favorable. Je ne laissai pas ignorer à Mlle Bonnet la gravité de son état, et l'engageai à suivre exactement mes conseils.

Traitement. — Eau thermale en boisson, pendant deux jours. A dater du troisième jour, y joindre un bain à mi-corps de 15 à 45 minutes et de 33 à 38° centig. Ce traitement fut bien supporté et la fièvre thermale put être traversée sans encombre.

Le huitième jour, je l'envoyai passer à l'étuve 5, 10 et 15 minutes. Il s'établit promptement une douce transpiration qui augmenta successivement.

A partir du onzième jour, la malade se trouva mieux ; elle eût de l'appétit et du sommeil, les palpitations diminuèrent ainsi que l'essoufflement, la dyspnée et la toux ; la marche devint plus facile et elle put prendre un exercice salutaire , ce qu'elle n'avait pas fait depuis longtemps. L'amélioration augmenta de jour en jour jusqu'au moment du départ de Mlle Bonnet, lequel eut lieu après quinze jours de traitement.

Voici la note que j'ai prise le jour où cette malade quitta l'établissement :

« Très-améliorée sous tous les rapports et en bonne voie de guérison. Les battements du cœur examinés le matin après le sommeil ne sont plus tumultueux ; on les distingue parfaitement. Le bruit de souffle mitral est fort affaibli et celui de l'orifice aortique, quoique prédominant, fort adouci.

La malade étant debout, ces bruits sont moins distincts et encore un peu tumultueux. Enfin, la percussion permet aussi de constater une diminution de volume du cœur. C'est là un bon signe, car il indique que le cœur revient sur lui-même et fait déjà moins d'efforts pour faire passer le sang à travers les orifices rétrécis. »

Après son retour chez elle, l'état de Mlle Catherine Bonnet s'améliora encore beaucoup. Peu de temps après, elle put reprendre ses occupations. Enfin, l'année suivante, elle n'eut pas besoin de revenir à Bagnols.

La maladie de Mlle Bonnet était arrivée à une période très-grave ; la moindre faute pendant le traitement et même après, aurait pu amener une catastrophe, comme nous le verrons dans l'observation suivante.

XXXIIe OBSERVATION

ANÉVRISME RHUMATISMAL DU CŒUR : RÉTRÉCISSEMENTS TRÈS-PRONONCÉS DE L'ORIFICE MITRAL ET DE L'ORIFICE AORTIQUE, INSUFFISANCE DES VALVULES SYGMOIDES, DILATATION CONSIDÉRABLE DE L'OREILLETTE ET DU VENTRICULE GAUCHE.

M. E. Huttet, 28 ans, négociant à Lyon, d'un tempérament lymphatico-nerveux, d'une constitution délicate, arriva à Bagnols le 8 juillet 1858. Lorsqu'il vint me consulter, il était très-essoufflé et ce ne fut qu'après quelques minutes de repos qu'il put me rendre compte de sa maladie.

Il avait eu, environ quinze mois auparavant, un rhumatisme aigu, non articulaire, en apparence léger, qui avait occupé les épaules, les parois de la poitrine et diverses parties du corps. Pendant l'existence de ses douleurs, il fut pris de palpitations et de battements de cœur beaucoup plus forts que de coutume; ces battements étaient tumultueux et désordonnés. Il avait de l'oppression, de la dyspnée, peu d'appétit, le sommeil, mauvais, était accompagné de cauchemars; la marche était difficile, surtout sur un plan incliné. Lorsque je voulus l'ausculter, il me fut impossible de distinguer autre chose qu'un *ou-ou* perpétuel. Je fus obligé de remettre mon examen au lendemain matin, et je lui recommandai, en conséquence, de ne pas se lever avant ma visite.

Au moment de l'examiner, je vis les battements du cœur soulever la poitrine, j'appliquai l'oreille sur la région précordiale, et après un moment, je pus distinguer un bruit de souffle très-prolongé. Au premier temps, *tirre*, annonçait un rétrécissement de l'orifice mitral, immédiatement suivi d'un second bruit *fre* faisant pour ainsi dire corps avec lui, et indiquant un rétrécissement de l'orifice aortique ; enfin un troisième bruit *tarre*, dénotait un retour du sang de l'aorte dans le ventricule, et par conséquent, une insuffisance des valvules sygmoïdes. Ces battements pouvaient donc être notés ainsi : *tirre-fre-tarre.* Enfin la percussion me fit reconnaître un accroissement très-marqué du volume du cœur du côté de l'oreillette et du ventricule gauche. Les efforts que les parois de l'oreillette avaient été obligées de produire pour faire traverser au sang des orifices durs et fort rétrécis, avaient usé leur ressort et fort affaibli leurs parois, lesquelles n'avaient plus que bien peu de force et d'élasticité. Mon pronostic fut très-défavorable. Je lui recommandai donc beaucoup de docilité et beaucoup de précision dans l'exécution du traitement.

Traitement. — Pendant deux jours, ce malade but deux

verres d'eau ; le troisième et le quatrième, il y joignit un bain de 10 minutes à mi-corps et à 33° centigrades ; enfin, un bain de pieds à eau courante. Comme ces deux bains avaient amené un peu de surexcitation, et pour éviter que la fièvre thermale ne devînt trop forte, il suspendit le cinquième et le sixième jours, et il prit deux verres d'eau-de-sedlitz qui le purgèrent convenablement et calmèrent la surexcitation. Du septième au onzième jour, il reprit la boisson de l'eau thermale, les bains de vingt à quarante minutes et de 33 à 38° centigrades, lesquels furent bien supportés. Le onzième jour, je me décidai à le faire passer à l'étuve pendant cinq minutes ; le douzième jour il y resta dix minutes et les jours suivant quinze, sans accident.

Bientôt il s'établit une douce transpiration qui augmenta peu à peu et détermina une détente et une amélioration considérables. Comme toujours, l'appétit et le sommeil reparurent, les palpitations diminuèrent ainsi que l'oppression et la dyspnée, et M. Huttet put, sans se fatiguer, marcher une heure et monter facilement. Les battements du cœur devinrent plus réguliers et plus forts, et la gaîté reparut avec la santé. Enfin après dix-huit jours, je lui fis arrêter tout traitement.

Voici l'état dans lequel M. Huttet se trouvait au moment de son départ :

La santé générale était bonne ; sous ce rapport il avait beaucoup gagné. Les palpitations avaient en grande partie disparu ainsi que le soulèvement de la poitrine qui les accompagnait ; l'oppression et la dyspnée n'existaient plus. Le malade faisait des promenades de trois heures sur la montagne, il gravissait un escalier assez vite sans être essoufflé, il mangeait et dormait très-bien sans cauchemars ; l'auscultation permettait de distinguer très-bien les bruits du cœur qui s'étaient régularisés et les bruits de souffle qui existaient au premier et au deuxième temps, s'étaient beaucoup adoucis.

Après le départ, l'amélioration se prononça de plus en plus ;

M. Huttet put reprendre ses affaires et voyager ; mais, comme c'était un jeune homme, vif, ardent, aimant les plaisirs à l'excès, dans un voyage qu'il fit à Paris, trois mois après, il mourut subitement, très-probablement à la suite d'une rupture du cœur.

Si M. Huttet eût attendu, à l'année 'suivante, que sa guérison fût bien consolidée, cette terminaison funeste ne serait certainement pas arrivée.

XXXIIIe OBSERVATION

ANÉVRISME RHUMATISMAL DU CŒUR : RÉTRÉCISSEMENT TRÈS-ACCENTUÉ DE L'ORIFICE AORTIQUE ; INSUFFISANCE DES VALVULES SYGMOIDES ; GRANDE DILATATION DU VENTRICULE GAUCHE.

Mlle Marguerite, comtesse de Tournon, 15 ans, demeurant avec ses parents, au château du Verger (Ardèche), tempérament lymphatico-nerveux, constitution délicate. Cette malade me fut adressée par M. Richard (de Nancy), directeur de l'école de médecine de Lyon. Elle arriva à Bagnols, le 15 juillet, accompagnée de sa mère et de plusieurs domestiques. Elle était si faible, qu'on craignait qu'elle ne pût supporter le voyage. Aussi l'emmena-t-on dans une berline, et à petites journées.

Il y avait sept ans que Mlle de Tournon avait été atteinte pour la première fois d'un rhumatisme articulaire aigu, avec gonflement des articulations malades. Depuis lors, elle avait eu, à l'entrée du printemps ou de l'été, plusieurs attaques, une tous les ans, avec fièvre ; ce qui l'obligeait à garder le lit pendant quinze jours ou trois semaines.

Ce n'était cependant que depuis trois ans que Mlle de Tournon s'était aperçue qu'après l'attaque, elle éprouvait des palpitations qui, depuis, allèrent toujours en augmentant. Ces palpitations avaient résisté à l'emploi de la digitale et des vésicatoires volants et de beaucoup d'autres remèdes. C'est alors que M. Richard (de Nancy), qui avait déjà vu plusieurs des malades qu'il m'avait envoyés, revenir de Bagnols, guéris ou très-améliorés, voulut bien me l'adresser.

Voici l'état dans lequel se trouvait cette malade, à son arrivée à Bagnols :

Mlle de Tournon est très-grande, mince, élancée ; la figure est d'une pâleur mate, la peau est fine et blanche. D'une grande faiblesse, elle avait des palpitations qui redoublaient au moindre mouvement. A chaque battement de cœur, la poitrine se soulevait. Ce soulèvement était visible à l'œil nu. La respiration était courte, la parole brève et entrecoupée. Enfin, il y avait de l'oppression, de la dyspnée, et la marche était très-difficile. Deux personnes étaient obligées de la tenir sous les bras.

Lorsque je l'auscultai pour la première fois, je trouvai les battements du cœur tumultueux, désordonnés, et je ne pus les analyser ; je n'entendais que des bruits confus de *ou-ou*, *ou-ou*, même assez faibles. Je remis donc l'examen au lendemain, avant que la malade ne fût levée.

Mme de Tournon, mère, aurait voulu avoir mon avis immédiatement, en quoi je ne pus la satisfaire. Elle passa le reste de la journée et la nuit dans une grande inquiétude, et attendit impatiemment mon arrivée le lendemain matin. J'examinai alors Mlle de Tournon avec la plus sérieuse attention, et je parvins à démêler assez facilement le véritable état des choses. Je trouvai un premier battement de cœur *tic*, très-net, ce qui démontrait qu'il n'y avait rien dans l'oreillette ainsi que dans l'orifice mitral et sa valvule. Le second battement était précédé d'un bruit de souffle relativement fort, et pouvait être noté ainsi: *fre*. L'orifice aortique se trouvait donc rétréci, dur, et les tissus qui entrent dans sa composition étaient épaissis et rigides. Enfin, après le bruit de souffle et immédiatement après, on percevait un second bruit de souffle *tarre*, qui paraissait continuer le premier. La sensation donnée à l'oreillette était donc celle-ci: *tic-fri-tarre*. Ce dernier bruit, *tarre*, était l'indice qu'une partie du sang chassé dans l'aorte par le ventricule, refluait dans ce ventricule, par suite d'une insuffisance des valvules sygmoïdes. Enfin, la percussion indiquait une augmentation considérable de volume du cœur, un tiers environ en plus du volume normal. Somme toute, en présence de ces symptômes réunis, et de la grande faiblesse du sujet, le pronostic ne pouvait être favorable. J'en fis part à la mère, avec des formes adoucies, pour ne pas porter le trouble et la désolation dans son âme. Je lui dis qu'avec beaucoup de prudence et de soumission, on pouvait conserver l'espérance de rendre à sa fille une santé relative, mais que le moindre écart dans le régime et dans l'usage des eaux pourrait être funeste.

Traitement. — Les trois premiers jours, Mlle de Tournon but de un à deux verres d'eau thermale, seulement, et prit un bain de pieds à eau courante. A dater du quatrième, elle y joignit un bain à mi-corps, de cinq, dix et quinze minutes, à 32, 33 et 34 degrés centigrades, sous ma surveillance spéciale. Les septième et huitième jours, elle se reposa et prit un léger purgatif salin pour atténuer l'action de la fièvre thermale qui parut à peine. Les neuvième, dixième, onzième et douzième jours, elle reprit les eaux en boisson et les bains, qu'elle supporta très-bien. A partir de ce moment, il s'établit une transpiration douce qui augmenta peu à peu et fut promptement suivie d'une grande amélioration. Les palpitations diminuèrent, ainsi que l'essoufflement et la dyspnée; les battements du cœur devinrent distincts à toute heure du jour; le bruit de souffle aortique diminua; l'appétit augmenta ainsi que la force; la marche devint non-seulement possible, mais même facile. Au quinzième jour, la malade marchait pendant dix minutes, un quart d'heure sans se fatiguer, et montait aussi les escaliers. Enfin, au départ, qui eut lieu le 4 août, après vingt-un jours de traitement, l'amélioration s'était tellement accentuée, que Mlle de Tournon se serait sentie capable de marcher pendant deux heures, mais je m'opposai formellement à toute espèce d'imprudence ou d'excès.

Six semaines après son retour chez elle, et sous l'influence consécutive des eaux, l'amélioration se prononça d'une manière extraordinaire. Mlle de Tournon put reprendre ses études, qu'elle avait été obligée d'abandonner, marcher et courir, sans être fatiguée et sans éprouver ni palpitations, ni dyspnée. Elle passa à Lyon un excellent hiver, sans avoir d'attaques de rhumatismes, et résis'a, sans accidents, à une croissance forte et rapide qui avait dû déterminer dans les poumons et dans le cœur une très-grande augmentation de volume. Enfin, la pâleur avait fait place chez elle à de belles couleurs.

Mlle de Tournon aurait certainement pu se dispenser de revenir à Bagnols en 1859, mais M. Richard exigea, pour ainsi dire, qu'elle y retournât, pour consolider sa guérison. Elle y arriva donc le 11 juillet 1859, presque entièrement guérie de sa grave maladie. L'effet des eaux avait été extrêmement remarquable et avait dépassé mes espérances. Tous ceux qui l'avaient vue l'année précédente, dans une si triste position, étaient étonnés de la revoir si belle et dans un état si florissant; elle sautait, dansait et faisait des courses de trois heures sur la montagne, où des vues pittoresques excitaient à chaque instant sa curiosité. Les battements du cœur s'étaient bien régularisés, et le bruit de frottement intermédiaire était presque insensible. Les deux battements étaient distincts, le premier plus fort que le second. On sentait qu'il y avait encore de la résistance à vaincre. L'excès de volume du cœur était à peu près nul. Cet organe était bien revenu sur lui-même, ses tissus avaient repris leur force et leur élasticité ; il en était de même des tissus de l'orifice aortique et des valvules sygmoïdes.

Je pus donc, sans crainte, soumettre Mlle de Tournon à un traitement plus énergique que l'année précédente. Après trois bains particuliers à 35, 36 et 37° centigrades, elle prit des bains de piscine à 40°, des étuves et des douches sur les parties qu avaient été le plus affectées de rhumatisme et où il existait encore un peu de raideur. Telle fut la médication que je prescrivis et qu'elle supporta très-bien. Après dix-huit jours de traitement, elle partit dans un état de santé à peu près parfait.

Ce fait est remarquable ; la jeune personne qui en fait l'objet était gravement atteinte, la malade était d'une grande faiblesse, les lésions du cœur se trouvaient dans un état très-avancé ; les parois du cœur étaient telles qu'il y avait lieu de craindre la rupture de l'organe, et cela serait certainement arrivé, si l'on eût administré les eaux sans mesure et sans prudence.

XXXIVᵉ OBSERVATION

ANEVRISME RHUMATISMAL DU CŒUR ; RÉTRÉCISSEMENT DE L'ORIFICE AORTIQUE ; INSUFFISANCE DE LA VALVULE MI-TRALE ; DILATATION DU VENTRICULE GAUCHE.

Mlle Séraphine Dumas, 12 ans, de Saint-Etienne-de-Joubelon (Ardèche), d'un tempérament lymphatique, d'une constitution moyenne, fut prise, après avoir éprouvé un refroidissement, de quelques douleurs rhumatismales. Peu de temps après, on s'aperçut que le cœur battait plus fort que de coutume, qu'elle s'essoufflait plus facilement en montant un escalier ou en courant. Bientôt cet état morbide augmenta, et on fut obligé de la retirer de pension, où elle n'allait que depuis trois mois. Pendant les trois dernières années qui venaient de s'écouler, on fut obligé de la garder dans la maison paternelle, où elle faisait son éducation. Trois mois plus tard, on se décida à la remettre en pension, parce qu'une légère amélioration paraissait s'être manifestée ; mais bientôt ayant recommencé à souffrir, et sur l'ordonnance du médecin, on se décida à la conduire à Bagnols, où elle fut amenée par son père, négociant en soie moulinée, et qui se trouvait précisément atteint de la même maladie.

Au moment de ma consultation, voici quel était son état : palpitations assez fortes, oppression, dyspnée et essoufflement sous l'influence de la marche, laquelle s'exécutait difficilement, surtout en montant ; pas d'appétit, sommeil troublé par des rêves sinistres.

A l'auscultation, je reconnus dans le cœur l'état suivant : le premier bruit *tic*, était intact et beaucoup plus fort que le second. Ce dernier bruit, sourd et accompagné de souffle, indiquant un rétrécissement assez prononcé de l'orifice aortique, s'accompagnait d'un bruit de frottement qui le masquait un peu et qui annonçait le reflux d'une certaine quantité de sang du ventricule dans l'oreillette gauche, pendant qu'il se contractait par suite d'insuffisance de la valvule mitrale. Enfin, la percussion démontrait une augmentation de volume du ventricule gauche.

Le traitement consista en boisson de l'eau thermale, pendant deux jours, à la dose de un à deux verres d'eau. Les trois jours suivants, la malade y joignit un bain à 33, 34 et 35 degrés centigrades, de 15 à 30 minutes. Le sixième, la malade se reposa.

Les septième et huitième jours, même traitement. Les jours suivants, Mlle Dumas prit une étuve de 5, 10 à 15 minutes, et elle continua ainsi pendant le reste du traitement. Vers le huitième jour, il s'établit une sueur qui augmenta peu à peu. L'amélioration se montra en même temps et s'accentua successivement : l'appétit et le sommeil se rétablirent, les palpitations, 'essoufflement et la dyspnée diminuèrent beaucoup; la marche devint plus facile, même en montant. Mlle Dumas put prendre enfin un exercice salutaire et arriva à pouvoir faire jusqu'à 2 à 3 kilomètres sans être fatiguée.

Le père de notre malade, M. Eugène Dumas, âgé de 45 ans, d'un tempérament lymphatique, d'une constitution moyenne, était atteint, comme sa fille, d'un rétrécissement de l'orifice aortique et d'une insuffisance mitrale avec dilatation du ventricule gauche. M. Dumas vit son état s'améliorer considérablement sous l'influence d'un traitement analogue, qu'il suivit du 29 juillet au 10 août, avec cette différence qu'au lieu de prendre des bains particuliers pendant toute la durée de son séjour aux eaux, il put, après la première semaine, aller aux piscines à 40 degrés de chaleur, sans inconvénient.

La veille du départ, la jeune fille offrait des battements de cœur beaucoup plus réguliers ; les tissus de l'orifice aortique et de la valvule mitrale s'étaient assouplis, avaient repris leur élasticité et permettaient au sang de traverser plus facilement cet orifice, et à la valvule mitrale d'obturer presque complétement l'orifice de ce nom. Les parois du ventricule gauche ayant moins d'efforts à exercer, étaient revenues sur elles-mêmes, et toutes les lésions organiques qui s'étaient manifestées sous l'influence du rhumatisme, étaient en voie de guérison. L'amélioration, déjà survenue sur place, augmenta rapidement après le départ, si bien que le père et la fille n'eurent plus besoin de retourner à Bagnols.

XXXVᵉ OBSERVATION

ANÉVRISME RHUMATISMAL DU CŒUR : RÉTRÉCISSEMENT PRO-
NONCÉ DE L'ORIFICE AORTIQUE ; RÉTRÉCISSEMENT DE L'ORI-
FICE MITRAL ; INSUFFISANCE DE LA VALVULE MITRALE ;
DILATATION DU VENTRICULE ET DE L'OREILLETTE.

Mme Jeanne-Marie Picard, 30 ans, ourdisseuse à Saint-
Etienne (Loire), tempérament lymphatique, constitution
moyenne.

Cette dame, venue à Bagnols le 30 juillet 1858, m'apprit
qu'elle avait eu, treize ans auparavant, un rhumatisme articulaire. Depuis cette époque, elle avait été atteinte six fois de cette
affection. La dernière fois, des symptômes morbides s'étaient
montrés du côté du cœur. Mme Picard avait, en effet, des palpitations, de l'oppression, de l'essoufflement ; elle s'enrhumait
souvent, rendait des crachats le plus souvent opaques, mais
quelquefois teints de sang rouge. Elle n'avait pas d'appétit,
son sommeil était mauvais et agité par des rêves pénibles.
Enfin, comme elle voyait sa maladie augmenter au lieu de
diminuer, elle redoutait une issue funeste ; je la rassurai de
mon mieux. A l'auscultation, je trouvai des battements très-
irréguliers, tumultueux, et très-difficiles à analyser. Je lui
prescrivis un bain particulier de 20 minutes, à 33 degrés centigrades, dans l'après-midi, et remis mon examen au lendemain
matin, avant son lever. Je trouvai alors des battements que je
pus noter ainsi : *tirre, tarre-fre ;* le premier, *tirre,* indiquait

un rétrécissement de l'orifice mitral, le deuxième, *tarre*, était moins fort que le premier et un peu masqué par le bruit terminal *fre ;* le second bruit annonçait évidemment un rétrécisment de l'orifice de l'aorte, dont les tissus étaient indurés ; et le bruit ‖terminal *fre* dénotait une insuffisance de la valvule mitrale et le retour d'une partie du sang du ventricule dans l'oreillette. Enfin il y avait une augmentation considérable du volume du cœur, portant à la fois sur l'oreillette et le ventricule. C'était l'insuffisance mitrale qui donnait lieu à la toux et aux crachats sanguinolents, par suite du refoulement du sang dans le poumon et de congestion pulmonaire. D'après la force des battements, les parois du cœur et de l'oreillette me parurent être dans un état tel qu'il n'y avait pas à craindre de rupture.

Le traitement consista en boisson de l'eau thermale et en un bain à 34 degrés centigrades, et de 25 minutes les premier, deuxième et troisième jour. Le quatrième, repos.

Les jours suivants, jusqu'au huitième, je prescrivis une étuve de 10 minutes. Comme elle supporta bien le traitement et qu'elle y était habituée, je la fis passer aux piscines, dix minutes la première fois, vingt minutes la deuxième, et une demi-heure les jours suivants. Cette médication ne l'éprouva pas trop, mais elle amena une sueur abondante. A dater du dixième jour, Mme Picard commença à sentir un mieux très-sensible ; l'appétit fut plus vif, le sommeil plus calme et plus réparateur, les palpitations diminuèrent de jour en jour, ainsi que l'essoufflement et la dyspnée. La marche devint plus facile, même en montant.

Enfin, au départ, qui eut lieu le 24 août, Mme Picard se trouvait dans un état satisfaisant. L'auscultation démontrait que les battements du cœur s'étaient bien régularisés par suite du ramollissement des tissus des orifices cardiaques, que le cœur prenait moins de peine pour y faire passer le sang, qu'il y avait moins de frottements pendant la traversée de ce liquide, et que par cela même, les bruits devaient être moins rudes.

Après le départ, l'amélioration se continua rapidement. Notre malade put reprendre ses occupations et n'eut pas besoin de revenir l'année suivante. Dès la première saison, elle avait obtenu tout ce qu'elle pouvait obtenir.

XXXVIe OBSERVATION

ANÉVRISME RHUMATISMAL DU CŒUR : TRÈS-FORT RÉTRÉCISSEMENT DE L'ORIFICE AORTIQUE ; INDURATION DES VALVULES SYGMOÏDES SANS INSUFFISANCE DE CES VALVULES ; DÉVELOPPEMENT TRÈS CONSIDÉRABLE DU VENTRICULE GAUCHE.

M. Gédéon Chatin, 38 ans, négociant à Grenoble (Isère). Tempérament lymphatique, constitution délicate.

M. Chatin fut atteint, en 1854, d'un rhumatisme articulaire aigu, qui le retint 50 jours au lit. Peu à peu, il se rétablit; mais sa santé ne fut jamais comme auparavant; il resta affecté de palpitations, qui augmentèrent peu à peu, et finirent par l'empêcher de se livrer à ses occupations et à ses travaux. Depuis, M. Chatin a toujours conservé sinon une douleur aiguë, du moins une gêne douloureuse dans la région du cœur et dans le cœur lui-même. Cette douleur était sourde et profonde.

Ce malade fut envoyé à Bagnols par son médecin, qui avait appris les cures qui s'y produisaient dans ces sortes de cas ; il y arriva le 7 août 1858.

Lorsque je l'auscultai, je trouvai que les battements du cœur étaient bien séparés et pouvaient être notés ainsi : *tic-fre-ac, tic-fre-ac ;* le premier battement était beaucoup plus fort que le second.

Le premier, *tic*, était intact, mais le second était accompagné d'un fort bruit de souffle qui indiquait que l'orifice aortique était rétréci et les valvules sygmoïdes indurées, sans insuffisance, puisque le bruit se prolongeait et se terminait par *ac*, au lieu d'être immédiatement suivi d'un autre bruit de frottement masquant la terminaison *ac*. L'auscultation démontrait une forte dilatation du ventricule gauche pouvant augmenter le volume du cœur d'un tiers. Cet accroissement dans le volume de cet organe provenait de ce qu'il était obligé de dépenser beaucoup de force pour vaincre la résistance qui lui était opposée à l'orifice aortique. Malgré cela, le pronostic n'était point défavorable.

M. Chatin conservait l'appétit, mais avait un mauvais sommeil, entrecoupé de mauvais rêves ; il était oppressé et avait de la dyspnée, surtout en montant un escalier ; il marchait assez bien, mais ne pouvait faire de longues courses.

Le traitement consista pendant les deux premiers jours en boisson de l'eau thermale et en deux bains à mi-corps à 34 degrés centigrades, d'une demi-heure de durée. A dater du troisième jour, le malade prit des bains de piscine à 40 degrés centigrades, pendant une demi-heure. Repos le cinquième jour, afin d'éviter que les accidents de la fièvre thermale ne la fatiguassent trop. Le sixième, il recommença ce même traitement en y ajoutant une étuve de dix minutes. Une abondante transpiration s'établit et continua pendant le

reste du traitement. Vers le dixième jour, une amélioration
notable se manifesta. Les palpitations diminuèrent, ainsi que
l'oppression et la dyspnée, le sommeil fut plus calme et plus
réparateur; l'appétit augmenta beaucoup. La marche devint
plus facile, même en montant; il put faire des courses de 2 à
3 kilomètres, les bruits de souffle du cœur s'adoucirent, ce
qui annonçait que les tissus de l'orifice aortique et des valvules sygmoïdes avaient perdu une partie de leur épaisseur et
étaient devenues plus souples et plus élastiques. Enfin le ventricule était en partie revenu sur lui-même, parcequ'il éprouvait moins de difficultés pour faire pénétrer le sang dans
l'aorte.

M. Chatin partit le 22 août, en voie de guérison. Sous l'influence de l'action consécutive des eaux, quelques mois après
son retour chez lui, sa santé s'améliora encore beaucoup, les
palpitations disparurent tout à fait; il passa un très-bon hiver,
enfin il put reprendre ses opérations et ses travaux. Il n'a
pas eu besoin de revenir; sa cure a été complète dès la
première année.

XXXVIIe OBSERVATION

ANÉVRISME RHUMATISMAL DU CŒUR : RÉTRÉCISSEMENT DE L'ORIFICE AORTIQUE AVEC ENDURCISSEMENT DES VALVULES SYGMOÏDES ; RÉTRÉCISSEMENT DE L'ORIFICE AURICULO-VENTRICULAIRE ; INSUFFISANCE DE LA VALVULE MITRALE AUGMENTATION CONSIDÉRABLE DU VOLUME DU CŒUR PORTANT SUR LE VENTRICULE ET L'OREILLETTE GAUCHE.

Mme Philippine Mazer, 37 ans, receveuse aux mines de Mollière (Gard). Bien réglée, d'un tempérament lymphaticobilieux, d'une constitution assez robuste, arriva à Bagnols le 17 août 1858.

Dès sa première visite , cette malade me raconta qu'à la suite d'une couche qui avait eu lieu au mois de novembre précédent, elle avait été prise de douleurs rhumatismales dans les poignets. Vers le mois de juin, s'étant baignée dans un ruisseau, elle fut reprise, peu de temps après, de douleurs nouvelles, qui changeaient de place ; elles occupaient tantôt les membres supérieurs, tantôt la poitrine ; une fois, elles se fixèrent dans le côté gauche et furent si violentes, qu'elles nécessitèrent un traitement assez actif, sangsues, emplâtre, vésicatoires, etc.

Depuis cette époque, Mme Mazer souffrit de palpitations qui l'empêchaient de marcher vite, de monter sans être essouflée, et sans avoir des battements de cœur précipités. Le rhumatisme s'était donc porté sur le cœur et y avait produit des désordres qui étaient la cause de l'affection dont elle se plaignait. La douleur qu'elle avait éprouvée au côté gauche, son siége, sa durée, et les moyens énergiques de traitement qui avaient été employés, indiquaient bien que le péricarde et l'endocarde avaient été atteints d'inflammation, laquelle avait laissé des lésions qu'il s'agissait de déterminer.

Par l'auscultation, je trouvai des bruits tumultueux et confus, assez difficiles à analyser. Le lendemain, avant que la malade ne fût levée, je pus reconnaître un premier bruit fort, pouvant être noté ainsi : *tirre* et indiquant un rétrécissement de l'orifice mitral ; un second bruit très-sourd, *fre*, annonçant un rétrécissement moyen de l'orifice aortique. Ce second bruit avait lieu simultanément avec un troisième bruit, *fre*, qui le masquait et le rendait sourd. Ce troisième bruit provenait d'une insuffisance de la valvule mitrale, qui laissait repasser dans l'oreillette une partie du sang du ventricule pendant qu'il se contractait. Enfin, les parois du ventricule et de l'oreillette étant obligés de faire des efforts plus grands pour vaincre les obstacles qui existaient aux orifices, avaient perdu une partie de leur ressort, d'où était résulté une dilatation de leur cavité et une augmentation de volume du cœur. Cette augmentation de volume pouvait équivaloir au tiers de celui de l'organe. Les parois du ventricule et de l'oreillette étaient faibles. C'était un indice démontrant qu'il fallait user de ménagement dans le traitement.

Traitement. — Les deux premiers jours, eau thermale en boisson ; le troisième et le quatrième, bains à mi-corps à 33 et 34 degrés centigrades, et de 25 à 30 minutes de durée. Le cinquième jour, apparition des règles, repos. A dater du sixième jour, continuation du traitement, bains à 36, 37 et 38 degrés centigrades, de 30 minutes. Etuves de 5, 10 et 15 minutes. Transpiration douce qui augmenta peu à peu et devint très-abondante. Vers le dixième jour, amélioration notable, palpitations moins fortes, essoufflement et dyspnée diminués, appétit bon, sommeil plus calme, marche plus facile, promenades de 2 kilomètres sans fatigue. Chaque jour, l'amélioration augmenta, jusqu'au départ, qui eut lieu le 3 septembre.

Les lésions cardiaques avaient alors beaucoup diminué, par suite du ramollissement et de l'amincissement des tissus entrant dans la composition des orifices. Les parois des cavités, se contractant moins fortement pour faire pénétrer le sang à travers les orifices, étaient revenues sur elles-mêmes et avaient repris leur énergie et leur élasticité.

Mme Mazer put reprendre ses occupations en arrivant chez elle. L'amélioration augmenta beaucoup pendant l'hiver, qu'elle passa très-bien, de sorte qu'elle n'eut pas besoin de revenir la saison suivante. La première avait suffi pour compléter sa guérison.

XXXVIII° OBSERVATION

ANÉVRISME RHUMATISMAL DU CŒUR: RÉTRÉCISSEMENT MOYEN
DE L'ORIFICE AORTIQUE ; LÉGÈRE INSUFFISANCE DES VAL-
VULES SYGMOÏDES ; RÉTRÉCISSEMENT DE L'ORIFICE PULMO-
NAIRE ; EMPATEMENT DU FOIE.

Mme Geneviève Dufeu, 47 ans, limonadiére à Vienne (Isère
d'un tempérament lymphatico-bilieux, d'une constitution assez
robuste, non réglée, vint à Bagnols le 25 août 1858. Elle avait été
prise, environ 7 ans auparavant, de douleurs rhumatismales
siégeant au dos des pieds. Peu de temps après, elle s'a-
. perçut qu'elle s'essoufflait en marchant vite et en gravissant un
escalier. Sous l'influence des frictions, les douleurs des pieds
disparurent, mais les palpitations persistèrent ainsi que l'essoufflement et la dyspnée ; il se joignit à cela, une grande
fatigue de l'estomac. Les digestions étaient si mauvaises et si
pénibles, qu'elle fut obligée de diminuer peu à peu ses aliments
et d'en arriver à ne presque rien prendre. Toutefois,
quand elle vint me consulter pour la première fois, elle avait
repris un peu d'appétit et mangeait assez bien ; constipation
habituelle.

En l'auscultant, je constatai l'état suivant : deux battements
dont le premier, *tic*, très-distinct et très-fort, était séparé du
second par un bruit de souffle très-manifeste, *ferr*, terminé

par *ac*, auquel se joignait un second bruit de souffle *tre*, annonçant un fort rétrécissement de l'orifice aortique, tandis que
le dernier bruit, *tre*, qui avait lieu simultanément avec *ac* et le
masquait un peu, était l'indice d'une insuffisance des valvules
sygmoïdes. A ce bruit s'ajoutait un autre bruit de souffle situé
plus haut, plus à droite et succédant à premier bruit normal.
Ce bruit avait lieu à l'orifice pulmonaire, et indiquait un rétrécissement de cet orifice. La face était cyanosée et les lèvres
présentaient une teinte bleue caractéristique. Enfin, le volume
du cœur était considérable, par suite de la dilatation des deux
ventricules.

Les parois du cœur conservaient, fort heureusement, encore
assez d'énergie et d'élasticité, pour vaincre la résistance
qu'opposaient au passage du sang les deux orifices aortique
et pulmonaire, ce qui, malgré l'existence d'une lésion à l'orifice pulmonaire, diminuait la gravité du pronostic relativement
au cœur. La malade était en outre atteinte d'un engorgement
ou empâtement du foie, lequel fonctionnait mal. Un traitement
modéré et suivi avec beaucoup de prudence dut cependant être
institué.

En conséquence, les deux premiers jours, Mme Dufeu ne but
que deux et trois verres d'eau. Les troisième et quatrième, elle
y ajouta un bain à mi-corps à 33 et 34 degrés centigrades, de
15 et 20 minutes. Le cinquième, elle se reposa et prit un léger
purgatif salin. Les jours suivants, elle reprit son traitement.
Comme elle le supportait bien, je lui fis administrer en plus
quelques étuves de 10 minutes. Alors la transpiration s'établit,
elle augmenta peu à peu et devint très-abondante. Vers le
onzième jour, son teint s'éclaircit, le bleu des lèvres diminua ;
c'était l'indice que le sang passait mieux dans l'orifice pulmonaire. Les palpitations diminuèrent ainsi que l'oppression et
la dyspnée, ce qui prouvait que l'orifice aortique se dégageait et
que les tissus morbides se ramollissaient, devenaient plus élastiques, et opposaient moins de résistance au passage du sang.

Mme Dufeu put partir le 8 septembre ; elle avait alors bon appétit et bon sommeil. La marche était facile, elle pouvait faire plusieurs kilomètres sans être fatiguée, les palpitations et la dyspnée étaient presque nulles, les battements du cœur plus distincts, plus réguliers, et les bruits de souffle à peine sensibles. Enfin, l'augmentation de volume du cœur avait, en grande partie disparu. Les parois de cet organe étant obligées de faire moins d'efforts, étaient revenues sur elles-mêmes et avaient repris leur force et leur élasticité ; le foie considérablement diminué, et moins douloureux, n'était cependant pas entièrement réduit.

Mme Dufeu s'empressa de revenir faire une saison en 1859 ; elle arriva aux Eaux le 6 juillet. Sous l'influence de son premier traitement thermal, l'amélioration avait beaucoup augmenté, les battements du cœur s'étaient régularisés et ils étaient distincts à gauche. Le rétrécissement aortique, ainsi que l'insuffisance des valvules sygmoïdes, étaient bien diminués, mais un bruit de frottement manifeste existait encore à droite entre les deux battements, ce qui indiquait que le rétrécissement pulmonaire persistait à un certain degré.

Quant au foie, il avait conservé un volume plus fort que celui de l'état normal ; il débordait encore légèrement les côtes et s'élevait au niveau de la troisième ; c'était donc à la face convexe qu'existait l'augmentation de volume. Somme toute, Mme Dufeu avait passé une excellente année, en comparaison de l'état ou elle se trouvait l'année précédente ; elle avait pu reprendre ses occupations, tout en voyant augmenter le bien-être qu'elle avait acquis aux Eaux.

En 1859, elle put suivre un traitement plus fort. Après quelques jours de préparation, elle alla aux piscines et prit quelques douches, ce dont elle se trouva très-bien. Après douze jours de traitement, elle partit en très-bon état sous tous les rapports.

18.

XXXIXᵉ OBSERVATION

ANÉVRISME RHUMATISMAL DU CŒUR: RETRÉCISSEMENT PRO-
NONCÉ DE L'ORIFICE AORTIQUE ; INDURATION DES VALVULES
SYGMOIDES SANS INSUFFISANCE ; INSUFFISANCE DE LA VAL-
VULE MITRALE ; DILATATION DU VENTRICULE GAUCHE.

M. Pierre Perroud, 43 ans, secrétaire à l'archevêché de
Lyon, d'un tempérament lymphatico-nerveux, d'une constitution robuste, vint à Bagnols le 1ᵉʳ juillet 1859, par ordonnance
de son médecin, pour des palpitations dont il se plaignait
depuis longtemps, et qui d'abord faibles avaient augmenté peu
à peu au point de devenir très-gênantes pour l'exercice de ses
fonctions. Ces palpitations paraissaient avoir pris naissance
sous l'influence d'un rhumatisme.

C'est en 1858 que ce malade avait commencé à ressentir
des troubles bien manifestes dans la circulation du cœur. Il
consulta plusieurs des meilleurs médecins de Lyon, qui lui
conseillèrent beaucoup de remèdes : opium, digitale sous
diverses formes, vésicatoires à la région précordiale, cau-
tère dans la même région. Tous les moyens employés avec
persévérance ne produisirent aucun résultat avantageux.

Voici ce que je constatai chez ce malade à ma première
visite : les battements du cœur étaient très-irréguliers ; le

premier, *tic*, était fort et indiquait que les parois du ventricule gauche avaient conservé toute leur force de résistance ; le second que je notai ainsi : *terre-ac*, était sourd,
se passait au niveau des valvules sygmoïdes épaissies et se
trouvait séparé du premier par un bruit de souffle très-manifeste, *fre*, qui démontrait que l'orifice aortique très-rétréci
opposait une forte résistance au passage du sang dans l'aorte.

Un troisième bruit de frottement, *tre*, avait lieu en même
temps à l'orifice mitral ; il annonçait une insuffisance de cette
valvule qui laissait repasser une partie du sang du ventricule dans l'oreillette. Ce dernier bruit, *tre*, était en partie
masqué par le bruit de souffle aortique qui avait lieu en même
temps, et je le devinai au premier examen, plutôt que je ne le
perçus réellement. La toux était, en effet, accompagnée assez
souvent de crachats teints de sang rouge que le malade rendait surtout le matin, par suite de la congestion presque continuelle qui avait lieu dans le poumon gauche, en raison de la
répulsion du sang versé par les veines pulmonaires dans l'oreillette, par celui qui, du ventricule, refluait en sens opposé dans
cette même oreillette par l'orifice résultant de l'insuffisance
mitrale. Le cœur était d'un tiers plus gros que dans l'état ordinaire ; il y avait une légère voussure à la poitrine et les battements étaient visibles à l'œil nu.

Les jambes ne s'enflaient jamais, pas plus le soir que le
matin, mais il y avait des intermittences dans le pouls. Ces
intermittences se succédant après 4 à 5 pulsations, rendaient le
pouls, qui n'avait pas moins de 95 à 100 pulsations par minute,
très-difficile à compter. La face était pâle, anémique, légèrement bilieuse. L'appétit n'était pas fort, et le sommeil était
souvent agité. M. Perroud se réveillait en sursaut, éprouvant
des palpitations, de la dyspnée, couvert de sueurs froides, en
proie à des cauchemars. Quand notre malade montait ou
marchait un peu vite, les palpitations, l'oppression et la
dyspnée augmentaient, la moindre émotion ou excitation rame-

naient les pulpitations ; M. Perroud n'avait point d'éblouissements en se baissant.

Le traitement fut ainsi constitué : deux verres d'eau thermale nº 36, le matin, à jeun, à une demi-heure d'intervalle l'un de l'autre, pendant deux jours; bains de jambe d'un quart d'heure à 4 heures du soir ; les troisième et quatrième jours y joindre un bain à 33 et 34° centigrades de 15 à 30 minutes. Le cinquième jour, repos et légère purgation saline, le sixième jour et les jours suivants, reprendre le traitement, en y ajoutant une étuve de 10 minutes.

Ce traitement fut bien supporté ; une sueur d'abord modérée, qui augmenta peu à peu, se manifesta bientôt. Vers le dixième jour, l'amélioration se prononça : les palpitations, l'oppression et la dyspnée diminuèrent; la marche fut assez facile pour permettre au malade de faire des promenades de 2 à 3 kilomètres sans se fatiguer ; la toux diminua beaucoup ainsi que l'expectoration. L'appétit et le sommeil devinrent bons. Tous ces symptômes indiquaient manifestement que les lésions organiques se modifiaient, que les tissus se ramollissaient, devenaient souples et élastiques, qu'ils diminuaient de volume, que le passage du sang s'effectuait plus facilement par ses voies naturelles et que l'insuffisance valvulaire était moins forte, puisque les désordres qu'elle produisait diminuaient. L'auscultation vint confirmer nos prévisions. Les bruits du cœur étaient réguliers et le bruit de souffle beaucoup plus doux ; le ventricule était en partie revenu sur lui-même. Enfin au départ, qui eut lieu le 16 juillet, notre malade était en voie de guérison.

Une fois de retour à Lyon, l'amélioration fit des progrès rapides, il passsa un très-bon hiver ; il put reprendre ses études et ses travaux, et à la saison suivante il n'eut plus besoin de retourner à Bagnols.

XLe OBSERVATION

Anévrisme rhumatismal du cœur : rétrécissement de l'orifice auriculo-ventriculaire gauche; rétrécissement de l'orifice aortique ; insuffisance des valvules sygmoïdes ; dilatation de l'oreillette et du ventricule correspondants.

M. Paul de Vacheron, 34 ans, propriétaire à Saint-Claire (Isère), d'un tempérament lymphatico-sanguin, d'une constitution assez robuste, se rendit à Bagnols, d'après l'ordonnance de son médecin qui me l'adressa, le 6 juillet 1859.

A sa première visite, ce malade me dit qu'après avoir pris un bain dans le Rhône, en 1845, il fut atteint de douleurs rhumatismales qui se jetèrent sur diverses parties du corps et finirent par occuper le cœur; il y avait des époques dans l'année où il était plus malade. Dans ses moments de crise, il éprouvait des palpitations, de l'oppression et de la dyspnée, et il lui fallait alors rester dans un repos complet. D'autres fois, ces accidents étant beaucoup moins accentués, il éprouvait du calme pendant quelques mois. M. de Vacheron avait subi divers traitements, avec la digitale, avec l'aconit ; il avait eu des cautères sur la région précordiale ; mais toute cette thérapeutique n'avai produit qu'une amélioration momentanée.

Lors de ma première consultation, je ne pus apprécier exactement l'état dans lequel se trouvait M. de Vacheron, parce qu'alors les deux battements étaient confondus en un seul bruit très-long qu'on pouvait noter ainsi : *tirrere*. Mais le matin, avant son lever, je pus apprécier au premier temps un bruit de souffle, *tirre*, qui indiquait un rétrécissement de l'orifice mitral et au second temps un nouveau bruit de souffle, *fre*, distinct du premier, et qui se passait à l'orifice aortique rétréci. Ce bruit était immédiatement suivi d'un troisième bruit, *trre*, indice d'une insuffisance des valvules sygmoïdes. La percussion faisait reconnaître un accroissement considérable du cœur déterminé par la dilatation de l'oreillette et du ventricule gauches. Le pronostic ne pouvait donc être que très-grave. Enfin, notre malade éprouvait encore une douleur au bras gauche.

Le traitement fut institué en conséquence de la gravité de cet état :

Les premier et deuxième jours, deux verres d'eau le matin, à jeun, à un quart d'heure d'intervalle, source n° 41. Les deux jours suivants, outre l'administration de l'eau thermale en boisson, bain de 20 à 30 minutes, à 33 et 34 degrés centig. et à mi-corps. Le cinquième jour, repos et purgation.

Les jours suivants, reprise du traitement en y joignant, chaque jour, une étuve de 10 minutes.

Bientôt s'établit une douce transpiration, qui augmenta de jour en jour et devint très-abondante ; bientôt aussi la détente se fit. Le onzième jour, un mieux sensible se manifesta et s'accentua de jour en jour. Les palpitations diminuèrent, ainsi que l'essoufflement et la dyspnée, la marche devint plus facile même en montant, et M. de Vacheron put faire chaque jour plusieurs kilom. à pied, ce qui lui fit infiniment de plaisir. L'appétit augmenta, le sommeil devint calme et régulier, les rêves et les cauchemars cessèrent. Tout cela dénotait bien que les lésions qui existaient sur les orifices cardiaques avaient dimi-

nué et étaient en voie de résolution comme le démontrait
l'auscultation; les bruits étaient, en effet, plus distincts. Au lieu
d'être confondus on pouvait les distinguer à toute heure du
jour, bien que les bruits de souffle existassent encore ; alors
on pouvait les noter ainsi : *tir-tar-fre.* Une preuve encore
que les tissus situés aux orifices cardiaques s'étaient assouplis
et avaient diminué d'épaisseur, que ces orifices s'étaient élargis
et que le sang les traversait plus facilement, c'est que les parois
du ventricule et de l'oreillette étaient revenues sur elles-mêmes,
avaient repris leur force et leur élasticité et que le cœur avait
presque recouvré son volume normal.

Après son retour chez lui, l'amélioration continua ; M. de
Vacheron put reprendre ses occupations et chasser sans avoir
besoin de revenir à Bagnols.

XLIe OBSERVATION

ANÉVRISME RHUMATISMAL DU CŒUR : RÉTRÉCISSEMENT CONSI-
DÉRABLE DE L'ORIFICE AORTIQUE ; INSUFFISANCE DES VALVU-
LES SYGMOIDES ; ACCROISSEMENT CONSIDÉRABLE DE VOLUME
DU VENTRICULE GAUCHE.

M. Claudius Roux, 19 ans, rubanier, à Saint-Etienne, d'un

constitution moyenne, me fut adressé, par son médécin, à Bagnols où il arriva le 11 juillet 1859, et où il se mit entièrement à ma disposition.

A l'âge de 7 ans, il avait été atteint de douleurs de rhumatisme dans les jambes et dans les genoux. A l'âge de 12 ans, il avait eu une seconde attaque, encore dans les jambes, les genoux et dans l'articulation tibio-tarsienne. A dater de ce moment, notre malade commença à éprouver quelques douleurs dans la région précordiale, puis des palpitations qui augmentèrent peu à peu et arrivèrent au point de devenir très-gênantes.

Depuis deux ans surtout, il ne pouvait monter un escalier ou marcher un peu vite sans être essoufflé et sans sentir les battements de cœur se précipiter. Ces battements étaient devenus si fatigants qu'il fut obligé d'abandonner son état. Avant de venir à Bagnols, M. Roux avait eu recours à des applications réitérées de vésicatoires et avait subi divers traitements ou plutôt avait usé de tous les remèdes sans en ressentir aucun soulagement, et sans empêcher sa maladie de progresser. Enfin, les deux avant-derniers hivers, il avait éprouvé de nouvelles atteintes de rhumatisme aigu, avec fièvre, qui le retinrent plus d'un mois au lit et furent suivies d'une convalescence assez longue ; la dernière attaque surtout avait aggravé son état.

Lorsque je l'auscultai, je trouvai le premier battement du cœur, *tic*, naturel, très-fort, ce qui indiquait une grande résistance à l'orifice aortique, et par conséquent, un rétrécissement considérable en ce point. Le sang, en traversant cet orifice, donnait lieu à un bruit de souffle, *fre*, se terminant par *ac*; ce qui faisait *fre, ac*. Enfin, un second bruit de souffle, *tre*, qui succédait immédiatement au premier et annonçait une insuffisance des valvules sygmoïdes. D'après cette analyse, les battements du cœur donnaient le rhytme suivant: *tic-fre ac trre*. Enfin, cet état s'accompagnait d'une dilatation très-notable du ventricule gauche, qui avait un tiers environ en plus de son volume normal. Comme ces lésions, loin de guérir spontanément ou par d'autres remèdes ne faisaient que s'accroître, il est certain que si M. Roux eût tardé un ou deux ans de plus à venir à Bagnols, il aurait succombé à sa maladie. Au moment où je le vis pour la première fois, le pronostic était cependant assez favorable, parce que la force avec laquelle les parois du ventricule se contractaient pour pousser le sang à travers l'orifice aortique démontrait qu'elles étaient capables de résister encore longtemps.

Je notai encore, chez M. Roux, des intermittences dans le pouls toutes les 4 à 5 pulsations ; il semblait que chaque fois qu'elles se manifestaient, le sang avait vaincu un obstacle et qu'il s'opérait une sorte de bruit de déchirure.

Voici quel fut le traitement :

Les premier et deuxième jours, boisson seule de deux verres d'eau n° 41.

Les troisième, quatrième et cinquième jours, y ajouter un bain à mi-corps à 34, 35 et 36° centig. et d'une durée de 25 à 30 minutes.

Le sixième jour, repos et purgation.

Le septième et les jours suivants, reprendre le traitement et y ajouter une étuve de 10 minutes.

Bientôt la sueur s'établit, augmenta et devint abondante. Après le onzième jour, il se déclara une amélioration très-notable, l'appétit devint bon, le sommeil calme et réparateur, les palpitations, l'oppression et la dyspnée diminuèrent avec les lésions qui existaient à l'orifice aortique et aux valvules sygmoïdes ; l'orifice s'agrandit, les valvules diminuèrent d'épaisseur, leurs tissus reprirent leur élasticité, le sang circula plus librement, les parois du ventricule gauche reprirent peu à peu leur élasticité. En un mot, tout tendait à rentrer dans l'ordre normal.

Au départ, qui eut lieu le 6 août, après vingt-cinq jours

de traitement, voici la note transcrite sur mon registre d'observation :

Les battements du cœur sont distincts et séparés seulement par un bruit de souffle très-léger ; l'insuffisance des valvules sygmoïdes a disparu ; l'intermittence s'observe encore, mais très-inégalement, quelquefois toutes les trois ou quatre pulsations, d'autres fois toutes les quinze ou vingt seulement.

Sous l'influence immédiate et très-rapide des eaux, les accidents ont cessé, les chairs ont pris de la fermeté, l'appétit est bon, le sommeil excellent, il dort la tête basse sans oreiller et dans la position horizontale, marche deux ou trois heures sans se fatiguer, tandis qu'à son arrivée à Bagnols, il était las au bout de quelques minutes.

Il était donc manifeste que la maladie se trouvait en décroissance et qu'elle suivait sa marche habituelle, c'est-à-dire tendait vers la guérison.

Le malade partit heureux et content.

Peu de temps après son retour chez lui, il put recommencer à travailler. La fatigue que lui occasionnait son travail n'empêcha point l'amélioration de se continuer ; il passa un très-bon hiver et un bon printemps, et à la saison suivante il n'eut point besoin de revenir. L'amélioration avait continué et comme les récidives sont très-rares, il avait conservé le bénéfice de sa cure.

XLII° OBSERVATION

ANÉVRISME RHUMATISMAL DU CŒUR : RÉTRÉCISSEMENT TRÈS-PRONONCÉ DE L'ORIFICE AORTIQUE ; INSUFFISANCE DES VAL-VULES SYGMOIDES; DILATATION DU VENTRICULE GAUCHE.

Mlle Marie de Pom., 16 ans, née à Saint-Brieuc. Tempéra-ment lymphatico-nerveux, constitution moyenne, bien réglée. Cette malade fut envoyée à Bagnols par le professeur Bouil-laud ; elle y arriva le 14 juillet 1859.

Il y avait environ quatre ans que cette demoiselle avait été atteinte d'un rhumatisme articulaire aigu ayant duré trois mois, et qui avait occupé successivement toutes les articula-tions ainsi que la plupart des viscères, le péricarde et l'endo-carde, le péritoine, les intestins, la vessie, etc. Sous l'in-fluence d'un traitement; approprié, notre malade avait guéri de cette très-grave maladie, mais il lui était resté une en-docardite consistant surtout en un rétrécissement de l'orifice de l'aorte accompagné d'une insuffisance des valvules sygmoïdes. Ces deux lésions étaient parfaitement reconnaissables par l'auscultation, et les bruits pouvaient être notés de la manière suivante : premier bruit, *tic*, naturel, mais fort, ce qui indiquait une résistance à l'orifice aortique; le second bruit, *tac*, non perçu, était précédé d'un bruit de souffle, *fre,* qui indiquait un rétrécissement notable de l'orifice aortique,. et enfin il était marqué par un troisième bruit, *tre*, démontrant l'insuffisance des valvules sygmoïdes. Enfin, on trouvait une dilatation du ventricule qui augmentait d'un quart le volume du cœur. Les fortes contractions de cet organe étaient une preuve que le ventricule avait conservé beaucoup de force et d'élasticité. Le pronostic était donc favorable.

Outre les signes stéthoscopiques dont je viens de parler, il existait des signes physiques : palpitations, oppression, dyspnée, qui fatiguaient la malade pendant la marche, surtout en gravissant un escalier; l'appétit était diminué; le sommeil était entrecoupé par des rêves sinistres, et il ne pouvait avoir lieu dans la position horizontale.

D'après l'état du cœur, on pouvait soumettre cette jeune malade à un traitement assez énergique sans toutefois sortir des bornes de la prudence, car du moment où les malades guérissent avec un traitement faible, il est inutile de les exposer à des accidents possibles.

En conséquence, je commençai les quatre premiers jours à administrer à la fois deux verres d'eau par jour de la source ferrugineuse douce n° 41, et un bain par jour à mi-corps de 20 à 30 minutes plus un bain de pieds d'un quart d'heure le soir ; elle supporta bien cette médication.

Le cinquième jour, repos et légère purgation saline ; les jours suivants continuation du traitement, plus une étuve de 10 minutes.

La transpiration s'établit, d'abord légère, elle augmenta peu à peu, devint très-abondante vers le dixième jour. Ce fut aussi à cette époque du traitement que l'amélioration s'établit comme toujours. Les palpitations, l'essoufflement, l'oppression et la dyspnée diminuèrent, l'appétit se réveilla, le sommeil devint calme et réparateur. L'amélioration alla successivement en augmentant ; les signes stéthoscopiques démontrèrent que les lésions organiques du cœur diminuaient, l'orifice aortique s'élargissait par suitte du ramollissement et de l'amincissement

des tissus qui entraient dans sa composition et il en était de
même pour les valvules sygmoïdes ; aussi les bruits de frottements que produisait le sang en les traversant s'amendaient-
ils au fur et à meure que ces tissus devenaient plus mous,
plus minces et plus élastiques. Le volume du cœur avait aussi
beaucoup diminué.

Après dix-huit jours de traitement, notre malade se trouva
en bonne voie de guérison.

XLIII⁰ OBSERVATION

ANÉVRISME DU CŒUR DE CAUSE INDÉTERMINÉE : RÉTRÉCISSE-
MENT DE L'ORIFICE AORTIQUE; DILATATION DU VENTRICULE
GAUCHE

Mme Olympe B..., 37 ans, demeurant à Villeneuve-les-
Béziers (Hérault). D'un tempérement lymphatique, et d'une constitution moyenne, cette malade me fut envoyée à Bagnols par
son médecin, le 18 juillet 1859.

Cette dame prétendit qu'elle n'avait jamais éprouvé de
douleurs rhumatismales bien caractérisées, mais seulement

quelques douleurs vagues dans la poitrine et dans l'estomac.
Quoi qu'il en soit, elles ressentait des palpitations en marchant
et surtout en montant un escalier et ces palpitations s'accompagnaient de faiblesse dans les jambes et dans la tête. Mme B...
avait de l'essoufflement, de la dyspnée et tout ce qui caractérise
un obstacle à la circulation du sang dans le cœur.

L'auscultation indiquait : 1° un premier bruit très-fort *tic* ;
2° un second bruit très-faible, mais perceptible, *tac,* séparé du
premier par un bruit de souffle *fre*, assez accentué annonçant un
rétrécissement très-sensible de l'orifice aortique.

A la percussion, on constatait une dilatation du ventricule
gauche qui n'était encore ni avancée ni dangereuse, car l'intensité du bruit démontrait que ce ventricule déployait une
certaine énergie pour pousser le sang à travers l'orifice aortique.

Le traitement consista : le premier et le deuxième jours en
boisson de deux verres d'eau de la source n° 41, et en bains de
20 à 30 minutes, à 33 et 34° cent. et à mi-corps.

Le troisième et le quatrième jours, même traitement, auquel
il fut ajouté une étuve de 10 minutes.

Le cinquième jour, repos; le sixième et, jours suivants, la
malade continua le traitement, seulement au lieu de bains de
baignoires, elle prit des bains de piscine.

La transpiration s'établit, d'abord, assez faible, mais bientôt
elle augmenta et devint très-abondante.

Les palpitations ne tardèrent pas à diminuer, ainsi que l'oppression et la dyspnée ; l'appétit augmenta, le sommeil devint
plus calme et la marche plus facile, tout cela annonçait une
amélioration dans l'état des tissus constitutifs de l'orifice
aortique. Ces tissus devenaient plus souples, plus élastiques,
et diminuaient de volume ; l'ouverture s'élargissait et opposait
moins de résistance au passage du sang. Le volume du cœur
diminua alors en proportion, et Mme B... entra en convalescence. L'amélioration augmenta jusqu'au départ, qui eut lieu
le 8 août.

Après son arrivée chez elle, elle prit toutes les précautions nécessaires pour éviter une récidive, aussi l'augmentation de l'amélioration eut-elle lieu ; elle passa un excellent hiver et une très-bonne année, qui lui permit de se dispenser de revenir à Bagnols.

XLIVe OBSERVATION

ANÉVRISME RHUMATISMAL DU CŒUR, CARACTÉRISÉ PAR UN RÉTRÉCISSEMENT TRÈS-FORT DE L'ORIFICE AORTIQUE, PAR UNE INSUFFISANCE DES VALVULES SYGMOIDES ET PAR UNE GRANDE AUGMENTATION DU VOLUME DU CŒUR.

M. Ferdinand Hérouard, 19 ans, demeurant à Paris, rue Tiquetone, n° 80, tempérament nerveux, constitution moyenne. Ce malade me fut adressé à Bagnols, par M. le professeur Bouillaud, il y arriva le 31 juillet 1859.

Ce jeune homme avait eu cinq ans auparavant un rhumatisme articulaire aigu qui avait atteint toutes les grandes articulations, et qui avait cédé très facilement à l'action de la vératrine.

Dix ou douze jours après le début de ces douleurs, et alors qu'elles avaient disparu, son médecin avait pu constater

l'existence d'une pleurésie et d'une endorcardite caractérisée par des troubles dans le rythme des battements du
cœur.

Néanmoins, malgré ces graves symptômes, M. Hérouard se
rétablit très-bien, sauf quelques palpitations peu gênantes qui se
manifestaient seulement en courant, mais, qui ne l'empêchaient
pas de vaquer à ses occupations habituelles. M. Hérouard put
aller en Angleterre, et l'habiter pendant assez longtemps sans
voir augmenter beaucoup son affection. Trois mois après son
arrivée à Londres, il grandit beaucoup et s'affaiblit, au point
qu'il fut obligé, dix mois après, de revenir à Paris. C'est
à dater de cette époque que des troubles plus manifestes
se développèrent dans le cœur. M. Trousseau consulté, constata
une augmentation notable du volume de cet organe ; malgré
cela, il put retourner à Londres et jusqu'au 7 septembre 1858
notre malade alla assez bien.

Ce n'est qu'à partir de ce moment, et après avoir eu une an-
gine pustuleuse, qu'il vit se développer quelques douleurs rhumatismales à l'état subaigu, douleurs qui durèrent jusqu'au mois
de janvier. Les trois mois suivants se passèrent assez bien.
Ce fut pendant l'existence de ces douleurs que l'état du cœur
augmenta, et c'est surtout durant les deux mois suivants
qu'il devint permanent sous l'influence d'un rhumatisme musculaire et fibreux résidant dans le cou et les bras, etc.

Lorsque M. Hérouard se trouva mieux, il revint en France,
où il consulta M. Bouillaud, qui l'envoya à Bagnols.

A l'auscultation, je trouvai que les mouvements du cœur
étaient tumultueux et désordonnés, difficiles à saisir et à analyser ; je remis mon examen au lendemain avant que le
malade ne fût levé.

Je trouvai alors le premier bruit, *tic*, distinct, suivi d'un bruit
de souffle *frc* ; le second bruit, *tac*, n'était pas perçu, parce
qu'il était masqué par un bruit de souffle *trre*, qui avait lieu en
même temps. Ces bruits, interprétés, indiquaient que le premier

battement du cœur était intact; le second, que l'orifice aortique était fortement rétréci, et le troisième, qu'il existait une insuffisance des valvules sygmoïdes.

A la percussion, je remarquai une assez forte voussure de la poitrine dans la région du cœur, dont les battements étaient visibles à l'œil nu, et je constatai, comme M. Trousseau, une augmentation considérable du volume de cet organe, augmentation pouvant équivaloir à plus du tiers en sus du volume ordinaire.

En outre, les battements étaient faibles.

Notre malade avait perdu l'appétit, le sommeil était mauvais et agité par des rêves sinistres et d'affreux cauchemars. On ne pouvait pas le laisser seul dans sa chambre, dans la crainte qu'il ne se jetât en dehors de son lit, et pour qu'il pût reposer, il fallait lui élever la tête par plusieurs oreillers, car, il ne pouvait rester dans la position horizontale. La marche était fatigante et pénible, surtout en montant, car, il était pris aussitôt, de palpitations qui rendaient ses battements tumultueux, puis d'essoufflement et de dyspnée. Son teint était pâle, il était grand, maigre et fluet. En se baissant, il était souvent pris d'éblouissements et de tournoiements de tête.

L'état de M. Hérouard était donc des plus graves, et cet état était parfaitement démontré par l'ensemble de symptômes que j'ai décrits. M. Bouillaud l'avait jugé ainsi, aussi avait-il expressément recommandé de le faire accompagner aux eaux par un médecin ; ce qui eut lieu.

Je dus donc prendre les plus grandes précautions pour qu'il ne lui arrivât aucun accident pendant son séjour à Bagnols.

Le traitement fut dirigé en conséquence.

Les deux premiers jours, boisson seule de deux verres d'eau de la source ferrugineuse douce n° 41, et bain de pieds d'un quart d'heure.

19.

Les deux jours suivants, y ajouter un bain à mi-corps à 33 et 34° centigrades, et de 15 à 20 minutes.

Le cinquième jour, repos et deux verres d'eau de sedlitz.

Les jours suivants, reprendre le traitement en augmentant successivement : 1° la durée des bains jusqu'à 30 minutes ; 2° la température jusqu'à 38° centigrades ; 3° en y ajoutant une étuve de 5 à 10 minutes.

Bientôt une sueur d'abord modérée, qui augmenta peu à peu, se déclara ; sous l'influence de cette sueur, il se produisit, comme toujours, une détente et une amélioration remarquables. D'abord l'appétit augmenta, le sommeil devint plus calme, les palpitations, l'oppression et la dyspnée diminuèrent ; la marche devint plus facile, le malade put bientôt faire des promenades de plusieurs kilomètres ; le teint devint rosé, et avec la santé revint la gaieté. Cette amélioration physique et morale annonçait évidemment que les lésions organiques diminuaient, que les tissus qui entraient dans la composition de l'orifice aortique et des valvules sygmoïdes se ramollissaient, devenaient plus minces et plus élastiques, et opposaient moins de résistance au passage du sang et aux contractions du cœur. L'auscultation et la percussion vinrent confirmer ces prévisions. Les battements du cœur se montrèrent plus distincts, les bruits de frottement s'adoucirent, l'insuffisance sygmoïde disparut et les bruits ne furent plus séparés que par un bruit de souffle beaucoup plus doux, tels que *tic-fe-tac*. Le volume du cœur avait aussi beaucoup diminué.

M. Hérouard partit le 20 août, son état étant très-amélioré, ainsi que le constata le médecin qui l'accompagnait et dont le nom m'échappe. Mon confrère était extrêmement surpris de cet heureux résultat.

Arrivé à Paris, on le laissa reposer quelques temps, l'amélioration augmenta beaucoup et il passa un très-bon hiver. Je le revis au mois de mars suivant, allant de mieux en mieux ; mais alors son père qui était corroyeur en gros, voulut l'occuper à faire des recouvrements; toute la journée, le jeune homme montait et descendait des escaliers, portant sur ses épaules une sacoche pesant 30 à 40 livres.

Sous l'influence de ces ascensions répétées et des courses nombreuses qu'il était obligé de faire, les palpitations revinrent, ainsi que l'oppression et les étouffements Il se mit au lit et mourut quelques jours après, au mois de juin. Quoi d'étonnant à cela ! Il eût été bien plus surprenant qu'il ne mourût pas, avec une convalescence traitée comme on l'avait fait. Quoique les récidives n'aient lieu que rarement, elles ne sont point impossibles, surtout après un seul traitement.

XLVᵉ OBSERVATION

ANÉVRISME RHUMATISMAL DU CŒUR, CARACTÉRISÉ PAR UN FORT RÉTRÉCISSEMENT DE L'ORIFICE AORTIQUE ET UNE DILATATION TRÈS-PRONONCÉE DU VENTRICULE GAUCHE

Mme Eulalie Pagès, 47 ans, marchande à la Grand'Combe (Gard), d'un tempérament lymphatique, d'une constitution moyenne, se rendit à Bagnols le 8 août 1859.

Il y avait environ douze ans que Mme Pagès avait été atteinte d'une affection rhumatismale qui avait déjà nécessité deux saisons à Bagnols dont les eaux lui avaient fait beaucoup de bien.

Depuis lors, elle avait eu, de temps en temps, quelques douleurs passagères, qui disparurent seules, mais laissèrent à leur suite des palpitations qui devinrent très-fatigantes, surtout lorsqu'elle montait ou marchait vite. Elle avait, en outre, de l'essoufflement, de la dyspnée et des éblouissements lorsqu'elle se baissait. Enfin cette malade manquait d'appétit, avait un mauvais sommeil, entrecoupé par des rêves sinistres et elle ne pouvait dormir dans la position horizontale.

A l'auscultation, on trouvait deux battements difficiles à distinguer, séparés par un bruit de souffle très-manifeste. En l'examinant le matin, à son réveil, je distinguai les deux bruits, franchement séparés par le bruit de souffle, *tic-fre-tac*, indiquant un rétrécissement très-prononcé de l'orifice aortique sans insuffisance valvulaire, mais il y avait intermittence du pouls et des battement du cœur, ce qui fait que le *tic-fre-tac* n'était pas toujours régulier. En outre, la percussion accusait une hypertrophie du cœur et les bruits en étaient assez forts pour démontrer que les parois de l'organe cardiaque avaient conservé une grande partie de leur force et de leur élasticité.

Le pronostic était bon et je pus sans crainte soumettre ma malade à un traitement assez énergique.

Traitement. — Dès le premier jour, Mme Pagès but trois verres d'eau de la source ferrugineuse douce et elle prit un bain à mi-corps de 30 minutes et à 36° centigrades, de demi-heure.

Les jours suivants, elle y joignit une étuve de 10 minutes jusqu'au cinquième jour, alors elle se reposa et prit une purgation saline. Le sixième jour, elle commença les bains de piscine de 20 minutes et à 40° et continua la boisson, l'étuve et es bains de pieds le soir. Bientôt une abondante transpiration se montra. A dater de ce moment, le mieux s'établit rapidement, les palpitations diminuérent ainsi que l'essoufflement et la dyspnée. Elle put gravir facilement et sans gêne les escaliers ; la marche devint plus facile et elle fit de longues promenades, de plusieurs kilomètres, sans être fatiguée. L'appétit se ranima et elle mangeait avec plaisir. Le sommeil devint bon et réparateur, elle put se coucher dans la position horizontale sans souffrir. L'auscultation démontra que les lésions situées à l'orifice aortique suivaient la même marche décroissante que les autres symptômes ; le premier bruit du cœur était distinct, mais moins fort et le bruit de souffle qui avait lieu à l'orifice de l'aorte était aussi moins prononcé, ce qui annonçait le ramollissement des tissus qui entrent dans sa composition, leur diminution d'épaisseur et le retour de leur élasticité. Par la percussion, on reconnaisait aussi que le volume du cœur avait diminué de moitié. Tout cela démontrait d'une manière certaine que la maladie était en bonne voie de guérison et cela après dix-huit jours d'un traitement simple et qui avait été bien facile à pratiquer.

Après son départ, Mme Pagès continua à aller mieux ; elle passa un très-bon hiver, et se trouva si bien l'année suivante qu'elle ne jugea pas utile de revenir à Bagnols.

XLVIᵉ OBSERVATION

ANÉVRISME RHUMATISMAL DU CŒUR, CARACTÉRISÉ PAR UN RÉTRÉCISSEMENT DE L'ORIFICE AORTIQUE ET PAR UNE AUGMENTATION TRÈS-NOTABLE DU VOLUME DU CŒUR.

M. P. Pommier, 37 ans, employé au forage, près de Saint-Ambroix (Gard), d'un tempérament sanguin, d'une constitution robuste, arriva à Bagnols le 6 août 1859. Ce malade était atteint depuis l'âge de 10 ans, d'un rhumatisme goutteux dont il éprouvait chaque année un accès. A la suite d'un de ces accès, il eut une coxalgie suivie d'une luxation de la cuisse gauche, qui était plus courte et plus mince que l'autre ; le raccourcissement était de près de 8 centimètres, il portait la pointe du pied en dehors et il ne pouvait faire plus de 2 ou 3 kilomètres sans être très-fatigué.

A l'âge de 19 ans, il survint à M. Pommier, pendant deux années consécutives, une attaque de rhumatisme à la suite desquelles il éprouva des palpitations, de l'essoufflement et de la dyspnée quand il gravissait un escalier. L'appétit avait diminué, le sommeil était mauvais. Les battements de cœur étaient précipités et tumultueux ; le premier était fort et bien marqué, et le second était précédé d'un bruit de souffle très-

manifeste, de sorte qu'on pouvait les noter ainsi : *tic-fre-tac*.
Le ventricule était fortement dilaté ; son volume était d'un
quart plus fort qu'à l'état normal, mais les parois du cœur
conservaient beaucoup de force et d'énergie. M. Prosper Pommier put donc subir un traitement assez fort, sans inconvénient.

Le premier jour, ce malade but trois verres d'eau n° 41 ; il
prit un bain à mi-corps à 35° centigrades et de 30 minutes.
Après quatre jours, il se reposa vingt-quatre heures, et puis
il remplaça le bain tempéré par les bains de piscine, à 40°, de
demi-heure, et il passa 10 minutes aux étuves.

Bientôt une sueur abondante se manifesta et vers le dixième
jour le mieux se déclara ; l'appétit devint meilleur et le sommeil plus calme, plus réparateur et plus long ; il se réveillait
à peine une fois dans la nuit, mais sans cauchemars et sans
agitation. Les palpitations et la dyspnée diminuèrent beaucoup,
la marche devint plus facile et sans l'infirmité produite par
la luxation, il eut pu faire de grandes courses de plusieurs
kilomètres sans se fatiguer. Les jours suivants, l'amélioration
se prononça de plus en plus, de sorte qu'au départ, qui eut
lieu le 25 août, l'auscultation démontrait que les lésions organiques situées dans le ventricule gauche avaient aussi suivi
une marche décroissante et étaient en voie de guérison. Ainsi
les deux battements du cœur s'entendaient facilement ; le premier, quoique très-sensible, était moins fort qu'à l'arrivée du
malade aux eaux. Le bruit de souffle était plus doux ; au lieu
de *ferre*, on entendait *fe*, et le rhythme du cœur pouvait être
ainsi noté : *tic-fe-tac*.

Enfin, le volume du cœur, sans être entièrement revenu à son
état normal, était fort diminué, et les parois du ventricule, en
partie revenues sur elles-mêmes, étaient plus souples, plus
élastiques et plus fortes.

Revenu chez lui, M. Pommier continua à se soigner en se
conformant à mes recommandations et l'amélioration s'affermit

sous l'influence consécutive des eaux ; il passa un très-bon hiver et se trouva si bien l'année suivante, qu'il n'eut plus besoin d'avoir de nouveau recours à mes conseils.

Pendant les six années durant lesquelles nous
avons dirigé les eaux de Bagnols, plus de 3,000 malades ont réclamé nos soins, et sur ce nombre plus
de 150 étaient atteints d'endocardites plus ou moins
dangereuses. 45 d'entre elles avaient fait des progrès
tellement rapides qu'il nous fallut, afin d'éviter une
terminaison fâcheuse, recourir à un traitement im-
médiat et énergique. Ce sont ces cas que nous venons
de relater.

Nous l'avons fait surtout afin de mettre nos confrères
en garde contre ces affections cardiaques, en apparence
légères, qui souvent acquièrent rapidement une très-
grande gravité sous l'influence d'un rhumatisme,
d'une croissance rapide et d'un vice herpétique qui,
par métastase, se porte sur la membrane interne du
cœur. Nous devons, en outre, ajouter que ces observations sont très-complètes et que la cause détermi-
nante de la maladie ainsi que les lésions anatomiques
y sont parfaitement mises en évidence. Toutes celles
dont les caractères étaient mal dessinés et qui, par
conséquent, auraient pu laisser dans l'esprit du lecteur
quelques doutes sur la nature même de la maladie

ont été mises de côté. Enfin, nous avons voulu, en outre, et comme nous l'avons déjà dit, ne pas allonger inutilement ce travail en y consignant un trop grand nombre d'observations qui ont toutes entre elles une grande ressemblance aussi bien sous le rapport symptomatologique que sous celui du traitement auquel les malades ont été soumis.

A ce propos, que nos confrères nous permettent de leur dire que, quand il s'agit d'affection cardiaque, ils ne doivent point négliger les cas qui paraissent les plus simples, parce que toute endocardite, quelque légère qu'elle soit, devient dans un temps donné un anévrisme vrai du cœur.

Or, tout anévrisme mal traité, se termine toujours fatalement par la mort, tandis que si on a recours aux moyens que nous indiquons dans notre travail, *c'est la guérison qui est la règle et la mort qui est l'exception.*

De ce que nous venons de dire découle un principe immuable, c'est qu'il ne faut jamais oublier d'examiner attentivement le cœur de tout individu non-seulement atteint d'un rhumatisme articulaire aigu, mais aussi d'un rhumatisme musculaire, goutteux ou nerveux, quelconque enfin, et quelque léger qu'il paraisse.

Nous venons de relater les faits recueillis pendant notre séjour aux eaux de Bagnols, nous avons encore à mettre sous les yeux de nos lecteurs ceux, moins

nombreux, qu'il nous a été donné, antérieurement,
d'observer aux Eaux de Chaudesaigues, alors que
nous étions inspecteur de cet établissement thermal.

DU TRAITEMENT ET DE LA GUÉRISON

DE L'ANÉVRISME DU CŒUR

PAR LES

EAUX THERMALES DE CHAUDESAIGUES

Iʳᵉ OBSERVATION

ANÉVRISME RHUMATISMAL DU CŒUR, CARACTÉRISÉ PAR UNE HYPERTROPHIE AVEC ÉPAISSISSEMENT CONSIDÉRABLE DES FIBRES DU VENTRICULE GAUCHE ET UN RÉTRÉCISSEMENT NOTABLE DE L'ORIFICE AORTIQUE

Jean Fell, propriétaire-cultivateur, à Berton, canton d'Aurillac (Cantal), d'un tempérament sanguin, d'une constitution robuste.

Lors d'un voyage, en mai 1847, pendant qu'il tombait de la neige, il se fatigua beaucoup en marchant avec des sabots. Etant le soir en transpiration, la sueur se supprima sous l'impression du froid ; il coucha dans une auberge et retourna chez lui le lendemain. Deux jours après, Jean Fell eut mal à la tête, à l'estomac et à la poitrine, sans vomissements ni crachements de sang ; on lui prescrivit tous les jours un vomitif et il fut mis à la diète pendant trois semaines. Au bout de ce temps, il éprouva un peu de mieux, mais ne fut point guéri. Quatre à cinq mois plus tard, il fut saigné pour diminuer la force des battements du cœur, mais cette émission sanguine n'eut aucun bon résultat. Trois ans après, J. Fell fut obligé de cesser ses travaux parce que, dès qu'il se livrait à une occupation pénible, il entrait tout en sueur et il éprouvait des battements de cœur qui le fatiguaient beaucoup.

Après avoir supporté son état tant bien que mal, jusqu'en 1849, il se décida à venir prendre les eaux de Chaudesaigues, où il arriva le 29 juin.

Voici l'état dans lequel se trouvait J. Fell, lorsque je le vis pour la première fois :

La face était rouge et injectée de sang, contrairement à ce qui se présente d'habitude (tout à l'heure nous verrons pourquoi) La tête était lourde, congestionnée, douloureuse et le siége de battements précipités qui lui produisaient l'effet de coups de marteaux frappés à la base du crâne. Le pouls était vif, dur, rebondissant ; les bruits du cœur étaient très-distincts, mais séparés par un bruit de frottement facile à distinguer et pouvaient être notés ainsi : *tic-fre-tac*, ce qui indiquait un rétrécissement de l'orifice aortique très-prononcé. L'état de la face et la violence des battements du cœur dénotaient une hypertrophie concentrique des parois du ventricule gauche sans dilatation bien notable de ce ventricule. Voilà pourquoi la face était rouge au lieu d'être pâle comme dans les cas ordinaires. Si le ventricule était peu dilaté, cela tenait à ce que les fibres musculaires, étant fort épaissies, étaient douées d'une grande force de résistance capable de vaincre celle que pouvait opposer l'orifice aortique ; ce qui rétablissait l'équilibre et faisait compensation. La percussion démontrait que le volume du cœur était d'un tiers plus gros qu'à l'état normal, mais cet excès de volume n'était point dû à la dilatation des parois du ventricule gauche, mais bien au contraire à une augmentation considérable, en épaisseur, des fibres de ce ventricule.

La marche un peu rapide, et surtout l'ascension sur un plan incliné, occasionnaient à M. Fell une grande fatigue, des palpitations, des battements de cœur précipités et tumultueux, de l'oppression, de la dyspnée, une respiration courte et fréquente, enfin des éblouissements et des tournoiements de tête qui souvent lui faisaient craindre de perdre l'équilibre. L'appétit était mauvais, et le sommeil troublé par des rêves sinistres.

Je commençai par pratiquer à mon malade une saignée de 100 grammes, et le lendemain je lui fis prendre des bains entiers tempérés et mitigés, à 33 degrés centigrades de demi-heure, puis des douches d'un quart d'heure sur les pieds à 40 degrés ; enfin il but trois ou quatre verres d'eau thermale, deux le matin et deux le soir.

Grâce à ces précautions, la fièvre thermale se passa bien. Vers le septième jour, la sédation s'établit, il put être ajouté à son traitement une étuve de 5 à 6 minutes qu'il supporta très bien, et dont il augmenta successivement la durée. Bientôt il transpira abondamment chaque matin.

Au bout de quinze jours, M. Fell partit sans avoir éprouvé le moindre accident à la suite de l'usage des eaux, mais aussi sans être notablement soulagé.

Toutefois, les battements artériels étaient beaucoup moins forts et moins retentissants, surtout à la base du cerveau. Les palpitations et la dyspnée étaient moins fortes et moins fatigantes, la marche plus facile, l'appétit et le sommeil meilleurs.

Je lui recommandai, dans le cas où il serait incommodé chez lui, de prendre quelques bains tièdes, un peu de sirop de digitale et de se faire faire quelques applications de sangsues au siége. Sous l'influence de ce traitement et surtout sous l'influence consécutive des eaux, il éprouva une amélioration rapide et inespérée.

L'année suivante, le 3 juillet 1850, Jean Fell revint à

Chaudesaigues ; il était dans un état très-satisfaisant, et depuis longtemps il avait repris ses travaux ; ainsi, il pouvait gravir un escalier et marcher vite sans en être pour ainsi dire incommodé. Il n'avait presque plus de palpitations, la respiration était beaucoup moins courte, l'oppression et la dyspnée avaient à peu près disparu. Il avait un bon appétit et un sommeil tranquille. A l'auscultation, il était facile de reconnaître que les battements du cœur s'étaient régularisés ; moins fréquents, ils n'étaient plus séparés que par un bruit de souffle considérablement adouci et presque insignifiant. La percussion, enfin, démontrait que le cœur avait repris son volume à peu près normal.

M. Fell suivit le même traitement que l'année précédente, transpira beaucoup et partit, au bout de quinze jours, dans un état des plus satisfaisants.

IIᵉ OBSERVATION

ANÉVRISME RHUMATISMAL DU CŒUR CARACTÉRISÉ PAR UN RÉTRÉCISSEMENT MITRAL, PAR UN SECOND RÉTRÉCISSEMENT DE L'ORIFICE AORTIQUE ET UNE DILATATION SIMULTANÉE DE L'OREILLETTE ET DU VENTRICULE GAUCHE.

M. Antoine Gauthier, âgé de 29 ans, fabricant de chaudronnerie à Bordeaux, d'un tempérament lymphatico-sanguin, d'une constitution robuste, vint à Chaudesaigues, le 21 juillet 1849.

Depuis l'âge de 7 ans, il avait eu quatre attaques d'un rhumatisme aigu, qui avait d'abord occupé les jambes, les pieds, les genoux et qui s'était ensuite porté quinze jours après, aux épaules, aux bras et aux mains. A son arrivée, il y avait trois semaines que M. Gauthier était guéri de sa dernière attaque de rhumatisme, laquelle avait duré deux mois. A la suite de la troisième attaque, qui eut lieu à 21 ans, M. Gauthier fut pris d'endocardite, et depuis, cette affection n'avait jamais cessé de faire des progrès.

Lorsque je l'examinai, je trouvai des palpitations visibles à l'œil nu et un peu de voussûre à la poitrine. Le malade avait de l'oppression et de la dyspnée ; il ne pouvait marcher vite ou monter, surtout un escalier, sans être essoufflé. Son teint était pâle comme la cire ; il n'avait ni appétit ni sommeil, et celui-ci était entrecoupé de rêves pénibles.

A l'auscultation, on trouvait un bruit de souffle précédant le premier temps ainsi noté : *tirre*, et se confondant avec lui. Ce bruit de souffle indiquait un rétrécissement de l'orifice mitral. Un second bruit de souffle, *fre*, existait entre les deux battements et annonçait un rétrécissement très-marqué de l'orifice aortique, de sorte qu'on entendait *tirre-fre-tac*.

Le premier bruit de souffle était beaucoup moins sensible que le second. Ce qui servait à faire connaître ce premier rétrécissement, n'était pas tant le bruit de frottement, que la gêne du passage du sang à travers l'orifice auriculo-ventriculaire, qui s'accompagnait d'attaques d'asthme et l'augmentation considérable du volume du cœur déterminée par la dilatation simultanée de l'oreillette et du ventricule gauche.

Traitement. — Saignée de 500 grammes. Le lendemain et jours suivants, bains tempérés et mitigés à 33 degrés centigrades, de 45 à 50 minutes, et bains de pieds, le soir, d'un quart d'heure, à 40 degrés ; deux à quatre verres d'eau en boisson.

20.

Le malade se trouvant fort éprouvé par la fièvre thermale, je fus obligé de le laisser reposer le quatrième jour et de le purger. Le cinquième jour, il recommença son traitement ; le sixième, il prit quelques étuves de 8 à 10 minutes. Ces étuves amenèrent successivement des sueurs abondantes. Pour modérer les battements de cœur, je lui prescrivis une potion avec la teinture éthérée de digitale.

Vers le douzième jour, il commença à éprouver un effet très-salutaire des eaux. L'appétit fut plus vif, et le sommeil meilleur ; il cessa d'être tourmenté par des rêves pénibles, la marche devint plus facile et moins fatigante ; il put faire des courses d'une demi-heure, soit en montant, soit en descendant ; ses douleurs avaient disparu. Enfin, après seize jours de l'usage des eaux, M. Gauthier se trouva assez bien pour pouvoir partir.

Le 7 juillet, au moment de son départ, les bruits de frottement du cœur avaient beaucoup diminués ; ils étaient plus doux, on entendait *tic-fe-tac*, au lieu de *tic-fre-tac*, ce qui annonçait que les rétrécissements étaient moins forts, moins durs, et que le sang passait mieux. Le volume du cœur avait aussi beaucoup diminué, l'organe était revenu sur lui-même ; la toux spasmodique, l'oppression, la dyspnée et les palpitations avaient en partie disparu.

L'amélioration consécutive fut tellement grande, que M. Gauthier, non-seulement n'eut pas besoin de revenir aux eaux, mais encore put retourner à Bordeaux reprendre ses travaux de chaudronnerie ; je le vis quatre ans après, il vivait encore et se portait bien.

IIIe OBSERVATION

ANÉVRISME RHUMATISMAL DU CŒUR CARACTÉRISÉ PAR UN RÉTRÉCISSEMENT DE L'ORIFICE AORTIQUE ET LA DILATATION DU VENTRICULE GAUCHE.

M. Jacques Mourel, 46 ans, propriétaire cultivateur à Saint-Bonnet (Cantal), d'un tempérament sanguin, d'une constitution robuste, vint à Chaudesaigues le 17 août 1849.

En 1847, M. Mourel fut atteint de douleurs abdominales qui cessèrent quelques temps après, et il n'éprouva plus dès lors que de la gêne et une sorte de gonflement du ventre, qui survenait surtout lorsqu'il montait ou qu'il travaillait de ses mains.

Cet état était déterminé par une augmentation de volume du cœur qui, à l'auscultation, présentait un bruit de souffle au premier temps. Ce bruit indiquait un rétrécissement de l'orifice de l'aorte, et les battements pouvaient être notés ainsi : *tic-fre-tac*. En outre, il y avait dans le pouls des intermittences fréquentes, et d'assez longue durée. Enfin, l'augmentation du volume du cœur était d'environ un tiers de son volume ordinaire.

A l'époque où M. Mourel vint à Chaudesaigues, le 17 août 1849, il y avait environ deux mois que s'étant couché sur le côté droit, dans un champ, pendant que le soleil dardait d'aplomb sur lui, il se trouva, à son réveil, paralysé de tout le côté gauche, et il ne put se relever seul. La bouche était déviée à droite. On le transporta chez lui ; il y resta trois semaines au lit sans qu'on lui fît subir aucun traitement. Cependant, il se trouva aussi bien, lorsqu'il se releva, qu'avant son accident. Lorsque je le vis pour la première fois, on ne se serait jamais douté qu'il avait été hémiplégique.

M. Mourel prit des bains tempérés à 33 degrés centigrades, des douches de 20 minutes sur le côté qui avait été paralysé, et il but 4 à 5 verres d'eau par jour ; il prit aussi quelques bains de pieds, d'un quart d'heure, le soir, et quelques étuves de 8 à 10 minutes, qui amenèrent une sueur abondante. Ce malade traversa la période thermale sans encombre. Vers le douzième jour, le mieux s'établit d'une manière définitive ; l'oppression, la dyspnée et les palpitations diminuèrent ; il put mieux marcher, faire des courses plus longues, l'appétit et le sommeil devinrent meilleurs ; il en fut de même des signes stéthoscopiques, et M. Mourel put partir après 16 jours de traitement.

Lorsqu'il quitta Chaudesaigues, le bruit de souffle intermédiaire aux battements du cœur et les intermittences du pouls étaient considérablement diminués.

Je n'ai point revu ce malade, mais comme son affection s'était beaucoup améliorée sous l'influence primitive des eaux, je suis porté à croire qu'il aura guéri tout à fait sous leur influence consécutive, comme cela a ordinairement lieu.

IVe OBSERVATION

ANÉVRISME DU CŒUR : RÉTRÉCISSEMENT DE L'ORIFICE AOR-
TIQUE; DILATATION DU VENTRICULE GAUCHE; AUGMENTATION
DU VOLUME DE L'ORGANE MALADE.

M. l'abbé de Pompignac, vicaire général à Saint-Flour, âgé
de 47 ans, d'un tempérament lymphatico-sanguin, d'une cons·
titution robuste, avait commencé à se sentir souffrant dès
1834.

Sous l'influence d'un travail forcé et de vifs chagrins, il lui
survint des battements de cœur plus fréquents et plus forts
que de coutume, puis des palpitations et de l'oppression qui
augmentèrent peu à peu. Les veilles et le défaut de sommeil
aggravèrent cet état. Ce ne fut néanmoins qu'en 1839, que M.
l'abbé de Pompignac se trouva assez malade pour consulter
plusieurs médecins de Rhodez, qui diagnostiquèrent une alté·
ration organique du cœur, consistant dans une *hypertrophie*
du ventricule droit et conseillèrent l'application de ventouses
et de vésicatoires, et à l'intérieur une potion antispasmodique
avec la teinture éthérée de digitale.

Le résultat de ce traitement fut très-mauvais. La maladie
s'aggrava et le malade cousulta alors les médecins de Saint-
Flour, de Clermont-Ferrand et de Néris, qui furent tous d'accord pour diagnostiquer *une affection nerveuse* compliquée

d'*hypocondrie*. Ils firent, en conséquence, cesser tout traitement, et prescrivirent seulement quelques antispasmodiques, un peu d'exercice et de la distraction. Sous l'influence de ces moyens, M. de Pompignac, recouvra au bout de 'quelques temps une santé passable, qui dura jusqu'en 1847. A cette époque, des symptômes analogues à ceux observés la première fois reparurent : palpitations, oppression et dyspnée auxquelles il s'adjoignit la sensation de coups portés à la base du cerveau, de l'infiltration et de l'œdème aux extrémités inférieures.

Cet état dura deux ans, pendant lesquels, M. de Pompignac, **subit divers traitements.** Voyant qu'il n'en obtenait aucun résultat satisfaisant, il se décida à venir passer une saison à Chaudesaigues, où il arriva le 26 juillet 1849. Voici l'état dans lequel il se trouvait, lorsque je le vis pour la première fois :

Palpitations fortes, oppression et dyspnée, surtout en marchant vite ou en montant ; pas d'appétit, mauvais sommeil, accompagné de rêves et de cauchemars ; facies altéré, teint d'une pâleur caractéristique.

A l'auscultation, je trouvai deux battements sourds et profonds, séparés par un bruit de frottement très-distinct et pouvant être noté ainsi : *tic-fre tac*, ce qui indiquait un rétrécissement moyen de l'orifice aortique.

A la percussion, je reconnus que le volume du cœur était augmenté au moins d'un tiers. L'augmentation était non-seulement déterminée par la dilatation du ventricule gauche, mais encore par l'hypertrophie des fibres musculaires.

Cette hypertrophie était dénotée par la sensation des coups frappés à la base du cerveau à chaque pulsation du cœur. D'après la profondeur du bruit, je fus porté à admettre l'existence d'une péricardite avec épanchement ; enfin, il y avait des intermittences dans le pouls, et un œdème assez prononcé des membres inférieurs. Le soir, cet œdème atteignait jusqu'aux dessous des genoux. J'avais donc affaire à un anévrisme du cœur bien caractérisé et compliqué.

Traitement. — D'après mes conseils, M. de Pompignac, prit pendant quatre jours des bains à 33° centigrades, de demi-heure d'abord, puis de trois quart d'heures, et deux à trois verres d'eau thermale. Pour faciliter le passage de la période thermale, je lui prescrivis une cuillerée à bouche de sirop de digitale, matin et soir, dans un verre d'eau, mais je n'en obtins aucun résultat avantageux et je fus obligé de supprimer ce médicament.

Vers le sixième jour, je portai la température du bain à 36°. Bien que le malade ne prît pas d'étuve, la transpiration ne tarda pas à s'établir. Quelques jours plus tard, un effet sédatif se produisit, et dès lors une amélioration très-notable se manifesta. L'appétit devint meilleur et le sommeil plus calme ; M. de Pompignac put marcher et monter beaucoup plus facilement et plus longtemps ; les palpitations, l'oppression et la dyspnée furent moins fortes. Cette amélioration augmenta au fur et à mesure qu'il avança dans son traitement.

Enfin, après dix-sept jours de l'usage des eaux, M. l'abbé de Pompignac put retourner à Saint-Flour dans un état de santé des plus satisfaisants. Ainsi, il mangeait avec beaucoup d'appétit, son sommeil durait souvent une grande partie de la nuit et n'était plus troublé par des cauchemars ; il pouvait faire plusieurs kilomètres sans être fatigué ; le teint était rosé ; les palpitations, l'oppression et la dyspnée avaient en grande partie disparu ainsi que les intermittences du pouls et l'enflure des jambes, même le soir. Le bruit de frottement avait beaucoup diminué et les bruits cardiaques étaient plus réguliers, moins étendus, moins profonds et moins forts. Enfin, M. de Pompignac ne ressentait plus autant de battements à la base du cerveau.

Ce fut surtout après le départ que l'effet des eaux se fit sentir. Dans le courant de l'hiver, les extrémités inférieures se désenflèrent tout à fait et l'oppression cessa entièrement.

En 1850, le 4 août, M. de Pompignac revint à Chaudesaigues. En l'examinant attentivement, je constatai des changements très-avantageux dans son état. A l'auscultation, les bruits du cœur n'étaient plus aussi étendus, ils étaient très-réguliers, sauf quelques intermittences, beaucoup plus rares que l'année précédente et d'une force très-modérée. A la percussion, le cœur était bien diminué ; les jambes n'étaient plus infiltrées, le teint était coloré convenablement, l'appétit et le sommeil étaient bons. Avec la santé, M. de Pompignac avait recouvré la gaieté.

Tous les symptômes caractérisant l'anévrisme du cœur ayant disparu, on pouvait donc considérer le malade comme guéri ; le nouveau traitement qu'il allait faire n'avait donc pour but que de consolider sa guérison.

Pendant quinze jours, M. de Pompignac prit des bains à 38° centg., des étuves de dix à quinze minutes, et il but 5 verres d'eau par jour ; il supporta très-bien ce second traitement et resta guéri.

Depuis lors, la guérison s'est maintenue, car M. de Pompignac put être nommé évêque à Viviers, et de là revenir au siége de Saint-Flour qu'il occupe encore aujourd'hui, après une guérison qui se soutient depuis vingt sept ans.

Vᵉ OBSERVATION

ANÉVRISME RHUMATISMAL DU CŒUR : RÉTRÉCISSEMENT DE L'ORIFICE AORTIQUE ; DILATATION DU VENTRICULE GAUCHE ; AUGMENTATION DU VOLUME DU CŒUR

M. Etienne Roland, de Saint-Flour (Cantal), âgé de 60 ans, d'un tempérament lymphatique et d'une constitution faible, sacristain à l'église cathédrale, avait été atteint plusieurs fois en sa vie de rhumatisme articulaire aigu. A la suite de la dernière attaque, qui avait eu lieu quelques années auparavant, il avait éprouvé des palpitations soit en voulant marcher vite, soit en gravissant un escalier. Ces palpitations avaient augmenté progressivement ; il s'y était joint de l'oppression, de la toux et de la dyspnée. L'appétit avait diminué, le sommeil était devenu mauvais, enfin il en était arrivé à un point de ne plus pouvoir se livrer à ses occupations.

M. Etienne Roland se rendit aux Eaux de Chaudesaigues en 1852, le 18 juillet.

Lorqu'il se présenta à ma consultation, il était pâle et essoufflé ; la respiration était courte et rapide, on voyait le cœur battre sous ses habits ; il toussait par quintes surtout dans la position horizontale.

Après qu'il se fut reposé, je l'auscultai et je trouvai entre les deux battements du cœur un bruit de souffle très-marqué, de sorte que ces battements pouvaient être notés ainsi : *tic-fre-tac*. Le bruit de souffle était bien caractérisé et existait seul ; il dénotait un rétrécissement simple de l'orifice aortique. La percussion indiquait une assez forte augmentaton du volume du cœur pouvant être évaluée à un quart en plus du volume ordinaire de l'organe.

Traitement. — Quatre bains tempérés à 33° centigrades de demi-heure à trois quarts d'heure, trois à quatre verres d'eau par jour et douches sur les pieds dans l'après-midi. M. Roland supporta bien ce traitement. Au cinquième jour, je portai la température du bain à 36° et je lui fis prendre quelques étuves d'une durée de 10 à 15 minutes.

Au bout de quelques jours, le malade transpira abondamment et se trouva mieux. Bientôt les palpitations, l'oppression, la dyspnée et la toux devinrent moins fatigantes ; il put faire quelques promenades et prendre de l'exercice. L'appétit et le sommeil devinrent meilleurs. Vers le quinzième jour, au moment du départ, M. Roland pouvait marcher pendant deux heures sans être fatigué et il ne s'essoufflait presque plus en montant ou en marchant. Le bruit de souffle existait encore, mais il avait beaucoup diminué ainsi que le cœur qui était presque revenu à son volume normal.

Lorsque M. Roland fut rentré chez lui, l'amélioration augmenta beaucoup, surtout au bout de deux mois ; il passa un très-bon hiver, et put reprendre ses fonctions de sacristain.

VI' OBSERVATION

ANÉVRISME RHUMATISMAL DU CŒUR ; RÉTRÉCISSEMENT DE
L'ORIFICE AURICULO-VENTRICULAIRE GAUCHE ; INSUFFISANCE
DE LA VALVULE MITRALE ; DILATATION DE L'OREILLETTE
GAUCHE ; AUGMENTATION DU VOLUME DU CŒUR.

Mme Antoinette Rolland, rentière à Saint-Flour (Cantal),
âgée de 55 ans, d'un tempérament lymphatique, d'une constitution faible, avait été atteinte plusieurs fois déjà de rhumatisme articulaire aigu. Après la dernière attaque, qui avait eu
lieu en 1847, elle fut prise de palpitations qui augmentèrent
peu à peu et devinrent très-fréquentes lorsqu'elle voulait monter ou marcher vite. Bientôt il s'y joignit une toux spasmodique ou de l'asthme, de l'oppression et de la dyspnée. Le
matin en se levant, elle expulsait plusieurs crachats opaques
et quelquefois teints de sang. Plus tard, l'appétit diminua et
le sommeil s'accompagna de cauchemars ; elle ne pouvait dormir sans avoir la tête très-élevée ; la face était d'une paleur
mate.

Fatiguée de cet état et voyant qu'elle n'obtenait aucun
soulagement par les remèdes ordinaires, Mme Rolland se rendit
à Chaudesaigues.

En l'auscultant, je trouvai un bruit de souffle précédant le premier temps et un second bruit correspondant à ce premier temps ayant lieu pendant la systole, et situé plus bas et plus à gauche que l'orifice aortique.

Par la percussion, on découvrait que le cœur avait acquis une augmentation de volume d'un quart à peu près de son volume ordinaire et que cet excès de volume s'étendait à gauche.

Enfin, en auscultant le poumon gauche, on y percevait, vers le milieu, des râles muqueux. C'étaient bien là les signes d'un rétrécissement de l'orifice auriculo-ventriculaire gauche, d'une insuffisance mitrale et d'une augmentation de volume de l'oreillette gauche. D'ailleurs, les râles muqueux du poumon, les crachats sanguinolents et la toux spasmodique étaient des signes qui indiquaient assez que les poumons étaient congestionnés et irrités par un séjour trop prolongé du sang dont le passage à travers l'orifice auriculo-ventriculaire rétréci était gêné, et par son reflux dans l'oreillette.

Traitement. — Pendant quatre ou cinq jours, Mme Rolland prit un bain tempéré à 34° centigrades de demi-heure à trois quarts d'heure, et trois à quatre verres d'eau thermale chaque matin ; une douche d'un quart d'heure sur les pieds, le soir. A partir du cinquième jour, elle y joignit une étuve progressive, de 8 à 15 minutes, et elle la supporta très-bien. Vers le dixième jour, l'amélioration commença: l'appétit et le sommeil furent meilleurs, la marche plus facile ; puis, les palpitations diminuèrent ainsi que l'oppression et la dyspnée ; la toux devint moins forte, moins fatigante et sans spasmes, les crachats furent beaucoup moins abondants, ainsi que les râles pulmonaires.

L'amélioration continua les jours suivants, et à son départ, qui eut lieu le 19 août, Mme Rolland pouvait marcher une heure sans se fatiguer. Tout porte à croire que cette amélioration aura augmenté sous l'influence consécutive des eaux puisqu'elle ne retourna pas l'année suivante à Chaudesaigues.

VIe OBSERVATION

VIIe OBSERVATON

ANÉVRISME RHUMATISMAL DU CŒUR: RÉTRÉCISSEMENT SIMPLE DE L'ORIFICE AORTIQUE; DILATATION DU VENTRICULE GAUCHE; AUGMENTATION DE VOLUME DU CŒUR.

M. Brugerol, boucher à St-Flour (Cantal), âgé de 27 ans, d'un tempérament sanguin, d'une constitution robuste, arriva à Chaudesaigues le 8 juillet 1851.

Depuis un an, M. Brugerol avait eu un rhumatisme articulaire aigu qui avait laissé à sa suite des palpitations, lesquelles augmentèrent peu à peu, et furent bientôt suivies d'oppression, de dyspnée et d'une toux assez fréquente; intermittence du pouls, face colorée, pas d'appétit, peu de sommeil.

A l'auscultation, on trouvait un bruit de souffle très-fort, intermédiaire aux deux battements et pouvant être ainsi noté : *tic-fre-tac.* Ce bruit, fort, retentissant, se propageant à la base du cerveau, indiquait à la fois un rétrécissement de l'orifice aortique et une hypertrophie modérée des fibres musculaires du cœur.

A la percussion, l'organe cardiaque paraissait avoir un volume plus fort du quart au tiers qu'a l'état normal. Cette lésion n'aurait fait évidemment qu'augmenter si le malade n'avait pas été traité.

Traitement. — 5 bains tempérés à 35 degrés centigrades, d'une demie heure à trois quarts d'heure, et 3 à 4 verres d'eau thermale le matin.

A dater du sixième jour, y ajouter une étuve de 8 à 15 minutes. Ces étuves amenèrent une transpiration abondante qui dégagea beaucoup le malade. Vers le dixième jour, il se manifesta une amélioration notable qui ne fit qu'augmenter ; l'appétit et le sommeil revinrent, la marche fut plus facile, les palpitations, l'oppression, la toux et la dyspnée diminuèrent beaucoup et le malade put prendre chaque jour un exercice salutaire en faisant des promenades d'une demie heure, de trois quarts d'heure et d'une heure.

Au moment de son départ, le 24 juillet, voici quel était l'état de notre malade :

A l'auscultation, on trouvait le bruit de souffle beaucoup moins rude et moins fort ; il s'était adouci. Au lieu de *frc*, on entendait *fe* ou *tic-fe-tac* et il ne se propageait plus jusqu'à la base du cerveau. Le volume du cœur avait diminué. Tous ces signes annonçaient évidemment que l'orifice aortique était plus élastique, et que le ventricule gauche était obligé de faire moins d'efforts pour y faire passer le sang, ce qui lui avait permis de revenir en partie sur lui-même. Enfin les intertences du pouls, avaient en grande partie disparu, et celui-ci s'était presque régularisé.

Sous l'influence consécutive des Eaux, l'amélioration augmenta beaucoup ; M. Brugerol passa un excellent hiver, put reprendre ses travaux, et n'eût pas besoin de revenir l'année suivante faire une seconde cure.

VIIIe OBSERVATION

ANÉVRISME DU CŒUR : RÉTRÉCISSEMENT DE L'ORIFICE AOR-
TIQUE ; DILATATION DU VENTRICULE GAUCHE ; AUGMENTATION
DE VOLUME DU CŒUR ; INTERMITTENCES DANS LE POULS.

Mlle Marie Gilles, à Lavoute-Chillac, canton de Saint-Sul-
pice, âgée de 35 ans, d'un tempérament lymphatique, d'une
constitution faible, couturière, arriva à Chaudesaigues le
8 août 1851.

Depuis sept à huit ans, Mlle Gilles était atteinte de palpitations survenues à la suite d'un rhumatisme articulaire aigu.
D'abord légères, elles avaient augmenté peu à peu et s'étaient
compliquées de toux, d'oppression et de dyspnée, puis de
difficulté de marcher, surtout de gravir un escalier ; tout
mouvement, même étant assise, la fatiguait beaucoup et
augmentait ses palpitations. Sa figure et toute sa peau, du
reste, était d'une pâleur mate ; elle n'avait point d'appétit et
son sommeil était entrecoupé de rêves sinistres ; elle se
réveillait souvent le corps couvert d'une sueur froide.

A l'auscultation, je trouvai un bruit de souffle très-manifeste
entre les deux bruits du cœur, qu'on pouvait noter ainsi : *tic-
fre-tac*. Ces bruits étaient distincts, mais pas très-forts, car
Mlle Marie Gilles était faible, n'avait pas le système musculaire
bien développé, et la maladie datant de 7 ans, le rétrécissement

de l'orifice aortique avait acquis un développement prononcé. L'oreille ne découvrait aucun autre bruit, et il n'y avait point de symptômes dénotant une lésion dans les autres orifices ou valvules. A la percussion, on trouvait une augmentation de volume du cœur équivalant à peu près au tiers de celui de l'organe, parceque la dilatation du ventricule gauche était considérable Cette augmentation de volume du cœur était bien due à la dilatation du ventricule, et non à son hypertrophie, dont il n'existait d'ailleurs aucun signe. A la faible énergie des battements du cœur, on pouvait diagnostiquer plutôt un amincissement qu'un épaississement des parois de cet organe. Il existait enfin des intermittences dans le pouls. Ces intermittences s'observent presque toujours chez les personnes âgées ou faibles, ou chez celles dont l'orifice rétréci présente une résistance très-grande.

Traitement. — 5 bains tempérés à 35 degrés centigrades, d'une demie heure à trois quarts d'heure, et trois à quatre verres d'eau thermale, le matin et dans la journée. Douches à 40 degrés sur les pieds, pendant un quart d'heure, le soir.

Ce traitement ayant été bien supporté, et l'action thermale des Eaux n'ayant pas été très-fatigante, j'y joignis une étuve de 8 à 15 minutes, progressivement. Ces étuves produisirent des sueurs copieuses, sans affaiblissement trop prononcé.

L'amélioration se montra dès le dizième jour ; les palpitations, l'oppression, la dyspnée et la toux diminuèrent, l'appétit et le sommeil devinrent meilleurs et la marche plus facile. Mlle Gilles commença à faire quelques promenades, dont la durée augmenta peu à peu et finit par avoir une durée d'une heure et plus ; le teint devint rosé.

A l'époque du départ, le 30 août, Mlle Marie Gilles se trouvait très-bien. Cette amélioration, qui se manifestait par un retour à la santé, fut confirmée par les signes stéthoscopiques ; ainsi, les battements du cœur étaient beaucoup plus réguliers,

le bruit de frottement intermédiaire au bruit du cœur était
fort réduit ; au lieu de *fre*, on entendait seulement *fe*. L'augmentation de volume avait presque disparu, et l'on ne percevait plus les intermittences, ce qui annonçait certainement que
l'orifice de l'aorte avait recouvré sa souplesse et son élasticité.
L'action consécutive des Eaux fut très-avantageuse. Marie
Gilles put reprendre ses travaux sans être incommodée ; elle
passa un très-bon hiver et n'eut pas besoin de venir faire une
seconde saison.

21.

DEUXIÈME PARTIE

Quel est, dans les eaux de Bagnols ou de Chaudesaigues, les seules, comme nous l'avons déjà dit,
qu'il nous ait été donné d'expérimenter, le principe
actif qui agit contre l'anévrisme du cœur ?

Telle est la question importante à laquelle nous
allons répondre dans la deuxième partie de ce travail.
Pour arriver à la solution de ce difficile problème, il
nous faut, avant tout, étudier la composition chimique des eaux de Chaudesaigues et de Bagnols, puis
rechercher, en les comparant entre elles, quel a pu
être, dans les cas que nous avons rapportés, l'agent
curatif. Enfin, il nous restera à démontrer l'exactitude
de nos déductions, en relatant les observations d'anévrismes guéris sans le secours des eaux minérales.

Cette deuxième partie de notre travail sera donc
partagée en cinq divisions :

1° Les Eaux de Chaudesaigues ;

2° Les Eaux de Bagnols ;

3º Des sulfures, et en particulier, du sulfure de potasse ; de leurs propriétés physiologiques et médicinales.

4º Observation de malades non traités par ce médicament et dont l'affection s'est terminée par la mort.

5º Observations de malades atteints d'anévrisme du cœur, traités et guéris par le sulfure de potasse.

DE CHAUDESAIGUES

La petite ville de Chaudesaigues est un chef-lieu de canton dépendant de l'arrondissement de Saint-Flour, dans le Cantal ; elle est située au pied des montagnes qui séparent l'Auvergne du Gévaudan. Ses eaux rendent non-seulement des services éminents à la thérapeutique, mais elles servent encore, en raison de leur température élevée, aux usages culinaires et économiques des habitants de la contrée. M. Berthier a calculé qu'elles leur tiennent lieu d'une forêt de chênes d'au moins 450 hectares.

Les Eaux de Chaudesaigues ont été classées parmi les sources alcalines chaudes ; leur nombre est assez considérable, mais les principales sont :

1° *La Grande source du Par* ;
2° *La Source de la Bonde du Moulin* ;
3° *La Source du Moulin du Ban* ;
4° *Les Sources de la Maison Falgère* ;
5° *Les Sources du Remontalou* ;
6° *La Source de Lacondamine.*

La *grande source du Par* est de toutes la plus importante ; c'est celle qui fournit la plus grande quantité d'eau, d'après nos propres recherches et les expériences de MM. Chevallier chimiste, et Barrelier, ancien maire de Chaudesaigues.

Située au pied d'une montagne et dans un des points les plus élevés de la ville, l'eau de la grande source du Par a une température très-élevée, qui varie entre 79 et 81 degrés centigrades. La quantité d'eau non utilisée pour les bains est employée au lavage et au dégraissage des laines, ce qui constitue pour le pays une importante industrie.

Sur le trajet parcouru par l'eau de la fontaine du Par, on trouve des dépôts parfois tellement considérables, que les conduites en sont obstruées. En 1842, notre confrère et ami, M. le docteur Tassy, a présenté à la Société géologique de France, dont il est un des membres, un curieux fragment d'un de ces dépôts (*Séance du 21 novembre 1842*).

La forme de cette concrétion pouvait être comparée à un fragment d'écorce d'arbre ; la surface externe en était rugueuse et elle avait pris l'empreinte du tuyau où elle s'était déposée. La surface interne ou supérieure était lisse et parsemée d'une multitude de stries toutes dirigées dans le même sens. Une cassure transversale montrait que cette matière était composée de quatre couches distinctes, « d'où, lit-on dans les Bulletins de la Société, l'on peut inférer que le dépôt de particules salines ne s'est pas fait d'une manière continue, mais dans autant de périodes successives et séparées probablement l'une de l'autre par un certain laps de temps. Une de ces couches est remarquable par un grand nombre de cristallisations ayant la forme d'éventails soyeux, dont la pointe est tournée vers la face de la concrétion. Les autres couches paraissent formées de substances plus terreuses. Dans sa totalité, cette concrétion est beaucoup plus épaisse à son milieu que vers les bords ; cela se comprend parfaitement, puisque la plus grande profondeur des eaux est à la partie médiane du conduit. »

Dans sa communication à la Société géologique de France, M. le docteur Tassy s'est abstenu de parler de la composition chimique de l'échantillon présenté par lui, et cependant c'était un point qui méritait de fixer l'attention de notre savant confrère. Deux chimistes célèbres, MM. Caventou et Longchamps, ayant eu l'occasion d'analyser des dépôts formés par les mêmes eaux, ont trouvé qu'ils étaient en grande partie composés de sulfure de fer. Ce qui a lieu de surprendre dans cette opinion, c'est que le dépôt considérable de sulfure de fer, qui est certainement tenu en dissolution dans l'eau, n'ait pas encore pu être dévoilé par l'analyse chimique.

Ces remarquables dépôts, que nous avons nous-même étudié avec soin, sont composés de couches concentriques dont les plus extérieures sont dures, tandis que les plus intérieures sont molles. Ces couches indiquent l'épaisseur du dépôt qui se forme chaque année.

La matière molle est déposée par l'eau lorsqu'elle traverse une cavité. Elle doit cette mollesse à l'eau dont elle est imprégnée, car lorsqu'elle est desséchée, elle se présente sous forme de poudre fine en grande partie composée de sous-carbonate de fer de peroxyde de fer.

L'eau de la source du Par est claire, limpide, presque insipide; elle laisse sur les pierres sur lesquelles elle passe, un léger dépôt ocracé et savonneux. Renfermée dans une bouteille bien bouchée et à l'abri de l'air, elle se conserve bien et peut, par conséquent, être transportée au loin, sans subir d'altérations.

Nous en avons conservé dans une bouteille bien bouchée, pendant plus de deux mois, sans qu'elle ait subi la moindre altération. Exposée à l'air pendant trois à quatre jours, dans un plat, nous n'avons point remarqué qu'elle eût acquis une odeur d'œufs pourris ni laissé rien déposer au fond du vase. Probablement qu'elle ne jouit de la propriété de former des dépôts dans les conduits qu'elle parcourt, qu'autant qu'elle est animée d'un mouvement plus ou moins rapide, et qu'elle rencontre des obstacles sur son passage.

Cette grande et belle source fournit 375,000 litres d'eau par vingt-quatre heures, ou 260 litres 1/3 par minute.

La *Source de la Bonde du Moulin*, dite de l'*Eslende*, est moins chaude que celle du Par; sa température s'élève en moyenne à 72 degrés centigrades. Comme la précédente, elle laisse sur son passage des dépôts ocracés et ses effets thérapeutiques sont les mêmes. Elle est divisée en deux parties, dont la plus considérable est utilisée à l'hôpital pour le traitement des maladies. Cette source donne 38 litres par minute et 54,720 litres par vingt-quatre heures.

La *Source de la grotte du Moulin du Ban* a une température d'environ 62° centigrades. M. Chevallier estime qu'elle rend à peu près 40,000 litres d'eau par jour. Claire, limpide, n'ayant ni mauvais goût, ni mauvaise odeur, cette source semble avoir avec la précédente, des rapports bien marqués. En effet, lorsque celle de l'Estende augmente ou diminue d'un degré de température, celle de la grotte du moulin présente la même variation.

Les *sources de la maison Falgère* sont au nombre

de quatre ; elles fournissent ensemble plus de 54 mètres cubes d'eau par vingt-quatre heures. Leur température varie de 70 à 72 degrés centigrades. L'une d'entre elles fournit un dépôt trés-abondant, sous forme de poudre fine de sous-carbonate de péroxyde de fer.

D'autres petites sources qui n'ont pu être jusqu'à présent utilisées parce qu'elles n'ont pas été captées, existent sur le territoire de Chaudesaigues ; telles sont celles du Remontalou. Elles possèdent les mêmes principes minéralisateurs que la source du Par, d'où elles semblent provenir.

Nous ne devons pas oublier, non plus, de mentionner la source *ferrugineuse* de Lacondamine, employée avec succès contre les affections chlorotiques et contre toutes les maladies où il y a appauvrissement du sang.

En résumé, les sources utilisables de Chaudesaigues fournissent par vingt-quatre heures plus de 600,000 litres d'eau.

L'analyse chimique des Eaux de Chaudesaigues et notamment de celles qui proviennent de la source du Par a démontré à M. Chevallier qu'on pouvait trèsjustement les comparer à celles de Plombières. Voici, en effet, les résultats analytiques de la source du Par donnés par l'illustre chimiste :

Sous-carbonate de soude.....	0.59.20
Carbonate de chaux.........	0.04.00
Sulfate de soude............	0.03.25
Chlorure de sodium.........	0.12.63
Silice...............	0.08.00
Matière organique de nature animale.	Traces abondantes
	0.86.48

Outre les matières ci-dessus indiquées, les eaux de Chaudesaigues contiennent encore :

Matière bitumineuse........	0.0060
Chlorure de sodium dissous dans l'alcool.............	0.0055
Chlorure de magnésium.....	0.0069
Silice dissoute à l'aide du sel de soude................	0.0060
Oxyde de fer..............	0.0060
Carbonate magnésie........	0.0080
Chaux combinée à la silice...	0.0020
Traces de sel de potasse et pertes....................	0.0036
	0.0434
	0.9082

Voici, d'autre part, l'analyse des Eaux de Plombières :

Sous-carbonate de soude..........	0.1269
Carbonate de chaux..............	0.0287
Sulfate de soude................	0.1358
Chlorure de sodium..............	0.0734
Matière organique et matière animale	0.0624
	0.4212

En comparant ces deux tableaux, il est facile de voir qu'il y a entre les Eaux de Chaudesaigues et celles de Plombières, une très-grande similitude, quant à leur composition chimique.

M. Chevallier a, en outre, constaté qu'il existait encore dans les Eaux de Chaudesaigues une petite quantité d'hydro-sulfate d'ammoniaque, insensible aux réactifs et qui paraît se former par l'action de la chaleur.

A l'exception du sulfate de soude que n'a pu déceler l'analyse chimique, les autres sources contiennent les mêmes principes que la source du Par et dans des proportions à peu près identiques, car il ne se présente de variations que dans la quatrième décimale.

Les sources de Chaudesaigues renferment encore plusieurs gaz, à savoir, de l'acide carbonique, de l'oxygène et de l'azote.

Les plus minutieuses recherches faites par M. Chevallier pour découvrir la présence du gaz hydrogène sulfuré dans l'eau de la source du Par, ont été infructueuses. Ce gaz ne se rencontre que dans les sources de la grotte du moulin et dans la principale source de la maison Falgère.

A l'époque où nous étions inspecteur de l'établissement de Chaudesaigues, il y avait 21 ans que les dernières analyses de ces eaux avaient été faites. Depuis
lors, la chimie ayant accompli de grands progrès, il
nous parut probable qu'un nouvel examen permettrait
peut-être de découvrir des principes non-déterminés
lors des premières analyses. Nous nous adressâmes
donc dans ce but à M. Podevigne, pharmacien à Chaudesaigues, et ancien élève de l'Ecole de Paris, et
voici quel fut, quant à la source du Par, le résultat
de nos recherches :

Nous y constatâmes la présence d'une quantité
notable de soufre et de peroxyde de fer; soit en tout
0,811 de principes fixes. Plus tard, on trouva dans
cette eau des traces d'arsenic.

DE BAGNOLS

———

Bagnols est situé dans la Lozère, à environ 15 à 18 kilomètres E. de Mende. Ses sources sont classées parmi les Eaux sodiques sulfureuses chaudes.

Les sources de Bagnols sont au nombre de six, on les désigne par des numeros d'ordre : 1, 2, 3, 4, etc.

N° 1. *Grande source.* — La plus importante en raison de l'abondance de ses eaux, de la réputation antique dont elle jouit, et de la variété de ses principes minéralisateurs.

Cette source sort, en jaillissant, d'une roche de

nature schisteuse, sur laquelle sont assis l'établissement thermal et une partie du village de Bagnols.

A son point d'émergence, l'eau de la « Grande
source » a une température de 42 degrés centigrades;
elle fournit, en moyenne, 113 litres d'eau par minute,
soit 162,720 litres par 24 heures.

Nous ne pouvons entrer ici, relativement à cette
source, dans de plus longs détails; nous dépasserions
le but que nous nous proposons. Nos lecteurs qui
voudraient avoir à ce sujet des renseignements plus
étendus n'auront qu'à consulter les ouvrages spéciaux (1).

Source N° 2. — Découverte en 1838, cette source
sort du même rocher que la précédente dont elle est
à peine éloignée de deux mètres; elle a été captée dans
un bassin creusé dans le roc. Sa température est la
même que celle de la source n° 1 , d'où elle provient
probablement. La source n° 2 ne fournit que 35 litres
par minute, ou 50,400 litres par 24 heures.

Source n° 3. — D'un très-petit volume, cette source
est aujourd'hui abandonnée.

Source n° 4. — Egalement désignée sous le nom
de *sulfureuse douce*, cette source fournit 3 litres par
minute ou 4,320 par 24 heures. Sa température mar-
que au thermomètre centigrade, 31°50; elle alimente

(1) Guide des malades aux eaux de Bagnols, par le Dr Dufresse de
Chassaigne. Angoulême, 1856.
Mémoires de la Société d'agriculture de Mende, 1828. Communication
de M. de Valdemuit.

l'un des robinets de la buvette et émerge du rocher, à environ 10 mètres de la source n° 1.

Sources n° 5 et 6. — La source n° 5 n'est plus utilisée à cause de son faible rendement, mais la source n° 6, dite *ferrugineuse douce*, est très-importante, en ce qu'elle rend à la thérapeutique de très-sérieux services. Donnant 5 litres d'eau par minute, ou 7,200 par 24 heures, sa température est de 35 degrés centigrades, elle alimente l'une des buvettes et sert, comme l'eau de la source n° 4, à tempérer les bains particuliers.

Toutes les sources de Bagnols sont groupées autour de la source principale et elles sont d'autant moins sulfureuses et moins chaudes qu'elles s'en éloignent davantage.

Le terrain schisteux d'où émergent ces eaux est une preuve qu'elles sont naturellement sulfureuses et qu'elles ne le deviennent pas accidentellement et en se trouvant en contact avec des matières végétales ou animales en décomposition, comme dans les tourbes ou les marais.

Indiquons maintenant en quelques mots les propriétés physiques des eaux de Bagnols.

Température : De 41 à 42 degrés centigrades.

Couleur : Claire, limpide.

Odeur : A son point d'émergence, odeur sulfureuse ou d'œufs couvés ; inodore après l'évaporation du gaz hydrogène sulfuré.

Saveur : A sa sortie, elle est légèrement.styptique, et laisse dans la bouche un goût hépâtique auquel on ne tarde pas à s'habituer. Cette saveur, du reste, disparaît au fur et à mesure que s'évapore le gaz hydrogène sulfuré.

Dépôts : Grasses et onctueuses au toucher, elles déposent dans les tuyaux qu'elles traversent des matières grasses présentant tous les caractères du soufre pur. En se déposant sur les parois des piscines ou des cabinets de bains, la vapeur d'eau se combine avec la chaux qui les enduit, et forme avec elle des cristaux de sulfate acide de chaux. L'argent plongé dans l'eau ne change pas de couleur, mais si ce métal est exposé pendant quelques minutes à la vapeur de l'eau où à l'action de la douche, il prend une teinte noire caractéristique.

Analyse des Eaux de Bagnols

Ces eaux ont été analysées par M. Plagnol, inspecteur de l'Académie de Nîmes, par M. Ossian Henry, par M. Rivot, directeur du bureau d'essai à l'Ecole des mines.

Voici les résultats obtenus par chacun de ces savants :

1º *Analyse de M. Plagnol .*

Gaz acide hydrosulfurique....	Quantité
Azote.....................	indéterminée
Acide carbonique...........	
Carbonate de soude.	0.1836
Sulfate de soude..............	0.1727
Chlorure de sodium..	0.0239
Silice......................	0.0438
Carbonate de chaux..........	
Silice et glycérine	0.0053

0.4293

2° *Analyse de M. Ossian Henry.*

Gaz acide hydrosulfurique....	Quantité
Azote.....................	indéterminée
Acide carbonique...........	
Bicarbonate de chaux...........	0.0684
— de magnésie.........	traces
— de soude anhydre.....	0.2265
Sulfate de chaux...............	0.0148
— de soude anhydre..	0.0890
Chlorure de sodium............	0.1428
— de potassium..........	0.0030
Silice, alumine et oxyde de fer...	0.0329
Matière organique azotée........	
Soluble et insoluble (glycérine)..	0.0358

0.6132

3° *Analyse de M. Rivot.*

Gaz azote.................. }	Quantité indéterminée
Gaz acide carbonique...........	0.323
Gaz acide sulfurique..........	0.136
Gaz acide phosphorique.......	traces
Gaz acide chlorhydrique........	0.035
Silice........................	0.077
Protoxyde de fer..............	0.001
Chaux........	0.022
Magnésie ....,....	0.023
Soude......................	0.295
Matière organique...........	Traces
	0.912

Toutes ces analyses sont incomplètes, en ce sens qu'elles n'indiquent qu'une quantité de gaz *indéterminée*. Il est vrai qu'une détermination ne peut se faire qu'à la source même, en raison de l'évaporation qui se produit aussitôt que les eaux arrivent à l'air libre.

Alors que nous étions médecin-inspecteur de l'établissement thermal de Bagnols, en 1854, nous avons comblé cette lacune, en ce qui concerne, du moins, le gaz acide hydro-sulfurique. Nos expériences ont été faites une première fois avec la collaboration de M. Boulanger, ingénieur des mines ; la seconde fois avec M. Desperoux, professeur de physique et de chimie, à Alais. Nos recherches ont démontré que la quantité de soufre que renferment les Eaux de Bagnols, s'y trouve représentée par 2 degrés au sulfhydromètre, équivalant à :

```
Soufre..................... en grammes.  0.0002547
Gaz acide hydro-sulfureux...     —        0.002705
      —              —        en centimè-
                              tres cubes.  1.748848
```

Nos expériences ont encore démontré que le gaz hydrosulfurique n'est pas libre et qu'il en existe une partie à l'état de combinaison.

L'arsenic existe également dans les eaux de Bagnols, mais en quantité très-minime (Ossian Henry et Patissier).

En somme, et d'après ce qui précède, voici qu'elle serait la composition chimique des eaux de Bagnols :

```
Gaz azote...........   )        Quantité
Gaz acide carbonique.  )      indéterminée
Gaz hydrosulfurique :
1° en grammes............... )
2° En centimètres cubes...... )  0.002705
                                 1.748848
Soufre, en grammes.. .......     0.002547

Bicarbonate de chaux.........    0.0684.
     —      de magnésie......    traces
     —      de soude anhydre.    0.2265
Sulfate de chaux............'.   0.0148
Sulfate de soude anhydre .....   0.0890
Chlorure de sodium...........    0.1428
Chlorure de potassium........    0.0030
Silice alumine et oxyde de fer..  0.0329
Arsenic.....................     traces
```

Matière organique azotée soluble
et insoluble (glycérine)......   0.0358

—————

0.6159

Nota. — Le gaz acide hydrosulfurique ne doit être compté qu'en grammes.

Il ne reste plus à déterminer que la quantité de gaz azote et d'acide carbonique, et à séparer la silice, l'alumine et l'oxyde de fer.

Nous ne pouvons ici entrer sur ce sujet dans de trop longs développements, parceque notre but n'est point de faire un ouvrage de chimie analytique, aussi nous bornerons-nous à dire que l'analyse d'Ossian Henry est celle qui, sous ce rapport, est certainement la plus exacte ; elle coïncide, du reste, avec les expériences entreprises par nous au mois d'août 1855, et dont les résultats sont consignés dans une note que nous communiquâmes à cette époque à l'Académie de médecine.

Maintenant, qu'on nous permette de jeter un regard
en arrière, et d'étudier quel est dans les eaux de
Chaudesaigues ou de Bagnols, l'agent actif qui, dans
le traitement de l'anévrisme du cœur, nous donna
de si merveilleux succès.

M. le docteur Vernières, qui avait observé plusieurs
cas d'endocardite bien caractérisés, aux eaux de
Saint-Nectaire, dont il était alors médecin-inspecteur,
et qui y avait constaté plusieurs cas de guérison, les
attribua au bicarbonate de soude. Cette opinion n'est
pas soutenable, car, si elle était vraie, toutes les
eaux qui contiennent une certaine quantité de ce sel,
produiraient de semblables effets, et l'on pourrait en
constater chaque année de nombreux exemples à
Vichy, à Vals, et dans d'autres stations où il y a des
eaux alcalines contenant le bicarbonate de soude en
grande proportion. Le docteur Nicolas, qui exerce
depuis longtemps à Vichy, a bien écrit, il y a une
quinzaine d'années, qu'il y avait observé quelques
cas de guérison d'anévrisme du cœur, mais il a été
reconnu depuis, qu'il n'en était rien ; ainsi M. Amable
Dubois, médecin-inspecteur en chef de ces Eaux, à
qui nous en avons parlé plusieurs fois, nous a posi-

tivement affirmé qu'il n'avait jamais observé de faits semblables, et nous ne sachons pas que parmi les nombreux médecins qui vont exercer, l'été, à ces eaux, il y en ait qui professent l'opinion émise par M. Nicolas.

De la part de notre confrère de Saint-Nectaire, du reste, cette opinion n'a rien de surprenant, car les sources de cette station sont peut-être les plus chargées en bicarbonate de soude, après Vichy et Vals ; elles en contiennent, en effet, 2 grammes 8,830° ou près de 3 grammes par litre ; il était donc naturel qu'il rattachât les guérisons obtenues dans son établissement, à l'action de ce corps. Quant à nous, nous sommes loin de lui accorder toute la valeur que M. Vernières lui attribuait, car les deux sources auxquelles nous avons eu recours, sont peu minéralisées et ne renferment relativement à celles de Saint-Nectaire, qu'une minime quantité de bicarbonate de soude ; ainsi l'eau thermale de Chaudesaigues n'en contient que 0,44 centigrammes sur 1 gramme environ de principes minéralisateurs, par litre ; celles de Bagnols encore moins, 0,22 centigrammes sur 0,62 centigrammes, et celles du Mont-d'Or, source du Grand-Bain, 40 centigrammes sur 1 gramme 43 centigrammes, ou presque rien.

Ainsi, beaucoup d'eaux minérales, notamment Vichy et Vals, qui contiennent beaucoup de bicarbonate de soude, n'ont pas une action bien manifeste sur les lésions organiques produites sur la membrane qui tapisse les cavités du cœur par l'endocardite, lésions constituant l'anévrisme de cet organe, tandis que d'autres Eaux minérales qui n'en contiennent presque pas, celles de Chaudesaigues, celles de Bagnols et celles du Mont-d'Or guérissent, d'après Bertrand, promptement et sûrement ces mêmes lésions et l'anévrisme qui en est la conséquence.

Il est donc naturel de conclure que le bicarbonate de soude n'est pas l'agent principal de la guérison dans cette maladie, et même qu'il n'y contribue en rien.

Quand à nous, n'ayant pas les mêmes raisons que M. Vernières pour soutenir que le bicarbonate de soude est l'agent curatif de l'anévrisme du cœur, nous avions alors quelques raisons de croire que la silice jouait un rôle important dans la guérison des affections dont il s'agit. En effet, après sa préparation, et avant d'avoir été desséchée, la silice se présente, ainsi que nous l'avons dit dans un précédent chapitre, sous la forme d'un précipité mou et gélatineux. Ne serait-ce pas ce corps, nous demandions-nous, qui, à l'état de grande dilution, donne à certaines eaux thermales, cette sensation d'onctuosité au toucher qu'on trouve dans un grand nombre d'entre elles, et qui, en se déposant dans les mailles des tissus indurés, leur communique ses propriétés et les ramollit? Ce n'est là, sans doute, qu'une hypothèse ou une présomption, mais elle nous paraissait mieux fondée que celle du médecin de Saint-Nectaire.

Quelques personnes pourraient dire avec une certaine apparence de raison, que ce n'est ni le bicarbonate de soude, ni la silice, ni même les autres substances contenues dans les résidus des Eaux, qui guérissent l'anévrisme du cœur, car, dans beaucoup d'entre elles, ils y sont contenus en trop petite quantité pour guérir en peu de temps une maladie aussi grave, mais bien les sueurs abondantes qui se manifestent pendant le traitement.

Mais alors, pourquoi l'eau ordinaire chauffée à un certain degré, pourquoi les bains de vapeur médicinaux ou non médicinaux, pouvant produire d'abondantes transpirations, administrés seuls et sans les Eaux thermales, ne guérissent-ils pas cette maladie, ainsi que nous l'avons observé et expérimenté bien souvent dans notre pratique privée? C'est que ce phénomène n'est qu'une sorte d'accessoire utile pour hâter les guérisons qu'elles ne peuvent produire par elles-mêmes, tandis que les Eaux thermo-minérales, quoique peu minéralisées, les déterminent à elles seules et sans sueurs, comme nous l'avons observé maintes fois chez un certain nombre de malades. Ces malades, en effet, ne pouvant subir un traitement assez énergique pour transpirer, à cause de la gravité de leur état, étaient obligés de se borner à boire deux à trois verres d'eau par jour, et à prendre quelques bains tempérés. Il est donc permis de conclure que ces eaux contiennent un principe qui, à lui seul, et sans autre remède, peut guérir l'anévrisme du cœur. Nous pensons alors que ce ne pouvaient être que le soufre ou l'une de ces combinaisons, et cela parceque les Eaux où nous avons pratiqué la médecine thermale en contenaient. Ainsi :

1º A Chaudesaigues, c'est le *sulfure de fer* qui n'avait pas été trouvé par M. Chevallier, lorsqu'il fit l'analyse de ces eaux, mais qui se démontre de lui-même par les abondants dépôts de ce sel que les eaux laissent sur leur passage en circulant dans les canaux de sapin qui servent à les conduire dans diverses parties de la ville pour chauffer les maisons.

2º A Bagnols, c'est le *sulfure de potasse* qui ne se rencontrait pas non plus dans les eaux à l'analyse chimique; mais le gaz acide hydrosulfurique qui s'en dégageait aussitôt que l'eau arrivait à la lumière et laissait déposer à la longue sur les murs des cabinets et des piscines où les malades prenaient les bains, du soufre pur et du sulfure de potasse, décelaient suffisamment sa présence.

Les sulfures, en effet, exercent une action toute particulière, non-seulement sur les muqueuses, mais encore sur le tissu cutané et le système musculaire; ils sont, en outre, fondants et sudorifiques.

Quoiqu'il en fût et quoique nos appréciations ne reposassent pas, peut-être, sur des bases bien solides, nous résolûmes d'essayer le sulfure de potasse dans le traitement de l'anévrisme du cœur, quuad les malades ne pourraient se rendre aux eaux de Chaudesaigues ou de Bagnols. On verra par les observations que nous rapportons plus loin, que nous avions mis le doigt sur l'agent curatif que nous cherchions, et que nos prévisions pour ainsi dire intuitives n'avaient pas été mises en défaut.

Mais avant de relater nos observations, nous allons dire quelques mots des préparations sulfureuses et du sulfure de potasse, indiquer leurs propriétés physiologiques et thérapeutiques, et montrer, en un mot, leur mode d'action dans la matière qui nous occupe.

DES PRÉPARATIONS SULFUREUSES

et en particulier

DU SULFURE DE POTASSE, LEURS PROPRIÉTÉS PHYSIOLOGIQUES ET THÉRAPEUTIQUES

Le soufre, le gaz sulfhydrique, les sulfures alcalins, les sulfhydrates alcalins, les eaux minérales sulfureuses, forment la longue série de médicaments que l'on désigne ordinairement sous le nom de *préparations sulfureuses*. Ces préparations, fréquemment employées, peuvent être comptées parmi celles qui rendent à la thérapeutique les plus signalés services.

Administré à haute dose, le soufre est purgatif ; pris en quantité moindre, son action première le rapproche des agents stimulants : il accélère le pouls, augmente la chaleur animale, active les sécrétions cutanée, bronchique, rénale, etc. Une fois ingéré, une partie subit des transformations singulières faciles à démontrer ; ainsi la sueur, l'haleine et les autres sécrétions de ceux qui ont pris du soufre, acquièrent l'odeur fétide et particulière du gaz hydrogène sulfuré. Ce mode d'action physiologique du soufre a été l'objet de quelques opinions différentes de la part des thérapeutistes, au sujet de la place qu'il devrait occuper dans les classifications, mais cela doit nous importer peu, et nous n'avons à retenir qu'un point, c'est que le soufre a pour premier effet d'exciter et de stimuler certains organes.

Nous ne pouvons rappeler ici tous les états morbides contre lesquels le soufre est prescrit avec plus ou moins de succès, et nous passerons, sans transition, à l'étude des sulfures alcalins qui constituent le médicament que nous préconisons dans le traitement de l'anévrisme du cœur.

Du reste, le mode d'action démontré par sa transformation dans l'organisme, devait donner l'idée de le remplacer par les sulfures alcalins, naturellement solubles et d'une administration sûre et facile.

En se combinant avec les métaux alcalins, le soufre forme plusieurs sulfures remarquables par leur solubilité, leur odeur d'œufs pourris, et par leur action énergique sur l'économie. On les distingue, selon la proportion des métaux alcalins :

1° En protosulfures ; 2° en bisulfures ; 3° en trisulfures ; 4° en quadrisulfures, et 5° enfin, en quinti-sulfures.

Traités par les acides hydratés, tous ces sulfures fournissent un dépôt de soufre et un dégagement de gaz sulfhydrique.

Les sulfures employés en pharmacie sont constitués par un mélange de sulfures et d'hyposulfite de soude, quand ils ont été preparés par voie humide, et par un mélange de sulfures et de sulfates, quand ils ont été préparés par voie sèche.

Les seuls actuellement employés en médecine sont les sulfures de potassium, de calcium et de sodium.

La formule chimique du sulfure de potasse (*sulfure de potassium impur, foie de soufre*), est KS^3. Il se présente sous forme de masses dures, solides, cassantes, d'une couleur brune rougeâtre, d'une saveur âcre, extrêmement caustique, inodore lorsqu'il est sec, mais acquérant dans l'air, qui est toujours humide, une odeur d'œufs couvis. Le mode de préparation qu'indique le *Codex* ne donne pas un sel pur, mais bien un mélange de trisulfure de potassium et de sulfate de potasse.

L'étude des effets que les sulfures exercent sur l'organisme, à l'état physiologique, est encore aujourd'hui fort incomplète, ainsi que la fait très-justement remarquer un de nos plus habiles expérimentateurs, M. le docteur Rabuteau. Il paraît cependant démontré, qu'administré à doses modérées, le sulfure de potasse active les sécrétions des muqueuses, ainsi que celle de la surface cutanée, comme on le verra, du reste, dans les observations que nous rapportons plus loin. Sous leur influence, l'appétit augmente et il se produit même un certain mouvement fébrile. Comme le soufre, il est certain qu'il a une action spéciale sur le cœur et les organes de la circulation, sur les poumons et sur la peau.

De cette action, les conséquences thérapeutiques sont faciles à déduire, aussi le sulfure de potasse n'est-il pas seulement employé avec succès dans le traitement des maladies des voies respiratoires, mais encore *intus et extra*, et surtout dans celui des rhumatismes. Jadis, Van Swieten et Barthez ont particulièrement insisté sur la valeur de ce médicament contre les affections rhumatismales. C'est, du reste, aujourd'hui une médication, pour ainsi dire, consacrée.

De tout ce que nous venons de dire, nous n'avons à relever que deux points principaux :

1° L'action, démontrée expérimentalement, que les sulfures exercent sur le cœur et les organes de la circulation ;

2° Les heureux effets que l'on obtient de leur administration dans le traitement des rhumatismes.

Cette action multiple ne peut-elle pas expliquer les guérisons remarquables que nous a donné le sulfure de potasse que nous avions conseillé à des malades atteints d'anévrisme du cœur ? Nous l'avons déjà dit, et il importe de ne point l'oublier, l'anévrisme du cœur est, 95 fois sur 100, la conséquence d'une affection rhumatismale. Quoi d'étonnant alors que le *foie de soufre* qui exerce une action particulière sur l'organe central de la circulation et en même temps sur les lésions inhérentes ou consécutives au rhumatisme, puisse guérir l'anévrisme rhumatismal du cœur?

Nous n'ignorons pas qu'on a fait au sulfure de potasse, administré comme médicament, des reproches assez fondés. On a dit, non sans raison, qu'il ne représentait pas la partie active des Eaux minérales sulfurées, et c'est pour ce motif que dans le nouveau *Codex*, il a été remplacé par le monosulfure de sodium.

On a dit encore qu'il était profondément altérable; aussi a-t-on conseillé de ne préparer les médicaments dans la composition desquels il entre, qu'au moment du besoin. Ce reproche est fondé s'il s'agit d'une solution, d'un sirop, etc., mais on peut en préparer des pilules, qui, mêlées avec une quantité suffisante de poudre de gomme arabique, se conservent longtemps, sans aucune altération, à la condition de les maintenir dans un lieu sec.

Nous indiquerons plus loin les formules auxquelles nous avons eu recours, et les doses auxquelles nous avons prescrit ce médicament.

Du reste, et nous appelons sur ce dernier point l'attention de nos confrères, nous n'avons commencé à prescrire le foie de soufre, que parceque nous n'avions pas d'autre sulfure à notre disposition, mais

nous pensons qu'on arriverait aux mêmes résultats
que ceux que nous avons obtenus en administrant les
divers sulfures de calcium, et surtout de sodium.

OBSERVATIONS

DE MALADES ATTEINTS D'ANÉVRISME DU CŒUR,

traités par les moyens ordinairement employés
et dont l'affection s'est terminée par la mort.

Ire OBSERVATION

ANÉVRISME RHUMATISMAL DU CŒUR CARACTÉRISÉ PAR UN
RÉTRÉCISSEMENT DE L'ORIFICE AORTIQUE AU DÉBUT ; PAR
UNE DILATATION MODÉRÉE DU VENTRICULE GAUCHE ; PAR
UNE INSUFFISANCE DES VALVULES SYGMOIDES.

Jean Goumard, métayer au Maine-Roux, commune de Fouquebrune, canton de Villebois-Lavalette (Charente), âgé de
30 ans, d'un tempérament lymphatico-sanguin, constitution
moyenne, avait eu antérieurement plusieurs attaques de
rhumatisme, caractérisées par des douleurs musculaires ,
localisées dans les jambes, les cuisses et les bras. Ces douleurs après avoir occupé pendant quelque temps certaines
parties du corps, se logeaient dans d'autres, et pouvaient être
considérées comme ambulantes, elles existaient surtout l'hiver,

et disparaissaient, l'été, sous l'influence de sueurs abondantes. La première attaque, avait eu lieu à l'âge de 20 ans, mais en apparence très légère. Ayant tiré à la conscription et amené un mauvais numéro, peu de temps avant de passer au conseil de révision, il se fit poursuivre par ses camarades pour paraître essoufflé ; en effet, il fut réformé pour cause d'haleine courte et de palpitations, qui, sans doute, étaient survenues à la suite de sa première attaque.

Pendant quelques années, ces palpitations l'incommodèrent peu ; à 23 ans, il se maria, eut plusieurs enfants, et ce ne fut qu'à 27 ans, qu'il eut, pendant l'hiver, une attaque de rhumatisme ambulant qui le retint 15 jours au lit. Il se rétablit assez bien. mais l'été suivant, ses palpitations augmentèrent, lorsqu'il lui fallait bécher la vigne ; il se fatiguait beaucoup et était obligé de s'arrêter souvent. Deux ans après, il eut une nouvelle attaque de rhumatisme musculaire accompagnée de rhumatisme articulaire qui envahit plusieurs articulations, les genoux, les pieds, les poignets et les épaules. Il garda, un mois, le lit ; et fit un mois de convalescence. Après la guérison, il vit augmenter ses palpitations ; il ne put battre son blé, à la saison, et se trouva enfin, dans l'impossibilité de labourer, vers les premiers jours de novembre 1849, époque à laquelle je le vis. La maladie était alors caractérisée par des palpitations, de l'oppression, de la toux et de la dyspnée surtout en montant ; enfin, tout travail lui était impossible.

A l'auscultation on trouvait les battements du cœur irréguliers, on pouvait ainsi les noter : *tic-fre-tre*, le bruit de souffle après le premier temps indiquait un rétrécissement de l'orifice aortique, et le second bruit de souffle, au second temps annonçait une insuffisance des valvules sigmoïdes ; enfin, il était facile de constater que le ventricule gauche était dilaté, et que le volume du cœur était augmenté d'un tiers au moins. Le pouls était assez régulier à 80 pulsations. Goumard avait très-peu d'appétit, il dormait mal, surtout dans la position horizontale; il était tourmenté, la nuit, par des rêves et des cauchemars ; alors il se réveillait en sursaut le corps couvert de sueurs froides et avec des palpitations qui lui coupaient la respiration, enfin il avait la figure pâle et un peu bouffie. Je lui fis prendre quelques cuillerées d'infusion de digitale avec quelques gouttes de teinture éthérée, je lui fis faire des frictions sur la région du cœur avec cette teinture ; elles ne produisirent aucun effet avantageux ; peu à peu son état empira ; je lui pratiquai de temps en temps quelques petites saignées du bras qui le soulagèrent beaucoup chaque fois, mais momentanément, pendant quelques jours seulement, d'autres fois pour l'empêcher de tomber en défaillance, je lui faisais prendre un verre de vin de Bordeaux ou un petit verre de bonne eau-de-vie qui donnaient un peu plus de vigueur aux pulsations de cœur, ou quand le cœur battait trop vite et qu'il suffoquait, quelques gouttes de laudanum ou de teinture éthérée de digitale sur du sucre ramenaient un peu de calme. Tout cela n'empêcha point le rétrécissement de l'orifice aortique d'augmenter, le volume du cœur de prendre de l'accroissement, la respiration de devenir plus fréquente, et les palpitations d'amener plus de gêne malgré le séjour continuel au lit, dans lequel il restait presque assis. J'appliquai des vésicatoires sur la région du cœur; voire même plusieurs sétons, rien n'y fit, et à partir du 15 décembre, la maladie marcha avec rapidité ; ainsi les battements du cœur devinrent de moins en moins distincts, on n'entendait plus qu'un bruit de *ou-ou* perpétuel, au lieu d'un bruit de *tic-tac* ordinaire, il y avait enfin une assystolie presque complète. Ce cortège de symptômes lugubres se termina par la mort le premier janvier 1850, par diminution successive de la force d'impulsion des battements du cœur, et enfin par assystolie plutôt que par rupture de cet organe.

Autopsie. — Vingt-quatre heures après la mort, j'ai pratiqué l'autopsie : les membres inférieurs étaient œdématiés, ainsi que les mains et les poignets, l'œdématie s'étendait jusque vers le milieu du ventre ; la figure était bouffie, et la plupart des tissus conservaient l'empreinte des doigts lorsqu'on les pressait.

Après avoir mis à découvert les organes de la poitrine par l'enlèvement de toute sa paroi antérieure, en coupant les côtes avec un sécateur, je trouvai une certaine quantité de sérosité citrine dans sa cavité ; j'incisai le péricarde qui en contenait aussi une très-notable quantité ; le cœur mis à nu, était gonflé mais non rompu, il était très-gros, très-volumineux et plein de sang dans toutes ses cavités. Le ventricule gauche fut ouvert par deux incisions en V pratiquées sur sa face antérieure, et allant l'une de la pointe du cœur vers l'orifice aortique, et l'autre à l'extrémité droite de sa base ; la cavité du ventricule était remplie de sang coagulé et semi-liquide qui s'échappa en partie à travers l'ouverture. Ce sang était d'un rouge foncé ayant déjà perdu une grande partie de l'hématose qu'il avait acquise en traversant le poumon. En lavant le ventricule à grande eau, j'en détachai des caillots de sang adhérant aux colonnes charnues qui se trouvent dans ce ventricule, et je reconnus que son étendue était de beaucoup augmentée et que ses parois étaient fort épaisses, mais aussi, qu'elles étaient flasques, molles et dépourvues de l'énergie nécessaire pour faire traverser au sang l'orifice aortique rétréci, dur et déformé. Rien d'étonnant à ce qu'elles n'aient pas pu continuer à fonctionner et à pousser le sang dans l'aorte, car elles avaient perdu leur force, tout leur ressort et toute leur élasticité.

J'introduisis mon doigt indicateur dans l'orifice aortique, il ne put pas y pénétrer, je le remplaçai par le petit doigt qui y pénétra avec assez de difficulté, et découvrit un anneau dur et résistant, tapissé de rugosités ou d'aspérités dont la grosseur autant que je pus m'en rendre compte, pouvait varier entre celle d'un grain de millet et celle d'un grain de chenevis. Les valvules sygmoïdes me parurent aussi, au toucher, avoir beaucoup augmenté d'épaisseur. Pour m'en assurer, je prolongeai mon incision jusque dans l'aorte, que je débarrassai de ses caillots de sang ; après avoir lavé les parties à grande eau, je reconnus que tous les tissus qui composent l'anneau aortique, avaient acquis une épaisseur de 3 à 4 millimètres au moins ; on sait que, à l'état normal, ils n'ont que 1 millimètre d'épaisseur ; enfin les aspérités que j'ai indiquées avaient bien le volume que le toucher m'avait fait pressentir. Les valvules sygmoïdes étaient aussi le siége de graves lésions, leur épaisseur avait plus que triplé, puis elles etaient dures et sans élasticité ; enfin, en coupant l'aorte au-dessus de ces valvules, elles n'étaient plus appliquées contre les parois de ce vaisseau, mais à moitié abaissées, se joignant par leurs bords et laissant à leur centre un trou assez grand, démontrant l'insuffisance de ces valvules.

Ainsi, voilà un cas où le diagnostic porté pendant la vie a été exactement vérifié par l'autopsie.

J'ai examiné avec le plus grand soin l'oreillette gauche, l'oreillette et le ventricule droits, ainsi que leurs orifices et leurs valvules, et je n'y ai remarqué aucune altération.

IIᵉ OBSERVATION

Anévrisme du cœur caractérisé par un rétrécissement de l'orifice aortique ; un rétrécissement de l'orifice pulmonaire présumé ; un rétrécissement de l'orifice auriculo-ventriculaire gauche sans insuffisance de la valvule mitrale ; enfin par une dilatation considérable du ventricule et de l'oreillette gauches.

Jean Labonne, âgé de 27 ans, soldat dans l'armée de ligne, tempérament lymphatico sanguin, constitution assez robuste, fils d'un de mes colons, résidant au Maine-Roux, commune de Fouquebrune, canton de Lavalette (Charente).

Il y avait environ cinq ans que Jean Labonne était parti pour le service militaire, bien portant et ne présentant aucun symptôme de maladie de cœur, au moment de son entrée au service. Au bout de quatre ans, il fut pris d'un rhumatisme articulaire aigu qui dura deux mois, au bout desquels il entra en convalescence. Cette convalescence ne fut jamais bien franche ; depuis, en effet, il ne put satisfaire aux obligations du service qu'avec beaucoup de peine ; il se plaignait de palpitations et d'essoufflement ; bientôt il se manifesta de l'enflure dans les jambes ; cette enflure s'éleva jusqu'aux genoux et nécessita son entrée à l'hôpital. Après y être resté deux mois sans éprouver d'amélioration, il fut envoyé dans sa famille avec un congé de convalescence illimité. Il y resta près d'un an et se rétablit passablement ; l'enflure disparut naturellement, les palpitations diminuèrent ; il pouvait faire quelques travaux agricoles légers, tels que sarcler le jardin, etc., lorsqu'il fut rappelé au régiment. Mais, au bout de six mois, il rechûta ; les palpitations reparurent, ses jambes s'enflèrent de nouveau. Après un séjour de deux mois à l'hôpital, il fut définitivement congédié ; il avait alos 23 ans, nous étions en 1854 ; je le vis le 15 septembre.

Voici l'état dans lequel il se trouvait : pâleur et bouffissure du visage sur lequel il y avait quelques traces de cyanose pendant la systole, enflure des jambes tous les soirs, palpitations et dyspnée assez fortes sous l'influence de la marche, surtout sur un plan incliné. Battements du cœur irréguliers avec bruits de souffle assez doux, que je pus ainsi noter : *tirre-fretac*. Le premier bruit de souffle *tirre* précédait le premier bruit du cœur, ce qui indiquait un rétrécissement de l'orifice auriculo-ventriculaire gauche ; le second bruit de souffle *fre* accompagnait ce premier bruit du cœur, ce qui démontrait un rétrécissement de l'orifice aortique. Le second bruit du cœur était intact, indice qu'il n'y avait point d'insuffisance des valvules sigmoïdes, mais la cyanose du visage déterminée par le reflux du sang veineux pendant la systole, annonçait qu'il devait y avoir aussi un obstacle à l'orifice pulmonaire ; cet obstacle je n'ai pu le constater d'une manière bien positive par l'auscultation, parce que le bruit de souffle du côté droit ayant lieu en même temps que celui du côté gauche se confondait avec celui-ci et était difficile à diagnostiquer, mais la cyanose du visage en était un indice presque certain.

Quoique la maladie ne fût pas encore très-avancée, il y avait déjà dans les ventricules et dans l'oreillette gauche un accroissement de volume assez considérable, démontré par l'auscultation.

Sous l'influence d'une diarrhée abondante, déterminée par la grande quantité de raisins qu'il consommait chaque jour, et sous l'influence de sueurs déterminées par quelques bains de vapeur sulfureux, l'enflure des jambes diminua, et le malade passa un assez bon hiver.

Mais en 1855, à l'époque des fauches et des moissons, il voulut se forcer un peu à l'ouvrage. Alors la maladie reparut et suivit désormais son cours sans que rien put l'arrêter. Lorsque je le revis, vers le 15 septembre, il avait les jambes enflées jusqu'au tronc, marchait avec difficulté, surtout en montant ; il n'avait ni appétit, ni sommeil ; il ne pouvait conserver la position horizontale ; s'il dormait, son sommeil était troublé par des cauchemars et des rêves affreux qui le réveillaient en sursaut. Les bruits du cœur étaient tels que je les ai décrits, mais plus prononcés et avec des frottements plus forts. Ils soulevaient la poitrine, et le volume du cœur était considérable, il avait au moins une fois et demi son volume normal. Ni la digitale à l'intérienr, ni les frictions avec la tienture éthérée de digitale sur la région cardiaque, ni les vésicatoires ni même les sétons, ne purent arrêter la marche de la maladie ; la force des battements du cœur diminua de plus en plus, bientôt ils cessèrent d'être distincts et furent remplacés par un bruit de *ou-ou* perpétuel ; la respiration devint de plus en plus gênée et embarrassée par l'augmentation successive de la congestion pulmonaire, et la mort eut lieu le 16 décembre par asphyxie déterminée par l'assystolie ou défaut de contraction des ventricules.

Autopsie. — Vingt-quatre heures après la mort, je pratiquai l'autopsie. Les membres inférieurs étaient enflés, et il y avait une certaine quantité d'eau dans le ventre. Les mains et les poignets étaient aussi enflés, enfin il y avait une adématie générale. Après avoir mis à découvert les organes de la poitrine par l'enlèvement de toute la paroi antérieure du thorax, j'incisai le péricarde où je trouvai une certaine quantité de sérosité citrine. Le cœur était très-gros, très-volumineux et distendu par une grande quantité de sang coagulé, mais il n'était pas rompu. Je pratiquai sur la paroi antérieure du ventricule gauche deux incisions partant de la pointe du cœur et allant se terminer l'une vers l'orifice aortique sans entamer cet orifice, et l'autre au côté opposé de la base du cœur. Je le débarrassai des caillots de sang qu'il contenait, je le lavai à grande eau pour détacher les caillots adhérant aux colonnes charnues qui sont situées dans ce ventricule, et je reconnus que les parois étaient plus épaisses qu'à l'état normal, mais flasques et molles ; que le volume du cœur était de beaucoup augmenté. L'orifice aortique était très-étroit, c'est à peine s'il pouvait admettre le petit doigt, il était converti en un anneau dur, épais et résistant dont lee tissus étaient tapissés par des rugosités et des aspirités d'une grosseur inégale. En incisant cet anneau, les tissus criaient sous le ciseau ; son épaisseur était plus que triplée. Les valvules sygmoïdes étaient aussi fort épaissies, mais ne présentaient point d'insuffisance. La valvule mitrale présentait encore une épaisseur beaucoup plus grande que dans l'état normal et l'orifice auriculo-ventriculaire gauche était rétréci et rugueux, mais la valvule mitrale ne présentait point d'insuffisance.

Je pratiquai ensuite une incision sur le ventricule droit, je débarrassai la cavité des caillots qu'elle contenait, je lavai à grande eau et je reconnus un rétrécissement à l'orifice pulmonaire. Ce rétrécissement embarrassait la circulation sanguine ; le sang retenu dans l'oreillette droite pendant la systole engorgeait la veine cave sans qu'il y eut double pulsation veineuse au col et donnait lieu à la cyanose du visage pendant la vie.

IIIe OBSERVATION

ANÉVRISME RHUMATISMAL DU CŒUR, CONSTITUÉ PAR UN RÉTRÉCISSEMENT TRÈS-PRONONCÉ DE L'ORIFICE AORTIQUE, SANS INSUFFISANCE DES VALVULES SYGMOIDES, PAR UNE HYPERTROPHIE BIEN CARACTÉRISÉE DU VENTRICULE GAUCHE ; PAR UNE DILATATION DE CE VENTRICULE, ET ENFIN, PAR UNE AUGMENTATION CONSIDÉRABLE DU VOLUME DU CŒUR.

Rochais (Jean), âgé de 43 ans, métayer au village du petit Buguet, commune de Fouquebrune, canton de Villebois-Lavalette (Charente), d'un tempérament sanguin, d'une constitution robuste, vint me consulter au mois de mai 1850, pour des battements de cœur qui le gênaient beaucoup, tant pour marcher que pour travailler la terre.

Un an auparavant, cet homme avait été atteint d'un rhumatisme articulaire aigu qui avait successivement occupé les articulations tibio-tarsiennes, les genoux, les poignets, les coudes et les épaules. Bien que traité par les saignées générales et locales, les vésicatoires, la digitale, la vératrine et le nitrate de potasse, il garda le lit pendant deux mois et ne put reprendre son travail qu'au bout de trois mois ; il avai même alors encore gardé des palpitations et de l'essoufflement qui le gênaient beaucoup. Néanmoins, ayant abondamment sué pendant l'été, il finit par aller mieux et put faire ses travaux, tant bien que mal.

Vers le mois de janvier 1850, il fut encore atteint de quelques douleurs rhumatismales, moins fortes que l'année précédente, mais qui vinrent encore aggraver la maladie du cœur.

A l'auscultation, je trouvai entre les deux battements du cœur, un bruit de frottement très-fort, prolongé, et pouvant être noté ainsi : *tic-free-tac.* Le premier battement était aussi beaucoup plus fort que le second, lequel était un peu voilé par le premier et par le bruit de souffle, mais, toutefois, encore distinct. Au moment du premier battement, le malade éprouvait, chaque fois, un fort retentissement à la base du cerveau ; la face était rouge et vultueuse et les yeux brillants.

Il y avait donc chez cet homme un rétrécissement déjà très-prononcé de l'orifice aortique, sans insuffisance des valvules sigmoïdes. De plus, la pulsation cardiaque et correspondante au premier temps, était tellement forte, que, jointe à la coloration du visage et aux battements correspondant à la base du cerveau, on reconnaissait facilement une hypertrophie concentrique des fibres musculaires du cœur, c'est-à-dire une augmentation du volume et de la force de ces fibres.

Enfin la percussion me permit de constater une augmentation considérable dans le volume du cœur. Cette augmentation pouvait correspondre à la moitié de la grosseur normale de cet organe.

A chaque battement, la poitrine était soulevée et présentait un point de soulèvement, une voussûre très-apparente. On distinguait le lieu repoussé à cinq et six pas. De temps en temps, il survenait quelques quintes de toux sèche sans expectoration, excepté le matin où le malade, en se levant, rendait quelques crachats blancs et opaques qui s'étaient accumulés pendant la nuit.

Je ne cachai point à cet homme qu'il était atteint d'une maladie très-grave. J'étais, à cette époque, inspecteur à Chaudesaigues, où j'avais déjà observé plusieurs cas de guérison très-manifestes de la maladie que j'observais en

ce moment. Ne connaissant pas alors d'autres remèdes que
ces eaux, susceptibles de guérir cette maladie, je proposai à
Rochais de l'emmener avec moi à mes frais ; mais ne se
croyant pas aussi malade qu'il l'était, il refusa ainsi que sa
famille. Alors je lui fis une saignée du bras, je lui prescrivis
des vésicatoires qu'il ne voulut pas employer, puis de la
teinture éthérée de digitale, intérieurement et en frictions.
Toute cette médication qui, du reste, ne fut qu'à demi
exécutée, ne produisit aucun effet.

Or, qu'arriva-t-il ? C'est que lorsque je fus parti pour aller
passer trois mois à Chaudesaigues, Rochais, poussé par le
besoin de travailler, et ennuyé de s'entendre traiter de fainéant,
de gourmand (car il avait bon appétit), voulut entreprendre
un déblai de terre. Un jour on le trouva mort sur la brouette
qu'il s'efforçait de traîner.

Que s'était-il passé ? Son cœur s'était-il rompu sous l'influence de l'emploi d'une force supérieure à celle qu'il pouvait
donner ? Je ne sais ; toujours est-il, que vers le 20 juillet, il
succomba à sa maladie, qui était bien la même que celle que
j'avais vu guérir déjà plusieurs fois à Chaudesaigues. A mon
retour, je fus instruit de tous les détails de la mort de ce
malheureux, qui aurait certainement guéri, et sans nul doute
vivrait encore, s'il avait voulu suivre mes conseils.

IVᵉ OBSERVATION

ANÉVRISME DU CŒUR CARACTÉRISÉ PAR UN RÉTRÉCISSEMENT DE L'ORIFICE AORTIQUE, PAR UNE INSUFFISANCE DES VALVULES SYGMOIDES, PAR UNE DILATATION PRONONCÉE DE LA CAVITÉ DU VENTRICULE GAUCHE, ET, ENFIN, PAR UNE FORTE AUGMENTATION DU VOLUME DU CŒUR.

M. Paul Clavaud, âgé de 35 ans, lieutenant de vaisseau, d'un tempérament lymphatico-sanguin, d'une constitution assez robuste, d'une taille moyenne et bien prise, vint me consulter à Angoulême, au mois d'avril 1851.

Antérieurement, M. P. Clavaud avait eu plusieurs attaques de rhumatisme aigu, qui avaient duré plus ou moins de temps. Pendant la dernière attaque, qui avait eu lieu trois ans auparavant, il se produisit une endocardite intense, qui laissa à sa suite des lésions assez graves ; elles se manifestèrent d'abord par des palpitations fort gênantes, qui augmentèrent successivement, et nécessitèrent la demande d'un congé pour prendre le repos nécessaire et subir un traitement approprié. Les médecins les plus célèbres furent naturellement consultés, et les traitements qui furent prescrits et exécutés, n'amenèrent aucun résultat satisfaisant.

A l'examen du cœur, je constatai, par l'auscultation, plusieurs lésions, telles qu'un bruit de souffle au premier temps, ou intermédiaire aux deux bruits du cœur. Ce bruit était assez confus et nécessitait beaucoup de soin et d'attention pour être bien distingué ; il n'était accompagné ni de battements ni de refoulement du sang dans les veines jugulaires, ni de cyanose au visage et aux lèvres. Par conséquent, il indiquait positivement un rétrécissement déjà bien avancé de l'orifice aortique opposant une assez forte résistance au passage du sang poussé par le ventricule gauche. L'oreille percevait, en effet, un bruit de frottement qu'on pouvait noter ainsi : *tic-fre* ou *tirre.*

Après ce premier bruit venait le second, produit par le claquement des valvules sygmoïdes. Ce dernier avait aussi sub une altération très-manifeste ; au lieu d'un *tac* simple, comme cela se produit à l'état normal, il s'accompagnait d'un second bruit de frottement qui pouvait être indiqué de la manière suivante : *tic-fre-tarre,* ou se confondait avec lui. Ces divers signes annonçaient q'une partie du sang qui avait traversé l'orifice aortique, refluait dans le ventricule gauche par un trou existant à l'union des trois valvules sigmoïdes, ou une insuffisance de ces valvules sygmoïdes ; conséquemment, les deux bruits du cœur, au lieu de donner un tic-tac régulier, se traduisaient par deux bruits nouveaux alternés, et ainsi notés : *tirre-tarre.* Ces deux bruits n'étaient peut-être pas aussi accentués, parceque la maladie, déjà avancée, avait amené une diminution très-grande dans la force et dans l'élasticité des parois du ventricule gauche. Le moment approchait donc où les deux bruits du cœur se confondraient et ne seraient plus perçus que sous forme de sons confus ; peu distincts, tels que *ou-ou, ou-ou.*

La percussion faisait découvrir une dilatation considérable du ventricule gauche augmentant le volume du cœur de près des deux tiers, et ayant produit une voussûre très-manifeste de la paroi de la poitrine, dans le point correspondant. On n'y distinguait point de soulèvement, à cause de l'affaiblissement des bruits du cœur.

Ainsi les signes pathognomoniques de l'anévrisme du cœur tels que le rétrécissement d'un ou de plusieurs orifices de l'organe, la dilatation de la cavité ou des cavités qui précèdent le rétrécissement et l'augmentation du volume du cœur, étaient patents et indiscutables.

A cette époque, où je ne connaissais encore que les Eaux thermales de Chaudesaigues comme remède à peu près certain dans le traitement de cette maladie, le pronostic devait être très-grave ; je proposai ces eaux au jeune officier de marine, faisant luire à ses yeux une guérison probable. N'insistai-je pas assez ? ou n'eus-je pas le don de le convaincre ? Toujours est-il qu'il n'en usa pas, et qu'au bout de quelques mois, il subit le sort commun à tous ceux qui alors étaient atteints de l'affreuse affection dont il souffrait.

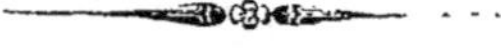

Vᵉ OBSERVATION

ANÉVRISME DU CŒUR CARACTÉRISÉ PAR UN RÉTRÉCISSEMENT DES ORIFICES AORTIQUE ET PULMONAIRE, PAR UNE DILATA-TION DES DEUX VENTRICULES DU CŒUR, PAR UNE AUGMEN-TATION CONSIDÉRABLE DU VOLUME DE CET ORGANE, ET ENFIN PAR UNE INSUFFISANCE DE LA VALVULE TRICUSPIDE.

M. Jean Gaillard , âgé de 65, propriétaire au Groc, com-mune de Fouquebrune (Charente), d'un tempérament sanguin, d'une constitution robuste, fut atteint d'un rhumatisme aigu, qui débuta dans les premiers jours d'octobre 1861. A ma première visite, le 7, je le trouvai en proie à une grande fièvre et à des douleurs articulaires très-vives, ayant leur siége dans les articulations tibio-tarsiennes, dans les genoux, les poignets et les coudes. Dès les premiers jours, je pratiquai deux saignées du bras, je fis appliquer quelques sangsues et faire des frictions avec un liniment volatil. Je prescrivis de la quinine, de la vératrine, du nitrate de potasse, et enfin je fis poser quelques vésicatoires volants. Vers le 25, M. Gaillard alla beaucoup mieux, et vers le 30, je pus commencer à lui faire prendre des bains chauds, additionnés de 100 grammes de sulfure de potasse ; il en prit douze qui le firent beaucoup transpirer et produisirent une grande amélioration.

Dès le commencement de la maladie, il se développa une légère endocardite avec douleur au cœur. Cette douleur disparut en même temps que les autres, mais depuis ce moment, ce malade resta toujours un peu essoufflé et éprouvait de légères palpitations. Malgré cela, M. Gaillard reprit ses habitudes, il s'occupa de la vente des bestiaux, ce qui l'obligeait à voyager un peu par tous les temps. Néanmoins, il passa un assez bon hiver, et sa santé se soutint en cet état jusque vers la fin de 1863. A partir de cette époque, sa maladie empira et il me fit appeler le 25 janvier 1864. Il y avait alors déjà longtemps que je ne l'avais vu, et je le trouvai bien changé.

M. Gaillard sortait à peine de chez lui, et ne pouvait rien faire d'un peu pénible, pas même panser ses bestiaux ; en marchant, il s'essoufflait facilement, son cœur battait assez fort, surtout en gravissant un escalier; sa respiration était gênée, et il était fatigué par des palpitations et par une toux qui était plus forte le matin que pendant le reste du jour. Les veines du cou donnaient lieu à des battements isochromes à ceux du pouls ; ses lèvres étaient violacées et sa figure cyanosée.

En consultant le cœur, je trouvai une altération très-mani-
este dans les bruits de cet organe; ainsi, au premier temps, il
y avait un bruit de frottement très-facile à percevoir, si bien
qu'au lieu de *tir*, on entendait *tic-fre*, ou *tre* ce qui i ndiquait
un rétrécissement très-marqué de l'orifice aortique ; le battement des veines du cou et la cyanose des lèvres et du visage
indiquaient que l'orifice pulmonaire était rétréci, ce qui fut
confirmé en portant le stéthoscope un peu plus haut et plus
à droite. On entendait alors un bruit de souffle distinct de celui
du côté gauche, mais ce bruit était moins marqué qu'à gauche,
ce qui annonçait que le rétrécissement existant à l'orifice
pulmonaire était moins fort que celui de gauche. Il n'y avait
point d'insuffisance des valvules sygmoïdes, car on ne percevait point de bruit anormal au second temps, mais il y
avait aussi une lésion très-manifeste à la valvule tricuspide,
car le sang refluait très-facilement du ventricule droit dans
l'oreillette droite et donnait lieu, en repassant dans la veine
cuve supérieure et delà dans les veines jugulaires aux battements isochromes de la veine avec ceux des artères et à la
cyanose des lèvres et du visage. C'était une insuffisance de
cette valvule.

Les deux ventricules étaient aussi très-dilatés, ce qui augmentait beaucoup le volume du cœur, qui était accru des deux
tiers. Malgré l'emploi méthodique de tous les agents thérapeutiques dont je pouvais disposer, la maladie empira rapidement, le sommeil devint mauvais et agité par des rêves
pénibles, l'appétit diminua peu à peu, les battements du cœur
devinrent moins forts, moins réguliers, plus difficiles à percevoir, il se réduisirent à un bruit de *ou-ou* perpétuel, les extrémités inférieures enflèrent et l'œdématie monta jusqu'à l'abdomen. Enfin, M. Gaillard succomba dans les premiers jours
de février dans une véritable assystolie. Je ne pus obtenir d'en
faire l'autopsie.

VIe OBSERVATION

ANÉVRISME DU CŒUR CARCTÉRISÉ PAR UN RETRÉCISSEMENT DE L'ORIFICE AORTIQUE; PAR UNE DILATATION DU VENTRICULE GAUCHE ET PAR UNE AUGMENTATION DU VOLUME DU CŒUR, TOUT LE RESTE ÉTANT INTACT.

Un jour que j'étais chez M. Billard, tailleur à Angoulême, j'y rencontrai un jeune homme, âgé de 16 à 17 ans, que je ne connaissais pas. Ayant quitté sa redingotte pour prendre mesure de vêtements, je distinguai à l'œil nu, les battements de son cœur qui soulevaient la paroi antérieure de sa poitrine; il était maigre, d'un tempéramment délicat et son teint était fort pâle, je lui demandai s'il avait des palpitations et s'il était essoufflé en marchant vite et en gravissant un escalier; ce jeune homme me répondit affirmativement, « mais, ajouta-t-il, je ne souffre pas et cela se passera sans doute lorsque je serai formé, car ma maladie s'est déclarée depuis deux ou trois ans, à la suite d'une croissance rapide. » Je lui demandai encore s'il dormait bien et s'il avait bon appétit, il me répondit que son sommeil était quelquefois interrompu par de mauvais rêves, et qu'il ne mangeait pas beaucoup. Enfin, je le priai de me permettre de l'ausculter, il y consentit, et voici ce que je constatai :

1° Bruit de souffle au premier temps, indice d'un rétrécissement de l'orifice aortique. Ce bruit pouvait être ainsi noté *tic-fre*, il était assez fort pour démontrer que les parois du ventricule gauche conservaient encore assez de force et d'élasticité.

2º Dilatation de ce ventricule gauche.

3º Augmentation du volume du cœur. Cette augmentation pouvait bien être d'un quart en sus du volume ordinaire.

Après avoir posé ce diagnostic, je lui dis que la maladie dont il était atteint était plus grave qu'il ne pensait, qu'elle irait toujours en augmentant, et finirait d'ici à quelques années, un an ou deux peut-être. par avoir une terminaison funeste. J'ajoutai qu'il était encore temps d'y remédier, attendu qu'elle pouvait être guérie par les Eaux thermales de Chaudesaigue, de Bagnols ou du Mont-d'Or et je l'engageai à en parler à ses parents. En parla-t-il, ou n'en parla-t-il pas ; toujours est-il que je le perdis de vue.

Quelque temps après, je reçus d'un de mes amis, juge de paix à Angoulême, une lettre me faisant part de la mort de son fils unique.

M. Billard, que je rencontrai à quelques jours de là, m'apprit que le jeune homme que j'avais examiné chez lui, il y avait quelque temps, était mort ; comme je lui avais donné à entendre, c'était le fils de mon ami, M. Beyrand.

OBSERVATIONS

DE MALADES ATTEINTS D'ANÉVIRSME DU CŒUR

traités et guéris par le sulfure de potasse administré seul
ou par l'usage de ce médicament combiné
áu fer réduit et à l'acétate de plomb cristallisé.

Iʳᵉ OBSERVATION

ANÉVRISME DU CŒUR, CARACTÉRISÉ PAR UN RÉTRÉCISSEMENT
DE L'ORIFICE AORTIQUE, PAR UNE DILATATION ASSEZ CONSI-
DÉRABLE DU VENTRICULE GAUCHE, PAR UNE INSUFFISANCE
DES VALVULES SYGMOIDES GAUCHES, PAR UN RÉTRÉCISSEMENT
DE L'ORIFICE AURICULO-VENTRICULAIRE GAUCHE OU INSUFFI-
SANCE DE LA VALVULE MITRALE, ET ENFIN PAR UNE DILATA-
TION DE L'OREILLE GAUCHE.

Aimé Lavergne, meunier, à Landole, commune de Torsac,
canton de Villebois-Lavalette (Charente), 45 ans, d'un tempérament lymphatico-sanguin, d'une constitution robuste. Atteint
depuis quelque temps de battements de cœur assez fatigants, il
avait eu trois ans auparavant, en 1863, un rhumatisme aigu qui

l'avait retenu un mois au lit, et dont il m'avait paru bien guéri.

Ces palpitations augmentèrent peu à peu et finirent par devenir assez fatigantes pour l'empêcher de vaquer à ses occupations ordinaires. Ce qui, en outre, contribua le plus à produire ce résultat, fut une perte d'argent qu'il fit au jeu.

Le dimanche, 3 octobre 1866, ayant passé une partie de la nuit au bourg de Torsac à jouer, il eut froid en rentrant chez lui.

Le 4, il fut pris d'une toux fatigante et d'une pneumonie, qui nécessitèrent une saignée et un vomitif avec l'hypécacuanha.

Le 5, il y avait amélioration dans la pneumonie.

Le 6, potion de teinture éthérée de digitale et quelques pilules de Kermès.

Le 18, il allait beaucoup mieux de sa pneumonie et je pus examiner l'état du cœur, et constater les lésions suivantes :

1º Bruit de souffle au premier temps *tic-fre* indiquant un rétrécissement de l'orifice aortique.

2º Un bruit de souffle au second temps *larre* indice d'une insuffisance des valvules sygmoïdes.

3º Dilatation du ventricule gauche produisant une augmentation très-prononcée du volume du cœur qui pouvait être évalué en tout à une fois 1/2, le volume de cet organe à l'état normal.

4º Le bruit produit par le passage du sang à travers l'orifice auriculo-ventriculaire rétréci était masqué, il est vrai, par le bruit résultant du bruit de souffle qui avait eu lieu au passage du sang à travers l'orifice aortique, et par suite de l'insuffisance des valvules sygmoïdes, mais il pouvait être reconnu à l'existence d'une toux continuelle produite par le refoulement du sang de l'oreillette gauche dans le poumon ; sang, qui y produisait une irritation souvent assez forte pour amener des crachats teints en rouge.

Outre ces lésions organiques, Lavergne présentait tous les symptômes qui accompagnent ordinairement l'endocardite ou l'anévrisme du cœur tels que mauvais sommeil, perte de l'appétit, palpitations, oppressions, difficulté de marcher surtout sur un plan incliné, pâleur du visage, etc.

Je pris donc la résolution d'administrer à Lavergne, le sulfure de potasse en pilules à la dose de 10 centigr., le matin, à jeun, comme je l'avais fais chez mes précédents malades.

Je restai bien après cette première prescription, une quinzaine de jours sans revoir Lavergne. Le 30 octobre, je me rendis chez lui, je le trouvai levé et mangeant avec appétit, il me dit qu'il allait mieux, qu'il dormait bien pendant toute la nuit, sans avoir de rêves ou de cauchemars, qu'il trouvait bon ce qu'il mangeait, et mangeait de tout avec plaisir, qu'il était moins oppressé en marchant, et pouvait rester levé une grande partie de la journée sans être trop fatigué ; il ajouta enfin qu'il ne toussait plus du tout. A l'auscultation, je trouvai les bruits de souffle un peu moins forts et le cœur un peu moins gros. En un mot, l'état de M. Lavergne était bien en voie d'amélioration.

Je retournai voir mon malade, le 15 novembre ; il allait beaucoup mieux déjà. Malgré mes recommandations, il avait été chercher du grain chez ses clients les plus voisins pour l'aller moudre à son moulin, et il avait fait ainsi 3 à 4 kilomètres à pied, sans éprouver d'inconvénients, l'état du cœur était très-modifié, les bruits de souffle étaient moins forts, le volume de l'organe était réduit d'un tiers, la respiration ne présentait rien d'anormal, et son teint était rosé et presque aussi coloré que dans son état naturel. Bref, je pouvais considérer, M. Lavergne, comme guéri, et cette guérison me donner lieu de penser que j'avais bien découvert un remède efficace contre l'anévrisme du cœur. Il me tardait donc d'avoir l'occasion de l'appliquer de nouveau et de voir si j'obtiendrais encore des résultats favorables.

DE L'ANÉVRISME DU COEUR.

Le 25 novembre 1866, Lavergne fut au bourg de Torsac, y passa une grande partie de la nuit à jouer et ne rentra chez lui que vers cinq heures du matin ; le 26, il fut prit de toux, de fièvre et de douleurs rhumatismales aux poignets et aux coudes, je lui pratiquai une petite saignée.

Le 27, il y avait déjà un commencement d'endocardite très-manifeste et la fièvre avait augmenté.

Lavergne, étant à peine convalescent d'une très-grave madie et assez faible, je ne crus pas devoir continuer la saignée. Je lui administrai 1 gramme de sulfate de quinine et quelques pilules de sulfate de potassium, mais les douleurs rhumatismales augmentèrent néanmoins, et se portèrent aux genoux et aux articulations tibio-tarsiennes ; la fièvre devint plus forte.

Le 29, il n'allait pas mieux, l'endocardite n'avait point diminué, et de plus il s'était développé une péricardite très-douloureuse.

Pour tâcher de calmer ces douleurs, j'appliquai un large vésicatoire sur la région précordiale.

Le 30, les douleurs étaient moins vives, mais il y avait un épanchement assez considérable dans le péricarde et une grande gêne dans la respiration. Le pouls était à 114. Potion de teinture éthérée de digitale et un gramme de sulfate de quinine

Le 2 et le 3 décembre, pas d'amélioration, grande gêne de la respiration, fièvre moins forte, pouls à 105. Potion de teinteinture éthérée de digitale, 1 gramme de sulfate de quinine.

Le 5 et le 6, augmentation dans la gêne de la respiration. Pouls petit à 105, 1 gramme de sulfate de quinine.

Le 7, œdème considérable des membres inférieurs.

Le 8, mort par asphyxie.

Cette observation bien qu'elle se termine par la mort à la suite d'une maladie intercurante, est précieuse pour moi,

en ce sens qu'elle a été une de celles qui m'ont le mieux fixé
sur la valeur des nouveaux remèdes qui font l'objet de ce travail et qui m'ont presque toujours réussi depuis pour obtenir
la guérison de l'anévrisme du cœur dans des cas bien caractérisés, lesquels se seraient certainement terminés par la mort
comme cela était arrivé avant que je connusse cette thérapeutique, et comme les observations que nous relatons plus
loin en font foi.

IIe OBSERVATION

ANÉVRISME DU CŒUR CARACTÉRISÉ PAR UN RÉTRÉCISSEMENT
DES ORIFICES AORTIQUE ET PULMONAIRE, PAR UNE DILATA-
TION DES VENTRICULES ET PAR UNE AUGMENTATION DU
VOLUME DU CŒUR.

M. Cirbiot Boirron, âgé de 77 ans, d'un tempérament ner-
voso-lymphatique, grand, maigre, propriétaire à La Boussar-
die, commune de Fouquebrune, canton de Villebois-Lavalette
(Charente), souffrait déjà depuis trois ans environ dans la région
du cœur. Depuis lors, il avait perdu une grande partie de
l'activité dont il avait toujours été doué ; il éprouvait ordinairement des palpitations et de l'essoufflement, qui l'empêchaient

de marcher aussi vite que d'habitude, mais quelquefois les palpitations devenaient tellement fortes qu'il était obligé de se coucher là où il se trouvait et de comprimer fortement la région du cœur pour l'empêcher, disait-il, de se rompre. Si les crises se prolongeaient trop longtemps, il tâchait de se rendre chez lui pour se mettre au lit, où il restait jusqu'à ce qu'elles fussent passées, soit un jour ou deux. M. Boirron s'enrhumait facilement, mais ne crachait point de sang. Lorsque son médecin eut employé pour le guérir, sans pouvoir y parvenir, tous les remèdes connus, il vint me consulter, le 28 juillet 1861.

Après l'avoir interrogé sans pouvoir au juste reconnaître la cause de sa maladie, j'examinai la région du cœur, et je constatai :

1º Un bruit de souffle au premier temps, ce qui indiquait un rétrécissement de l'orifice aortique.

2º Une dilatation du ventricule gauche déjà assez prononcée.

3º Une augmentation du volume du cœur, pouvant s'élever à un tiers du volume total de l'organe. Il y avait aussi des battements dans les veines jugulaires et de la cyanose aux lèvres et au visage. Ces derniers symptômes annonçaient que l'orifice pulmonaire était rétréci, et que le sang des veines caves, gêné dans son cours, refluait dans ces veines.

Quoique je n'eusse pu déterminer au juste si la cause de cet anévrisme était rhumatismale, ainsi qu'il arrive le plus ordinairement ; je lui fis prendre 12 bains avec 120 grammes de sulfure de potasse, bains dont je portai successivement la chaleur a 42º degrés centigrades afin d'amener une abondante transpiration. Le malade les supporta assez bien d'abord, mais au bout de quelques jours il se trouva très-fatigué au point d'être obligé de les suspendre pendant deux jours.

Après leur reprise, la transpiration s'établit d'une manière régulière et devint très-abondante, chaque matin. N'ayant pu obtenir un grand soulagement de ces bains, je lui fis prendre à l'intérieur du sulfure de potasse en pilules et en solution; les pilules au nombre de deux contenaient chacune 5 centigrammes de sulfure de potasse, et la solution à la dose de 5 grammes par litre contenait environ 10 centigrammes de sulfure par cuillerée à bouche. Au bout de huit à dix jours il commença à en ressentir les bons effets, l'appétit et le sommeil devinrent meilleurs, la marche plus facile, les palpitations et la dyspnée moins fortes. Au bout de quinze jours, il ne toussait presque plus et faisait, suivant son ancienne habitude, des courses de 3 ou 4 kilomètres, sans se fatiguer.

Le mieux augmenta successivement et les signes sthétoscopiques suivirent aussi une marche décroissante : ainsi le bruit de souffle au premier temps diminua peu à peu, le volume du cœur se réduisit; la respiration devint plus libre, les palpitations beaucoup moins fortes. La cyanose des lèvres et du visage cessèrent également, tous ces signes étaient évidemment l'indice d'une amélioration considérable. Enfin le 7 septembre suivant, et depuis déjà assez longtemps, il avait repris toutes ses habitudes de la vie active qu'il avait coutume de mener avant sa maladie; telles que monter à cheval, aller en voiture et se promener à pied dans ses propriétés, une partie de la journée.

Ce malade s'est bien porté jusqu'en 1872. Cette année-là, le 6 mai, il eût une rechute qui exigea un nouveau traitement, mais il fut beaucoup moins malade que la première fois. Le même traitement, moins les bains sulfureux, lui rendirent la santé, et depuis ce temps-là, il s'est toujours bien porté, et actuellement en 1877, il se porte encore très-bien malgré ses 93 ans.

Voici un vieillard de 77 ans, qui est atteint d'une maladie très-grave, d'autant plus grave qu'elle portait sur le côté droit du cœur, sur le diagnostic de laquelle, il ne peut y avoir aucun doute, et qui après avoir résisté à tous les traitements mis en usage par un confrère très-capable et très-expérimenté, guérit en quelques semaines sous l'influence du traitement si simple que j'ai institué; ce malade malgré un âge avancé, vit onze ans encore bien portant après ce traitement, éprouve après les onze ans une rechûte modérée, guérit encore de cette rechûte et vit en assez bonne santé depuis cette époque. Si cette observation n'est pas probante, je ne sais quelle autre pourrait l'être.

IIIe OBSERVATION

ANÉVRISME DU CŒUR CARACTÉRISÉ PAR UN RÉTRÉCISSEMENT DE L'ORIFICE AORTIQUE, PAR UNE DILATATION MODÉRÉE DU VENTRICULE GAUCHE, PAR UNE AUGMENTATION DU VOLUME DU CŒUR.

Le nommé Jean Barbot fils, âgé de 20 ans, propriétaire-cultivateur au village de Puis-Orléans, commune de Bécheresse, canton de Blanzac (Charente), d'un tempérament lymphatico-sanguin, était, disait-on, atteint d'une maladie de langueur qui le rendait indolent et l'empêchaitt de se livrer au moindre travail. Un jour, c'était le 8 mai 1864, passant dans ce village, j'entendis dans une cour un individu qui disait à un autre : « Va donc travailler, grand fainéant; tu bois bien, tu manges bien

et tu ne veux rien faire, çà ne peut pas durer comme cela. »
Ils sortirent tous les deux, et je reconnus Barbot père et Barbot
fils. Après m'avoir salué, le père me dit : « Ma foi, Monsieur,
vous arrivez à propos, auriez-vous la bonté de descendre et
d'examiner mon fils, il se plaint toujours qu'il est malade et
qu'il ne peut pas travailler, cependant il n'a pas de fièvre, il
boit et mange bien et je crois que s'il ne travaille pas, c'est
qu'il ne le veut pas. »

J'examinai le malade avec le plus grand soin, quoique
j'eusse en partie deviné sa maladie à la simple inspection de la
région précordiale. A chaque battement du cœur, cette région
était soulevée ; il avait la pâleur de la cire..... mais procédons
par ordre.

Barbot avait eu un rhumatisme articulaire aigu l'année pré-
cédente, il avait gardé le lit un mois ; après sa convalescence, qui ne fut jamais bien franche, Barbot avait commencé à éprouver quelques palpitations qui le gênèrent un
peu dans son travail rural ; peu à peu les palpitations augmentèrent, il s'y joignit de l'oppression, de la dyspnée, un peu
de toux ; il s'essoufflait facilement en marchant, surtout en
montant. Lorsqu'il voulait courir, il soufflait très-fort et était
obligé de s'arrêter et de s'asseoir. Il lui semblait que son cœur
allait se rompre ; l'appétit était diminué et le sommeil était
entre-coupé par des rêves pénibles. Son teint était d'un blanc
mât et un peu couleur de cire.

En appliquant l'oreille contre la région précordiale, je trouvai au premier temps un bruit de souffle très-prononcé, signe
pathognomonique d'un rétrécissement de l'orifice aortique et
que je pus noter ainsi : *tic-fre-tac.* Le premier bruit *tic* était
fort et bien marqué, ce qui annonçait que les parois du ventricule gauche conservaient encore beaucoup de force, d'élasticité et que l'orifice aortique était déjà fort rétréci. A la percussion, on reconnaissait que le volume du cœur avait augmenté à peu près d'un quart. Ses battements étaient visibles à

25.

l'œil nu, à travers les vêtements; ils soulevaient la poitrine qui commençait à se voûter dans cette région. Il n'y avait ni intermittence dans le pouls, ni enflure de la partie inférieure des jambes.

Après cet examen, je déclarai à Barbot père que son fils était dans l'impossibilité de travailler, qu'il était même atteint d'une maladie très-grave qui entraînait souvent la mort, qu'il avait besoin de beaucoup de repos et de ménagement, que s'il le voulait je lui donnerais mes soins, mais que je ne pouvais répondre de rien. Barbot père fut vivement frappé de mes observations et me pria instamment de ne pas abandonner son fils.

Dès le lendemain, il prit 10 centigrammes de sulfure de potasse en pilules et continua ainsi sans décesser pendant cinq semaines. Il y joignit, après le douzième jour, une cuillerée à bouche d'une dissolution filtrée de 5 grammes de sulfure de potasse dans un litre d'eau, et il cessa complétement de travailler.

Après le quinzième jour du traitement, le mieux commença à se manifester, l'appétit revint et le sommeil ne fut plus troublé par des rêves; en même temps, la marche devint plus facile et moins fatigante, il put faire des courses de plus en plus longues; les palpitations, l'oppression et la dyspnée diminuèrent. A dater de ce moment il alla de mieux en mieux, à tel point que ne l'ayant pas revu depuis le commencement du traitement qui durait depuis un mois, et ayant eu l'occasion de passer dans sa contrée, je demandai à le voir; son père me mena dans un préau où il fauchait sans beaucoup de fatigue. Je l'examinai avec soin, et je reconnus que le rétrécissement de l'orifice aortique avait beaucoup diminué, ainsi que le bruit de souffle qui l'accompagnait, et que le cœur était en grande partie revenu sur lui-même. Les battements ne paraissaient presque plus à l'œil nu, la voussure de la poitrine était à peu près nulle; son teint était devenu rosé; en un mot, il était guéri. Toutefois, je lui administrai encore quelques pilules de Blaud, et lui défendis de travailler pendant quelques semaines dans la crainte d'une récidive, ce qu'il ne fit point, attendu que l'ouvrage pressait.

Depuis douze ans que Barbot est guéri de sa grave maladie il a pu se livrer aux durs travaux de la campagne sans en ressentir aucune atteinte nouvelle.

IVᵉ OBSERVATION

ANÉVRISME DU CŒUR CARACTÉRISÉ PAR UN RÉTRÉCISSEMENT DE L'ORIFICE AORTIQUE, PAR UNE DILATATION DU VENTRICULE GAUCHE, PAR UNE AUGMENTATION DU VOLUME DU CŒUR PRODUITE A LA FOIS PAR LA DILATATION DU VENTRICULE GAUCHE ET PAR UNE HYPERTROPHIE CONCENTRIQUE DES PAROIS DE CE VENTRICULE.

M. Eugène Gaillard, fils du malade qui a fait l'objet de la cinquième observation parmi les cas ayant amené la mort, propriétaire au Groc, commune de Fouquebrune, canton de Villebois-Lavallette (Charente). Tempérament sanguin, constitution robuste. Ce malade vint me consulter le 5 mai 1862 pour une affection qu'il avait entendu dire que j'avais guérie chez plusieurs malades qui en étaient atteints.

J'allai le voir le lendemain matin afin de pouvoir l'examiner dans son lit ; il me dit qu'il avait été affecté de quelques douleurs rhumatismales , mais jamais de rhumatisme aigu ; il ajouta que depuis lors il avait ressenti quelques palpitations et dans le poumon une gêne qui empêchait la respiration de se faire librement. En l'auscultant, je reconnus, en effet , un bruit léger de souffle au premier temps, mais qui était presque couvert par un premier bruit très-fort : *tic*, indiquant une augmentation dans la force de ce premier bruit.

Je lui pratiquai une saignée du bras et lui ordonnai une potion avec la teinture éthérée de digitale, Sous l'influence de de ce traitement, l'amélioralion fut rapide et dura près de trois mois. En juillet 1863, ayant pris un bain froid dans une petite rivière, il fut atteint de douleurs à la suite desquelles survinrent quelques palpitations, un peu de gêne dans la respiration, un peu de douleur dans la région du cœur, de l'essoufflement pendant la marche et une grande difficulté pour piocher.

Le 13 février 1864 , il revint me consulter ; mais alors il était atteint d'un véritable anévrisme. Ainsi, le bruit de souffle qui avait lieu au premier temps était bien moins marqué ; on entendait distinctement le premier bruit : *tic*, suivi d'un bruit de frottement très-sensible : *fre*, indiquant manifestement un rétrécissement déjà assez avancé de l'orifice aortique. La percussion montrait que le ventricule gauche était le siége d'une dilatation remarquable et que le volume du cœur était augmenté d'au moins un tiers. Enfin, la force du premier bruit était telle, que la poitrine était soulevée par les battements qui se distinguaient même à travers les vêtements. A l'examen, à peau nue , on y voyait une légère voussure, dans laquelle le malade éprouvait quelques douleurs. La force de ce bruit et son retentissement à la base du crâne indiquait une hypertrophie concentrique du ventricule gauche..

L'appétit avait diminué, le sommeil était agité par de rêves pénibles et le teint était moins coloré qu'à l'état normal.

Je prescrivis à M. Gaillard la teinture éthérée de digitale en frictions sur la poitrine et en potion, et je lui fis une saignée. Ces moyens n'amenèrent aucun résultat avantageux.

J'allai le revoir le 13, le 17 et le 19. J'essayai encore de la saignée, je lui fis appliquer plusieur vésicatoires et même un séton sur la région malade, mais ces moyens pas plus que les précédents ne procurèrent de soulagement.

Le 26 et le 28, voyant que le malade n'allait pas mieux. et l'affection me paraissant empirer, je me décidai à lui donner le sulfure de potasse à l'intérieur à la dose de 10 centigrammes, tous les matins, à jeun. Je ne sais pourquoi je redoutais, alors, de donner ce remède à plus haute dose.

Après quinze jours de son usage, il se trouvait mieux. Je portai la dose de sulfure à trois pilules, du 15 au 30 mars. Tout changea bientôt de face ; l'appétit et le sommeil devinrent bons. Le teint reprit sa coloration ordinaire et le caractère se modifia avantageusement; les palpitations et l'essoufflement cessèrent, la marche devint facile ; il faisait même des courses assez grandes sans en être incommodé ; l'auscultation et la percussion démontrèrent aussi que le bruit de souffle et le volume du cœur avaient en partie disparu ainsi que l'hypertrophie concentrique.

M Gaillard continua à prendre ses pilules pendant quelque temps et bientôt il se trouva assez bien pour pouvoir vaquer aux travaux de sa propriété ; depuis lors, c'est-à-dire depuis douze ans, j'ai vu M. Gaillard bien souvent ; il n'a jamais eu de récidive et s'est toujours bien porté, malgré divers chagrins de famille et des affections morales qui portent ordinairement leur action sur le cœur

Vᵉ OBSERVATION

ANÉVRISME DU CŒUR CARACTÉRISÉ PAR UN RÉTRÉCISSEMENT DE L'ORIFICE AORTIQUE TRÈS-PRONONCÉ, PAR UNE DILATATION DU VENTRICULE GAUCHE, ENFIN PAR UNE AUGMENTATION DU VOLUME DU CŒUR.

M. Louis Duffort, âgé de 21 ans, élève en pharmacie depuis un an, chez M. Vincent, pharmacien à Angoulême; d'un tempérament lymphatico-nerveux, d'une constitution délicate en apparence.

M. Duffort avait été atteint de douleurs rhumatismales quelques années auparavant. Ces douleurs laissèrent à leur suite des palpitations qui augmentèrent peu à peu ; il était essoufflé lorsqu'il marchait un peu vite, et il avait de la dyspnée. Un an plus tard, il tira à la conscription et fut réformé à cause de ses palpitations et de l'état de son cœur. Sa maladie datait de trois ans environ, et ne faisait que s'aggraver, malgré tous les traitements qu'on lui fesait subir.

Ayant appris que j'avais guéri plusieurs personnes qu'il supposait atteintes de sa maladie, parceque mes prescriptions avaient été exécutées chez M. Vincent, il me consulta le 18 mai 1868. Voici ce que j'observai :

Palpitations visibles à l'œil nu, *voussure* de la poitrine dans la région précordiale, teint d'un blanc mat, essoufflement pendant la marche, dyspnée, amour du repos, perte d'appétit, sommeil entrecoupé de mauvais rêves.

A l'auscultation, je trouvai au premier temps un bruit de souffle très-prononcé, signe certain d'un rétrécissement de l'orifice aortique.

Les bruits du cœur pouvaient être ainsi notés : *tic-fre-tac.* La force du premier bruit indiquait que les parois du ventricule gauche conservaient une épaisseur notable, de la force et de l'élasticité.

A la percussion, le ventricule gauche était passablement dilaté, et le cœur était d'un tiers plus grand qu'à l'état normal. Telle était la situation vraie.

Je prescrivis à M. Duffort des pilules composées de :

> Fer réduit. . . . . . . 10 grammes.
> Sulfure de potasse . . . . 10 —
> Acétate de plomb cristallisé. 12 centigr.

pour 100 pilules.

En prendre une, le matin, à jeûn.

Je le revis une douzaine de jours plus tard ; il éprouvait déjà, me dit-il, une amélioration notable. Après avoir continué ce traitement pendant un mois encore sans rien éprouver de mal l'ayant forcé de l'interrompre, il se trouva presque guéri, ainsi que je pus le constater.

Les palpitations, l'essoufflement et la dyspnée avaient beaucoup diminué, l'appétit était revenu et le sommeil n'était plus troublé par des rêves effrayants ; il marchait bien, gravissait un escalier sans être à beaucoup près aussi essoufflé qu'auparavant, et son teint était devenu rosé. Enfin, le bruit de souffle existait encore, mais beaucoup moins fort, et le volume du cœur était presque revenu à son état normal. Pendant près de six mois, notre malade présenta un peu de bruit anormal entre les deux bruits du cœur.

Mais après ce temps-là, le bruit de souffle disparut complétement, ainsi que tous les symptômes de la maladie dont il avait été si gravement atteint.

Aujourd'hui. M. Louis Duffort a 30 ans et se porte très-bien. Depuis son traitement qui date de huit ans, il n'a jamais été malade, il n'a rien éprouvé du côté du cœur, et jouit d'une santé qui ne laisse rien à désirer.

VIe OBSERVATION

ANÉVRISME DU CŒUR CARACTÉRISÉ PAR UN RÉTRÉCISSEMENT DE L'ORIFICE AORTIQUE, UNE DILATATION DU VENTRICULE GAUCHE, ENFIN PAR UNE AUGMENTATION DU VOLUME DU CŒUR.

Mme Marie Bouffard, propriétaire au village de Chassaigne, âgée de 44 ans, d'un tempérament lymphatico-nerveux, d'une constitution moyenne, fut prise, dans l'hiver de 1864, vers le mois de mars, de douleurs rhumatismales dans quelques articulations et dans les muscles. Un peu plus tard, il lui survint de la gêne dans la respiration, de l'essoufflement et des palpitations. Ces accidents divers augmentèrent et devinrent tellement gênants, qu'elle fut obligée de garder le lit. Vers le

20 mai, je fus appelé et je constatai une péricardite chronique, avec épanchement dans le péricarde, qui pouvait contenir un demi-litre d'eau environ. Les battements du cœur étaient sourds, profonds et difficiles à distinguer ; le pouls était déprimé. Enfin, on reconnaissait que le cœur était comprimé par un liquide environnant qui gênait ses mouvements.

Une fois que le liquide fut résorbé, il fut beaucoup plus facile d'analyser les battements du cœur. Mme Bouffard se croyait guérie, mais il n'en était rien, car il lui restait un rétrécissement de l'orifice aortique, résultat d'une endocardite qui avait coïncidé avec la péricardite et avait donné lieu : 1º à un bruit (de frottement situé entre les deux bruits du cœur et facile à percevoir après la disparition de l'épanchement du péricarde ; 2º à une dilatation du ventricule gauche ; et 3º à une augmentation de volume du cœur d'environ un quart. La maladie qui persistait, constituait donc un véritable anévrisme qui paraissait en voie de progression, et se serait très-certainement terminé par la mort, si je n'y eusse appliqué le traitement par le sulfure de potasse, et cela d'autant mieux que Mme Bouffard était arrivée à l'âge critique, époque souvent difficile à passer pour beaucoup de femmes. Sans recourir à l'emploi plus qu'incertain de la digitale ou de sa teinture éthérée, des vésicatoires volants, des diurétiques, des purgatifs, etc., je lui donnai de suite le sulfure de potasse à la dose de 10 à 15 centigrammes par jour. Sous l'influence de ce remède, et au bout de huit ou dix jours, les choses commencèrent à changer de face ; le teint, au lieu d'être pâle comme la cire, devint rosé, l'appétit et le sommeil devinrent meilleurs, la marche fut plus facile et les palpitations moins fortes. Après le quinzième jour, la toux cessa complétement, le bruit de souffle, au lieu de *fre*, donnait simplement le son de *fe*. Tous les changements avantageux annonçaient bien que le rétrécissement aortique diminuait, que ses fibres devenaient plus molles, plus souples, plus élastiques, et demandaient moins d'efforts de la part du ventricule pour faire passer le sang de sa cavité dans l'aorte ; en un mot, que la résolution de l'engorgement aortique s'opérait et que la maladie marchait vers la guérison. En effet, après un mois consécutif de l'usage du remède, Mme Bouffard put reprendre ses occupations.

Depuis lors, c'est-à-dire depuis douze ans, cette femme n'a jamais eu de récidive et n'a même jamais rien ressenti du côté de cœur. C'est donc encore là un cas de guérison bien avéré.

VIIe OBSERVATION

ANÉVRISME DU CŒUR ; RÉTRÉCISSEMENT DE L'ORIFICE AORTIQUE ; DILATATION DU VENTRICULE GAUCHE ; AUGMENTATION DU VOLUME DU CŒUR.

M. Pierre Guionnet fils, âgé de 21 ans, propriétaire-cultivateur au village de Pigat, canton de Chadurie, commune de Blonzac (Charente), fut mobilisé en 1870. Après avoir beaucoup souffert du froid et de douleurs rhumatismales survenues sous son influence, il fut pris de palpitations, d'essoufflement et de dyspnée qui l'empêchèrent de continuer son service, il fut donc envoyé en congé de convalescence chez son père où il arriva vers la fin de novembre. Je le vis le 29. Voici ce que je constatai :

M. Guionnet avait été atteint de douleurs rhumatismales quelque temps après son arrivée au corps. A la suite de ces douleurs, il avait éprouvé des palpitations qui augmentèrent peu à peu et furent suivies d'essoufflement et de dyspnée. Bientôt il fut dans l'impossibilité de continuer son service. Après avoir passé quelques jours à l'hôpital, d'où il était revenu chez lui, il toussait beaucoup et rendait des crachats opaques; il avait une bronchite accompagnée d'un peu de fièvre.

En l'auscultant, je m'aperçus que les battements du cœur soulevaient la poitrine qui était un peu voûtée dans la région précordiale, et qu'il y avait un bruit de souffle très-manifeste au premier temps, annonçant un rétrécissement assez prononcé de l'orifice aortique, accompagné d'une dilatation du ventricule gauche, déterminant une augmentation de volume du cœur d'un quart du volume normal. Pas d'appétit, mauvais sommeil, difficulté de marcher, surtout en montant, teint pâle, face bouffie.

Je prévins les parents que leur fils dans l'état où il était ne pouvait reprendre son service et avait besoin de subir un traitement très-sérieux. On demanda alors une prolongation de congé de convalescence d'un mois. Je commençai à lui administrer un vomitif qui lui fit rendre beaucoup de crachats et dégagea la poitrine, puis je lui administrai des pilules de 0,05 centigrammes chacune de sulfure de potasse, à prendre tous les matins à jeun.

Ce ne fut qu'après le quinzième jour que le mieux commença à se manifester. La toux, qui avait continué après le vomitif, se réduisit peu à peu et cessa complétement ; l'appétit augmenta et le sommeil s'améliora, ainsi que la marche. Les palpitations, la dyspnée et l'essoufflement diminuèrent, le teint devint rosé.

Après un mois de traitement, M. Guionnet put faire de longues courses sans en être incommodé. Enfin il put rejoindre son régiment et faire son service jusqu'au moment où les mobilisés furent licenciés. De retour chez son père, sa santé continua à bien marcher, il put se livrer aux travaux des champs, se marier à la fin de l'année 1871, et continuer à se bien porter. Depuis lors, il va toujours aussi bien que s'il n'avait jamais été atteint d'anévrisme du cœur.

VIIIe OBSERVATION

ANÉVRISME DU CŒUR ; RÉTRÉCISSEMENT DES ORIFICES AORTIQUE ET PULMONAIRE ; DILATATION DES VENTRICULES DROIT ET GAUCHE ; HYPERTROPHIE DU CŒUR.

M. Jean Bourbon, ancien charpentier, et en ce moment rentier, demeurant à Vesnes, commune de Voulgezac (Charente), âgé de 72 ans, d'un tempérament sanguin, d'une constitution robuste, fut atteint de douleurs rhumatismales quelques temps après avoir pris, au mois de juillet 1869, un bain dans un ruisseau dont l'eau était très-froide.

M. Bourbon commença par éprouver quelques palpitations d'abord légères, mais qui augmentèrent peu à peu. Jusque vers le milieu de l'année 1871, la maladie ne fit pas beaucoup de progrès ; mais à cette époque, la respiration devint plus courte ; le malade s'essoufflait facilement en marchant vite et surtout en montant ; son teint, qui était habituellement très-coloré, devint mat, et les pommettes se colorèrent d'un rouge très-vif ; il éprouvait de la dyspnée et de la toux. Peu d'appétit, mauvais sommeil.

Le 9 avril 1872, je fus appelé pour l'examiner ; il était alors en mauvais état ; les battements de cœur étaient forts et fréquents.

À l'auscultation, je trouvai un bruit de souffle très-accentué au premier temps, indiquant un rétrécissement de l'orifice aortique. Comme il avait des battements dans les veines jugulaires, que les lèvres et la figure étaient cyanosés, j'auscultai un peu plus haut et plus à droite et je distinguai un bruit pareil, mais un peu moins fort à l'orifice pulmonaire.

Ce bruit, joint à la couleur foncée des lèvres et de la figure et aux battements dans les jugulaires, isochrones à ceux du pouls, me démontra qu'il y avait un rétrécissement à l'orifice pulmonaire.

Les deux ventricules étaient dilatés et le volume du cœur augmenté d'au moins la moitié de son volume ; il se trouvait encore accru par l'hypertrophie concentrique de ses fibres, qui se reconnaissait aux forts battements qu'il éprouvait à la base du cerveau. Les membres inférieurs étaient œdématiés, surtout le soir, jusqu'au dessous du genou.

Je pratiquai une saignée du bras pour diminuer la pléthore et la fatigue du cœur, j'administrai quelques bains tièdes à 33 ou 34 degrés centigrades. Je diminuai un peu la nourriture, et quinze jours après ce traitement préparatoire, j'administrai le sulfure de potasse à la dose de 10 centigrammes, le matin à jeûn.

Au bout de quinze jours, l'œdématie des membres inférieurs était en grande partie disparue ; la toux et la dyspnée avaient bien diminué, l'appétit et le sommeil étaient meilleurs ; le malade marchait plus facilement, faisait des courses plus longues sans être fatigué, ni essoufflé.

M. Bourbon continua le traitement pendant les quinze jours suivants en prenant trois pilules par jour, et pendant quinze autres jours en revenant à la dose de deux pilules. Pendant ce temps sa santé s'améliora tellement que je le crus guéri. Ainsi le bruit de souffle gauche disparut presque entièrement, mais le droit, tout en s'amendant, persista encore ; conséquemment le volume du cœur diminua beaucoup. Les rougeurs *vermillonnées* du visage disparurent, le teint devint bon, si ce n'est qu'il resta toujours un peu de cyanose aux lèvres, moindres cependant qu'au fort de la maladie.

Enfin Bourbon vaquait assez librement à ses occupations qui consistaient à faire des barriques neuves et à en raccommoder. Tout le monde le félicitait sur sa guérison et sur sa santé. Il passa en effet un très-bon été, buvant, mangeant et dormant bien ; marchant aussi très-bien et pouvant faire 4 à 5 kilomètres le matin et autant le soir sans être incommodé. Le côté gauche était bien guéri, en effet, et resta guéri, mais l'orifice pulmonaire n'était qu'amélioré ; il y restait encore de l'induration probablement et du rétrécissement, si bien, qu'après s'être bien porté jusqu'au 3 janvier 1873, Bourbon rechuta. Le 2 mars, je lui administrai le sulfure de potasse à haute dose, deux à trois pilules ou 10 à 15 centigr., plus une cuillerée à bouche d'une solution de sulfure de potasse filtrée à 10 grammes par litre, par jour, mais je ne réussis qu'à retarder la terminaison fatale.

Le 23 juillet, les jambes étaient infiltrées jusqu'au ventre, les bourses et la verge l'étaient aussi, il fallut pratiquer des mouchetures. Le 30, j'administrai la noix vomique sans résultat avantageux et il succomba quelques jours après, le 10 août.

Je ne pus obtenir l'autorisation de pratiquer l'autopsie.

Cette observation peut donner lieu à plusieurs réflexions :

Pourquoi, par exemple, la guérison s'est-elle maintenue sur la partie gauche du cœur, et non pas sur la partie droite ? Fallait-il administrer le sulfure de potasse plus longtemps pour obtenir à droite ce que j'avais obtenu à gauche ? ou bien le sulfure de potasse est-il impuissant à produire une guérison complète à droite, quelque soit le temps pendant lequel on l'administre ? Ce sont autant de questions à examiner, à étudier et que je soumets aux jugements de mes confrères. Ou bien encore faudra-t-il expérimenter de nouveaux remèdes. Je le crois, car je ne vois pas pourquoi les maladies qui occupent le côté droit ne seraient pas aussi curables que celles qui occupent le côté gauche. Et cependant c'est la vérité, car j'ai toujours reconnu que celles du côté droit étaient beaucoup plus rebelles à l'action des eaux thermales et des autres remèdes que celles du côté gauche.

IXᵉ OBSERVATION

ANÉVRISME DU CŒUR CARACTÉRISÉ PAR UN RÉTRÉCISSEMENT DE L'ORIFICE AORTIQUE, UNE DILATATION DU VENTRICULE GAUCHE, UNE AUGMENTATION DU VOLUME DU CŒUR ET UNE INSUFFISANCE DE LA VALVULE MITRALE.

Dans une conversation, je disais à un de mes amis, le docteur Vigneron, médecin à Angoulême, que je connaissais plusieurs moyens de guérir l'anévrisme du cœur. Mon confrère partageant l'opinion généralemant admise que cette maladie est incurable, parut fort peu convaincu.

— Eh bien, lui dis-je, avez-vous dans votre clientèle quelque malade atteint de cette affection ?

— Justement, me répondit-il, c'est une jeune fille malade depuis quatre ans, chez laquelle, malgré tous les traitements, l'affection ne fait que s'aggraver. Si vous le désirez, je vous la présenterai ; et, si vous la guérissez, je serai convaincu.

Le lendemain, 10 février 1876, cette personne me fut emmenée.

Mlle....., âgée de 24 ans, cuisinière, est douée d'un tempérament lymphatico-nerveux. Elle est d'une taille moyenne, ni maigre, ni grasse, et très-pâle. La maladie avait débuté quatre ans auparavant, sans cause bien appréciable, par un rhume et une toux qui persistaient depuis cette époque. Bientôt apparurent des palpitations, de l'essoufflement et

de dyspnée, surtout en marchant vite et en montant un escalier. La malade mangeait peu et dormait mal, sa profession de
cuisinière la fatiguait beaucoup, et elle prévoyait le moment
où elle serait obligée de la quitter.

Lorsqu'elle se fut reposée un moment, je procédai à l'auscultation, et je reconnus immédiatement un bruit de souffle très-
prononcé ; au 1er temps, il y avait un bruit de frottement
très-marqué entre les deux battements du cœur, qu'on pouvait
ainsi noter *tic-fre-tac*. Ce bruit était l'indice d'un rétrécissement assez fort de l'orifice aortique. Un second bruit, que je ne
parvins à entendre qu'avec beaucoup de difficulté parce qu'il était
masqué par le premier, était celui déterminé par le retour du
sang dans l'oreillette gauche, pendant la systole ventriculaire,
par un orifice anormal résultant d'une insuffisance de la valvule
mitrale.

Cette insuffisance se trouvait, du reste, confirmée par quelques
signes qui l'accompagnent ordinairement, tels sont : une forte
dyspnée et une toux spasmodique presque perpétuelles, déterminées par le retour du sang dans le poumon gauche, sang
qui y produit une irritation sans cesse renouvelée. Cette toux,
sèche pendant le jour, s'accompagnait presque toujours de crachats blancs et muqueux, et souvent teints de sang, le matin.
En outre, il y avait une voussure dans la région précordiale, et
les battements du cœur, qui soulevaient les vêtements, étaient
visibles à l'œil nu.

Du reste, les parois du ventricule gauche conservaient une
grande partie de leur élasticité et de leur résistance, et, dans
cet état, la maladie pouvait encore durer longtemps. Le pronostic n'était donc pas trop défavorable, et la guérison, sous
l'influence du traitement par le sulfure de potasse, était à peu
près certaine.

Je prescrivis simplement deux pilules, contenant chacune
cinq centigrammes de sulfure de potasse, à prendre chaque
matin à jeun pendant un mois.

26

Le 9 mars 1876, le docteur Vigneron m'écrivait les lignes suivantes, à propos de cette fille :

« Quant à notre jeune malade, je ne l'avais pas vue depuis longtemps parce qu'elle avait quitté sa condition pour aller se reposer chez sa sœur, où elle travaille à la couture depuis un mois. Je l'ai auscultée hier : le bruit de souffle existe toujours, un peu moins fort il est vrai qu'à l'époque où vous étiez ici ; l'état général a beaucoup gagné par le repos et le traitement ; le teint, qui était anémique, est bien meilleur, la toux a complétement disparu, la respiration est plus libre. En somme, il y a du mieux, mais pas encore de guérison.

« Cette fille continue son traitement. Je l'ai mise à trois pilules par jour. Puisqu'elles passent bien, seriez-vous d'avis, après l'épuisement des cent que vous avez prescrites, que nous portions la dose à quatre par jour, ou de les remplacer par des bains sulfureux ? »

Cette seconde partie du traitement ne fut pas exécutée. Le docteur Vigneron perdit de vue cette malade, qui se maria et eut, quelques mois après, un enfant qu'elle éleva.

Vers la fin du mois de septembre suivant, j'eus occasion de la revoir. En effet, lorsqu'elle s'était sentie mieux, elle avait cessé son traitement et avait repris ses occupations ; elle s'était mariée en avril, était accouchée au mois de juin d'un enfant bien portant, et, malgré les fatigues inhérentes à son état et un surcroît de travail, elle avait conservé l'amélioration qu'elle avait obtenue par un traitement incomplet ; le bruit de souffle intermédiaire aux deux battements du cœur était beaucoup plus doux : au lieu de *tic-fre-tac*, on entendait *tic-fe-tac*. Elle montait facilement deux étages sans être, à beaucoup près, aussi essoufflée qu'elle l'était avant, et son essoufflement et les palpitations qu'elle avait alors duraient peu. Elle dormait bien, avait bon appétit, le teint clair et rosé ; elle marchait bien, et faisait par jour plusieurs kilomètres sans en être incommodée. Tout indiquait donc que l'induration des fibres musculaires qui entrent dans la composition de l'orifice aortique étaient en voie de résolution, et qu'avant peu elles reprendraient leur souplesse, leur élasticité, et n'opposeraient plus aux contractions du ventricule gauche une résistance capable d'amener dans cette cavité une déformation. Je l'engageai à continuer son traitement, ce qu'elle fit. Dans les premiers jours de décembre, je trouvai son état considérablement amélioré. En l'examinant pendant le repos, il n'y avait plus du tout de bruit de frottement entre les deux battements du cœur, dont le *tic tac* était régulier. Seulement, si elle venait de se livrer à un grand travail, comme faire un lit, soulever les matelas, etc., il se manifestait encore de l'essoufflement et un léger bruit de frottement entre les deux battements cardiaques, bruit qui finira par disparaître complétement avec le temps.

Cette observation me paraît une des plus probantes et des plus en faveur du traitement de l'anévrisme du cœur par le sulfure de potasse, si l'on considère les complications qui sont venues entraver le traitement incomplet qui a été suivi. On doit, en outre, remarquer qu'une grossesse intercurrente n'a pas empêché l'action bienfaisante et rapide du remède.

CONCLUSION

Dans les sept dernières observations que nous
venons de relater, les malades ont tous été traités par
le sulfure de potasse seul ou additionné de fer réduit
par l'hydrogène ou d'acétate de plomb cristallisé.

Chez trois, le sulfure de potasse a été employé seul à
l'intérieur ; chez deux, nous y avons joint des bains
additionnés de 100 à 120 grammes de sulfure de
potasse ; et chez deux, enfin, où le sulfure de potasse
seul ne nous paraissait pas produire des effets assez
rapides, nous y ajoutâmes le fer réduit par l'hydrogène et l'acétate de plomb cristallisé :

1° Le fer réduit par l'hydrogène, parce que l'anémie
qui accompagnait la maladie était très-prononcée ;

2° L'acétate de plomb cristallisé, uniquement parce
que nous avions lu dans la *Gazette médicale* de Lyon
(année 1859 ou 60 je crois) une observation d'un
médecin de Lyon qui préconisait ce remède dans
quelques cas d'anévrisme du cœur. Chez tous, il y a
eu guérison complète, ou amélioration tellement

grande et manifeste que tous ceux qui avaient été obligés d'interrompre ou de cesser leurs travaux purent les reprendre depuis, et les continuer sans inconvénients, bien qu'on pût percevoir encore chez eux quelques bruits de frottement anormal entre les deux battements du cœur. Du reste, nous avons déjà fait observer l'existence de ce bruit, dans quelques observations de malades traités aux eaux de Bagnols, sans pouvoir en donner l'explication.

Comme nous n'avons jamais employé l'acétate de plomb seul, il ne nous est pas possible de dire s'il entre pour une certaine part dans la guérison et pour quelle part il y entre. Pour s'assurer du fait, de nouvelles expériences à ce sujet sont utiles ; je n'ai signalé son emploi que pour rendre à chacun ce qui lui appartient. Quant au fer réduit par l'hydrogène, nous ne l'avons jamais employé qu'à titre d'adjuvant, après nous être assuré que, employé seul, il ne pouvait jamais amener de guérison, et pouvait être souvent nuisible.

Nous terminerons en donnant les formules auxquelles nous avons ordinairement recours.

Nous prescrivons le sulfure de potasse à la dose de 5, 10 à 15 centigr. le matin à jeun, soit en pilules, soit en solution dans l'eau distillée filtrée :

Sulfure de potasse,	5 grammes.
Gomme arabique en poudre,	7
M. S. A. et divisez en	100 pilules.

A administrer de la manière suivante :

Une, le matin, à jeun, pendant trois jours ;

Deux, le matin, à jeun, pendant le reste du traitement. On pourra en porter la dose à trois chaque matin, mais cela deviendra rarement nécessaire; il faudra continuer pendant 4 ou 5 semaines.

Le sulfure de potasse étant très-déliquescent et doué d'une odeur repoussante, l'addition de poudre de gomme arabique lui fait perdre ce caractère. En outre, ces pilules ainsi additionnées, peuvent se conserverpendant un temps indéterminé, même dans un lieu qui ne serait pas très-sec.

Pour les prendre on les place sur le bout de la langue et on les avale à l'aide de quelques gorgées d'eau sucrée.

Si l'on veut, on peut ajouter à la formule ci-dessus 5 à 10 centigr. de fer réduit par l'hydrogène et 2 à 3 milligr. d'acétate de plomb cristallisé. Quant à la solution de sulfure de potasse, on l'obtient en faisant dissoudre 10 grammes de sulfure de potasse dans un litre d'eau distillée; on filtrera, et au moins le tiers ou la moitié ne se dissoudra pas et restera sur le filtre. Cette solution sera prescrite, matin et soir, à la dose d'une cuillerée à bouche mêlée avec la même quantité de sirop de gomme.

TABLE DES MATIÈRES

OBSERVATIONS

OBSERVATIONS DE GUÉRISON PAR LES EAUX DE CHAUDESAIGUES

DEUXIÈME PARTIE.

OBSERVATIONS DE MALADES ATTEINTS D'ANÉVRISME DU CŒUR

I. Anévrisme rhumatismal du cœur, caractérisé, au dé-

ERRATA

Page.   Ligne.

63 — 12 — *Au lieu de :* bruits anormaux, *lisez :* bruits normaux.

74 — 22 — *Après les noms de :* Corrigan et Burdach, *ajoutez celui de :* Beau.

80 — 3 — *Au lieu de :* nous démontrent, *lisez :* nous démontre.

100 — 5 — *Au lieu de :* ainsi qu'il l'est, *lisez :* ainsi qu'il est.

136 — 19 — *Au lieu de :* qu'il avait prit, *lisez :* qu'il avait pris.

— — 28 — *Au lieu de :* il le prit, *lisez :* il les prit.

140 — 29 — *Au lieu de :* endocardite, *lisez :* endocarde.

143 — 26 — *Au lieu de .* tic-fa-tac, *lisez :* tic-fe-tac.

147 — 29 — *Au lieu de :* vovant, *lisez :* voyant.

150 — 23 — *Au lieu de :* rhumatisles, *lisez :* rhumatismales.

162 — 2 — *Au lieu de :* soient, *lisez :* soit.

164 — 14 — *Au lieu de :* l'endocarde, *lisez :* l'endocardite.

170 — 15 — *Au lieu de :* constriction, *lisez :* contraction.

— — 19 — *Au lieu de :* catharre, *lisez :* catarrhe.

— — 27 — *Au lieu de :* marqué, *lisez :* masqué.

180 — 30 — *Au lieu de :* présonise, *lisez :* préconise.

184 — 10 — *Au lieu de :* jusqu'au même, *lisez :* presqu'au même.

190 — 12 — *Au lieu de :* empêher, *lisez :* empêcher.

202 — 15 — *Au lieu de :* qui n'existe que lorsque, *lisez :* qui n'existe pas lorsque.

209 — 20 — *Au lieu de :* Beuchet, *lisez :* Brachet.

289 — 14 — *Au lieu de :* traitement; approprié, *lisez :* traitement approprié.

339 — 26 — *Au lieu de :* œufs couvés, *lisez :* œufs couvis.

377 — 2 — *Au lieu de :* Auevirsme, *lisez :* anevrisme.

Paris. — Typ. Charles UNSINGER, rue du Bac, 83.